抽水蓄能产业发展报告 2021

DEVELOPMENT REPORT
OF PUMPED STORAGE INDUSTRY

水电水利规划设计总院
中国水力发电工程学会抽水蓄能行业分会　编

中国水利水电出版社
www.waterpub.com.cn
·北京·

图书在版编目（CIP）数据

抽水蓄能产业发展报告. 2021 / 水电水利规划设计总院，中国水力发电工程学会抽水蓄能行业分会编. -- 北京 : 中国水利水电出版社，2022.9
ISBN 978-7-5226-0950-8

Ⅰ. ①抽… Ⅱ. ①水… ②中… Ⅲ. ①抽水蓄能水电站-技术发展-研究报告-中国-2021 Ⅳ. ①TV743

中国版本图书馆CIP数据核字(2022)第157342号

审图号：GS京（2022）0721号

书　　名	**抽水蓄能产业发展报告 2021** CHOUSHUI XUNENG CHANYE FAZHAN BAOGAO 2021
作　　者	水电水利规划设计总院 中国水力发电工程学会抽水蓄能行业分会　编
出版发行	中国水利水电出版社 （北京市海淀区玉渊潭南路1号D座　100038） 网址：www.waterpub.com.cn E-mail：sales@mwr.gov.cn 电话：（010）68545888（营销中心）
经　　售	北京科水图书销售有限公司 电话：（010）68545874、63202643 全国各地新华书店和相关出版物销售网点
排　　版	中国水利水电出版社微机排版中心
印　　刷	天津嘉恒印务有限公司
规　　格	210mm×285mm　16开本　19.5印张　511千字　8插页
版　　次	2022年9月第1版　2022年9月第1次印刷
定　　价	**498.00**元

凡购买我社图书，如有缺页、倒页、脱页的，本社营销中心负责调换

编 委 会

前 言

抽水蓄能电站具有运行灵活、反应快速的特点，是电力系统中承担调峰、填谷、储能、调频、调相、备用和黑启动等多种功能的特殊电源，在世界上已有 140 年的发展历史。 中国抽水蓄能电站建设始于 20 世纪 60、70 年代，先后建成河北岗南和北京密云两座小型混合式抽水蓄能电站。 20 世纪 80、90 年代，大型抽水蓄能电站起步开发。 为保证大亚湾核电站的安全经济运行和解决广东电网、香港九龙电网的调峰填谷需要，1988 年 7 月，装机容量 120 万 kW 的广州抽水蓄能电站一期工程开工建设，1994 年 3 月全部建成投产，是中国第一座高水头、大容量抽水蓄能电站；随后，二期工程开工建设，并于 1998 年 12 月首台机组并网发电。 广州抽水蓄能电站一、二期工程装机容量合计 240 万 kW，是 20 世纪世界上规模最大的抽水蓄能电站。 20 世纪 90 年代，随着北京十三陵、浙江天荒坪等大型抽水蓄能电站陆续开工、投产，抽水蓄能电站异军突起，已成为水电建设的一个重要组成部分。

进入 21 世纪，电力系统对抽水蓄能电站的需求也在不断增加，随着浙江天荒坪、桐柏，河北张河湾，安徽琅琊山等大型抽水蓄能电站陆续建成投产，2008 年抽水蓄能电站装机规模突破 1000 万 kW，集中在南方电网、华东电网和华北电网。 2009 年 8 月，国家能源局在山东省泰安市召开了抽水蓄能电站建设工作座谈会，由局部选点建设向全国分省选点开发建设转变，全面铺开全国重点省份的抽水蓄能选点规划工作，以电网公司为主体，组织开发建设，为抽水蓄能的后续发展奠定了坚实的基础。 2012 年，抽水蓄能电站装机规模突破 2000 万 kW。

党的十八大以来，中国风电、光伏等新能源得以快速发展。 为适应新能源上网需要，抽水蓄能的重要地位得以强化。 2014 年，国家发展和改革委员会、国家能源局陆续出台了《关于促进抽水蓄能电站健康有序发展有关问题的意见》《关于完善抽水蓄能电站价格形成机制有关问题的通知》等相关文件，开展了抽水蓄能电站体制机制和电价形成机制改革试点工作，促进了抽水蓄能电站的健康发展，形成了新一轮的建设高潮。 截至 2021 年年底，全国抽水蓄能电站在运项目 40 座，装机容量 3639 万 kW；在建项目 48 座，装机容量 6153 万 kW。

当前，中国正处在实现中华民族伟大复兴的关键时期，世界百年未有之大变局加速演进，全球新一轮能源革命和科技革命深度演变、方兴未艾，大力发展可再生能源已成为全球能源转型和应对气候变化的重大战略方向和一致宏大行动。践行人类命运共同体理念，展现负责任大国担当，中国作出庄严承诺，二氧化碳排放力争于2030年前达到峰值，努力争取2060年前实现碳中和，并进一步提出，到2030年非化石能源占一次能源消费比重达到25%左右，风电和太阳能发电总装机容量达到12亿kW以上。

抽水蓄能是当前技术最成熟、经济性最优、最具大规模开发条件的电力系统绿色低碳清洁灵活调节电源，与风电、太阳能发电、核电等联合运行效果最好。加快发展抽水蓄能，是构建新型电力系统的迫切要求，是保障电力系统安全稳定运行的重要支撑，是可再生能源大规模发展的重要保障。“十四五”期间，中国抽水蓄能产业全面进入高质量发展新阶段。

2021年是中国共产党成立100周年，是开启全面建设社会主义现代化国家新征程的第一年，也是做好碳达峰碳中和工作、建设现代能源治理体系的关键之年。这一年，为加快推进抽水蓄能电站建设，国家发展和改革委员会、国家能源局先后印发了《关于进一步完善抽水蓄能价格形成机制的意见》和《抽水蓄能中长期发展规划（2021—2035年）》，作为指导未来抽水蓄能发展的纲领性文件，为抽水蓄能快速发展奠定了坚实的基础。

回顾2021年，在党中央的坚强领导下，抽水蓄能行业奋发有为、笃行不怠，推动抽水蓄能建设取得了新进展、新突破。在这一年里，安徽绩溪，吉林敦化，浙江长龙山，黑龙江荒沟，山东沂蒙，广东梅州、阳江，福建周宁等抽水蓄能项目陆续投产发电，新增投产装机规模490万kW；核准了黑龙江尚志，浙江泰顺、天台，江西奉新，河南鲁山，湖北平坦原，重庆栗子湾，广西南宁，宁夏牛首山，广东梅州二期，辽宁庄河等11座大型抽水蓄能项目，核准装机规模1370万kW，是历年来核准规模最多的一年。同时，还有超过2亿kW的抽水蓄能电站正在开展前期勘察设计工作。

在国家能源局新能源司指导下，在国网新源控股有限公司、南方电网调峰调频发电有限公司、中国三峡建工（集团）有限公司以及中国电力建设集团有限公司所属的北京、中南、华东、西北、成都、贵阳、昆明勘测设计研究院有限公司等相关单位的大力支持下，《抽水蓄能产业发展报告2021》几易其稿，终于得以付梓。本报告是水电水利规划设计总院联合中国水力发电工程学会抽水蓄能行业分会共同编写的第一份抽水蓄能产业年度发展报告，其中，第1～3章由崔正辉编写，第4章由韩冬、李建兵、贾函、李亮、王超等编写，第5章由任伟楠编写，第6章由王源、于倩倩、何伟等编写，第7章由于倩倩等编写，第8章由焦鹏程、郝军刚、何伟等编写，第9章由薛美娟、孙漪蓉、赵良英等编写，第10章由任伟楠、陈晨编写，第11章由韩冬、喻葭临、赵良英等编写，大事记由韩冬、姚晨晨、任伟楠梳理。报告坚持深入贯彻落实“四个革命、一个合作”能源安全新战略，立足于做好碳达峰碳中和工作的新任务、新要求，对中国抽水蓄能产业发展状况进行了全面系统的整理和归纳总结，介绍了抽水蓄能电站建设管理体系、工程建设技术以及装备制造情况，回顾了2021年抽水蓄能电站建设、运行情况，对2021年出台的主要抽水蓄能政策进行了解读，展望了2022年度发展情况。

“潮平两岸阔，风正一帆悬。”抽水蓄能的发展是实现“双碳”目标的必然选择，抽水蓄能高质量快速发展的新时代已经到来！我们坚信，中国抽水蓄能事业发展一定会越来越好！

作者

2022年6月

目录

10 政策解读/174

11 发展展望/181

大事记/184

附件/186

附表/296

附图/299

抽水蓄能行业重点企业/302

1 发展综述

1.1 国际概况

1.1.1 发展概览

世界上第一座抽水蓄能电站于 1882 年诞生于瑞士苏黎世，至今已有 140 年历史，该电站早期是以蓄水为主要目的，主要用于调节常规水电站出力的季节性不均衡，大多是汛期蓄水，枯水期发电。 20 世纪 60 年代以前，抽水蓄能电站发展较为缓慢，到 1960 年，全世界抽水蓄能电站总装机容量只有 350 万 kW。 之后抽水蓄能随着经济社会发展迎来高速增长期，到 2000 年，总装机容量达到 11328 万 kW，40 年间增长了近 32 倍。 之后，抽水蓄能总体继续保持了快速发展的势头，装机规模持续提升。

当前世界上抽水蓄能电站发展较快的国家有中国、日本、美国、意大利等国。 据统计，2020 年全球新增抽水蓄能装机规模 150 万 kW，截至 2020 年年底，全球抽水蓄能电站总装机规模为 15949 万 kW，其中，中国抽水蓄能装机容量为 3149 万 kW，约占全球抽水蓄能装机容量的 19.7%，装机规模居世界首位；日本、美国装机容量分列二、三位，分别为 2763.7 万 kW、2285.5 万 kW，占比分别约为 17.3%、14.3%。 全球抽水蓄能电站装机容量排名前十的国家分别为中国、日本、美国、意大利、德国、西班牙、法国、奥地利、印度和韩国，如图 1.1 所示。

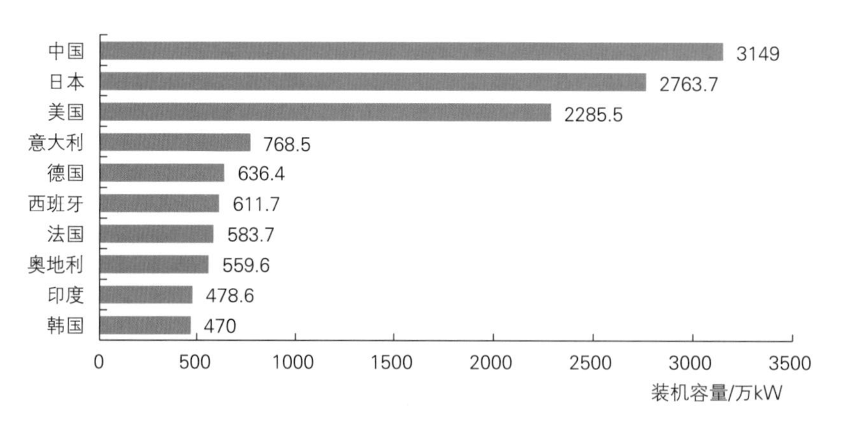

图 1.1 全球抽水蓄能电站装机容量排名前十的国家及其装机容量

从全球储能市场发展来看，抽水蓄能在全球储能市场上占据绝对领先地位，是目前全球装机规模最大、技术最成熟的储能方式。 截至 2020 年年底，抽水蓄能装机规模占全球电力储能项目总规模的 90.3%。 抽水蓄能电站可发挥长时储能作用，与核电、风电、太阳能发电等配合运行良好，可促进风能和太阳能的大规模开发和高比例消纳。

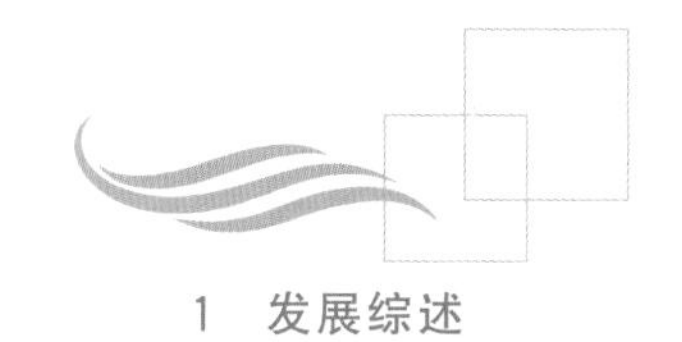

1.1.2　发展历程

从 1882 年世界上第一座抽水蓄能电站诞生，到 2020 年抽水蓄能电站总装机规模接近 1.6 亿 kW，全球抽水蓄能发展主要可分为三个阶段。

（1）发展起步阶段

1882 年瑞士苏黎世建成了世界上第一座抽水蓄能电站——装机容量 515kW 的奈特拉抽水蓄能电站，之后，这一创新电力品种迅速得到欧美国家积极响应。到 20 世纪 40 年代末，全世界建成抽水蓄能电站 31 座，总装机容量约 130 万 kW。这一阶段是抽水蓄能验证探索、为发展蓄力阶段，电站多是利用天然湖泊，兴建的调节性能较好的中小型抽水蓄能电站，主要为配合常规水电丰枯季调节运行。电站主要在欧洲兴建，主要分布在瑞士、意大利、德国、奥地利、捷克、法国、西班牙等国家，其中以瑞士奈特拉、意大利维罗尼、法国贝尔维尔、西班牙乌尔迪赛、德国维茨瑞等抽水蓄能电站为代表。

（2）快速发展阶段

20 世纪 50 年代至 60 年代末，美国、日本及欧洲等发达国家经历了长期的经济高速增长期，电力负荷迅速增长，电力负荷的峰谷差也迅速增加，具有良好调峰填谷性能的抽水蓄能电站得以迅速发展。到 1970 年，全球抽水蓄能电站装机容量达 1601 万 kW，期间，美国抽水蓄能电站装机容量跃居世界第一。20 世纪 70—80 年代，两次石油危机影响下燃油电站比重下降，核电站建设迅猛发展，同时常规水电比重下降，电网调峰能力下降，低谷富余电量大增，急需调峰填谷性能优越的抽水蓄能电站与之配套。美国、德国、法国、日本、意大利等经济发达国家开始大规模兴建抽水蓄能电站，全球抽水蓄能进入黄金发展时期。到 1990 年，全球抽水蓄能电站装机容量达到 8688 万 kW，这一阶段建成的典型电站主要有美国巴斯康蒂抽水蓄能电站、法国大屋抽水蓄能电站、日本新高濑川抽水蓄能电站等。

（3）平稳发展阶段

20 世纪 90 年代开始，欧美等国核电站建设进程放缓，同时建设了大量调峰性能良好的燃气电站，调峰填谷的需求有所下降，抽水蓄能电站增长速度开始放缓，年均增长率约 2.75%。到 2000 年，全球抽水蓄能电站装机容量达到 11328 万 kW，期间，日本超过美国成为全球抽水蓄能电站装机容量最大的国家。进入到 21 世纪，欧美等国经济增速放缓，抽水蓄能电站建设规模有限，以更新改造为主，抽水蓄能增长速度明显放缓。亚洲国家经济增长速度提升，特别是中国、韩国和印度，电力需求旺盛，对抽水蓄能电站的需求增加迅猛，抽水蓄能发展重点由西方转移到亚洲，中国抽水蓄能电站装机容量增长尤为迅速。到 2020 年年底，全球抽水蓄能电站装机规模达 15949 万 kW，建设的典型电站有中国丰宁、广州、天荒坪等抽水蓄能电站，日本葛野川、神流川抽水蓄能电站等。

全球抽水蓄能电站发展历程如图 1.2 所示，全球代表性抽水蓄能电站信息见表 1.1。

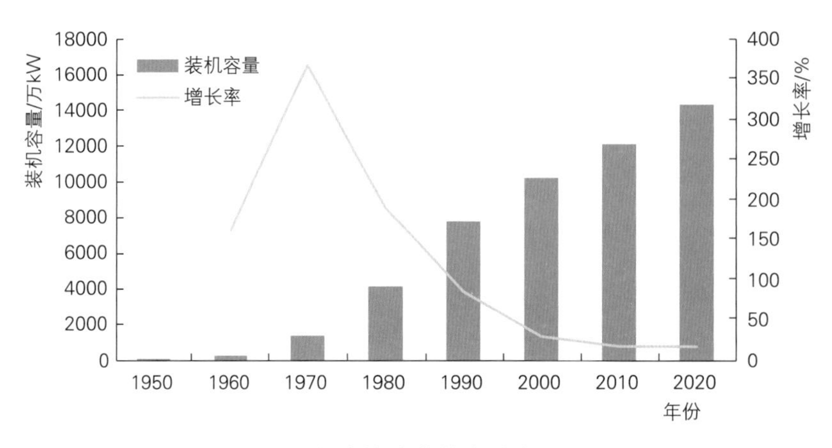

图 1.2　全球抽水蓄能电站发展历程

表 1.1　　　　全球代表性抽水蓄能电站信息表

阶　段	年份	国别	电站名称	装机规模/万 kW
发展起步阶段	1882	瑞士	奈特拉	0.0515
	1912	意大利	维罗尼	0.76
	1924	法国	贝尔维尔	1.8
快速发展阶段	1981	日本	新高濑川	128
	1985	法国	大屋	120
	1985	美国	巴斯康蒂	210
平稳发展阶段	2000	中国	广州	240
	2000	日本	葛野川	164.8
	2021	中国	长龙山	210

1.1.3　典型国家抽水蓄能发展介绍

（1）日本抽水蓄能发展

1931 年日本建成了第一座抽水蓄能电站——小口川抽水蓄能电站，之后到 20 世纪 50 年代，这一时期电源结构以水电为主，抽水蓄能发展相对缓慢，主要配合常规水电站丰枯季调节运行。 20 世纪 50 年代以来，随着日本经济的高速发展，电力需求以每年 13%的速度快速增长。 为适应经济社会发展需求，建设了大量燃煤火电，到 1962 年，日本电力结构开始进入“火主水辅”时代。 之后，随着重化工工业的发展，加上彩电、空调等普及率提高，日本电力需求在继续增大的同时，峰谷差也持续增大。 为了适应以火电为主的电网调峰要求，受限于电网调节性能不足，抽水蓄能电站得到迅速发展，开始

建设了一大批几百兆瓦的大中型抽水蓄能电站，1970 年，抽水蓄能电站装机容量达到 340.7 万 kW。之后，随着核电比例的上升，抽水蓄能电站继续保持快速增长态势，1980 年装机容量达 1151 万 kW，1990 年装机容量达 1761.7 万 kW，1995 年装机容量达 2228.5 万 kW。随后，抽水蓄能建设速度有所放缓，到 2020 年，日本抽水蓄能电站总装机容量为 2763.7 万 kW，在电力总装机容量中占比达 8.0%，装机规模居世界第二位。日本抽水蓄能电站数量众多，其中以葛野川抽水蓄能电站最具代表性，该电站装机规模为 164.8 万 kW，采用 4 台 41.2 万 kW 水泵水轮机组，额定水头为 714m，其中 3 号和 4 号机组为变速机组，该电站于 2000 年建成投运。

（2）美国抽水蓄能发展

1929 年美国最早的抽水蓄能电站——落基河抽水蓄能电站在康涅狄克州投运，之后一直到 20 世纪 40 年代末，抽水蓄能发展总体较为缓慢。20 世纪 50 年代，随着经济社会的快速发展，电力负荷及负荷峰谷差也迅速增加，抽水蓄能电站由于具有良好的调峰填谷性能得以迅速发展。20 世纪 60 年代至 80 年代前期，美国大规模批准和建设抽水蓄能发电站，为日益增长的核能发电提供调峰服务，期间，美国抽水蓄能装机容量跃居世界第一。80 年代后期，由于核电产能下降以及市场不确定性的增加，美国的抽水蓄能电站建设接近停滞。进入 21 世纪，随着联邦及州政府出台应对气候变化的方案，美国对清洁能源发电的硬性需求持续增长，对辅助服务的需求和稳定储能方式的探索使得美国抽水蓄能迎来新发展机遇。截至 2020 年年底，美国抽水蓄能电站总装机规模达 2285.5 万 kW，居世界第三位，其中巴斯康蒂抽水蓄能电站是代表性电站，该电站原始装机规模为 210 万 kW，采用 6 台 35 万 kW 水泵水轮机组，发电设计水头 329m，1985 年电站建成投运；2004—2009 年进行扩容，单台发电机容量增加到 50.05 万 kW，电站总装机容量达 300.3 万 kW。

（3）法国抽水蓄能发展

法国水能资源利用条件较好，电源建设优先开发常规水电站。1939 年，法国建成黑湖抽水蓄能电站，之后抽水蓄能发展陷入停滞。20 世纪 60 年代，随着经济社会的高速发展，为满足电力负荷增长需要，燃煤火电得到较快发展。到 70 年代初，法国火电装机占比超过常规水电，电力结构开始进入“火主水辅”时代，此时抽水蓄能电站建设开始起步。1973—1984 年，受石油危机影响，法国政府大力发展核电，核电装机规模及占比快速提升。为配合核电安全稳定运行，满足电力系统调峰填谷的要求，抽水蓄能电站也进入迅速发展时期，到 1984 年，装机容量已达 305 万 kW。随后，虽然电力负荷增长速度总体放缓，但结合法国资源禀赋，仍主要通过核电发展满足负荷增长需要，抽水蓄能电站仍保持一定增长。到 2020 年，法国抽水蓄能电站总装机容量达 583.7 万 kW，居世界第七位，在电力总装机容量中占比为 4.3%。法国抽水蓄能电站数量众多，其中大屋电站是典型代表，该电站是混合式抽水蓄能电站，由常规冲击式机组和蓄能可逆式机

组组成，总装机容量为 180 万 kW，其中蓄能机组装机容量为 120 万 kW，采用 8 台 4 级可逆混流式水泵水轮机组，电站第一台机组于 1985 年投入运行。

1.2 发展形势

1.2.1 国际形势

大力发展可再生能源已成为能源转型和应对气候变化的全球共识。随着气候变化议题持续升温，包括中国在内的世界各主要国家和地区纷纷提高应对气候变化自主贡献力度，已有超过 40 个国家和地区明确碳中和发展目标。在此背景下，各国政府和有关企业将采取共同行动，推动可再生能源强劲增长。根据国际能源署预测，到 2025 年，可再生能源发电将占全球总发电量净增长的 95%，将超过煤炭成为全球最大的发电来源，提供全球约 1/3 的电力。可再生能源快速发展加速全球能源转型进程，形成了加快替代传统化石能源的世界潮流，成为了全球能源低碳转型的主导方向。

风电、光伏发电成为新增电力装机主体，对灵活调节电源提出迫切需求。在政府政策支持及技术进步等影响下，风电、光伏发电为代表的新能源呈现性能快速提高、经济性持续提升、应用规模加速扩大的态势。根据国际能源署预测，到 2025 年，光伏发电和风电将分别占可再生能源新增装机容量的 60% 和 30%。风电和光伏发电出力具有波动性、随机性，其大规模直接接入会对电力系统安全稳定运行造成影响，新能源的大规模开发和高比例消纳需要电力系统灵活调节电源和储能调节措施。

抽水蓄能成为全球可再生能源领域新的增长点。风电、光伏发电的高速发展改变了传统的电源结构，加之新冠肺炎疫情影响下全球工业用电需求整体下降，居民用电占比增加，多种因素交织下电力系统对灵活调节资源需求更为迫切。抽水蓄能具有调峰、填谷、储能、调频、调相和备用等多种功能，在保障全球电力系统安全运行和促进新能源大规模发展方面重要性日益突出。中国发布了《抽水蓄能中长期发展规划（2021—2035 年）》，制定了雄心勃勃的发展目标，印度等国家也加大了对抽水蓄能电站的研究和建设支持力度。

1.2.2 国内形势

抽水蓄能电站是技术成熟、经济性优、最具大规模开发条件的电力系统全生命周期绿色低碳清洁灵活调节电源。在大力推动风电和光伏发电发展的主旋律下，加快抽水蓄能发展是大势所趋。“十四五”期间是建设抽水蓄能的关键期，对构建新型电力系统，促进可再生能源大规模高比例发展，实现碳达峰碳中和目标，保障电力系统安全稳定运行

具有关键意义。随着中国风光大基地向北部和西部重点地区转移，为保障远距离外送和大比例开发新能源，抽水蓄能在大基地开发中的价值愈发凸显，已成为大基地开发中重要的储能选择。此外，随着抽水蓄能在全国范围内加快实施，其与地方经济发展融合效果愈加凸显，围绕抽水蓄能构建“抽水蓄能＋旅游”“抽水蓄能＋康养”等“抽水蓄能＋”模式已成为推动地方经济发展和促进乡村振兴的重要手段。新阶段，抽水蓄能将有新定位，新定位将推动抽水蓄能迎来新格局。

（1）定位1：建设新型电力系统的关键支撑

中国风电、光伏发电将实现大规模高比例发展，但由于其发电出力具有波动性、随机性，其大规模接入电网和高比例消纳对电力系统安全保障能力和灵活调节能力提出了更高要求。抽水蓄能电站是电力系统重要的调节资源，其机组启停迅速、运行方式灵活、负荷跟踪能力强，可提高系统灵活调节能力，为系统大规模接入和高效消纳风光新能源创造条件。同时电站在系统中发挥调峰、填谷、调频、调相及备用等功能并提供必要的转动惯量，保障电力系统安全可靠与稳定运行。

（2）定位2：构建风光蓄大型基地的核心依托

大力发展新能源是能源绿色低碳转型的重要选择，重点是全面推进风电、光伏发电大规模开发和高质量发展，加快建设风电和光伏发电基地。为降低基地发电侧的弃风和弃光率，维持电网稳定运行，风光基地需配备储能装置。相比其他储能手段，抽水蓄能在技术经济、绿色环保、转化效率、惯量支撑等方面具有显著的综合优势，与风光等新能源联合运行效果最优，是未来构建风光蓄大型基地的核心依托。

（3）定位3：构建流域可再生能源一体化基地的重要组成

依托流域水电开发，充分利用水电灵活调节能力，在合理范围内配套建设一定规模的新能源发电项目，打造流域可再生能源一体化基地，这是新时期可再生能源基地化规模式发展的必由之路。流域内抽水蓄能电站是流域水电调节能力的重要组成，尤其对于常规水电装机规模偏小、调节能力不足的流域，采用“水风光蓄”一体化开发创新模式，可进一步优化可再生能源一体化基地资源配置、调度运行和消纳，进而提高可再生能源综合开发经济性、通道利用率，提升开发规模、竞争力和发展质量。

（4）定位4：规模化拉动经济发展和促进乡村振兴的重要手段

抽水蓄能电站分布广、工程规模大、总投资高、经济拉动效应明显，在电站建设期可通过直接投资拉动经济增长，提升电力、交通等基础设施水平，带动就业、改善民生；电站建成后可带动旅游等产业发展和产业结构升级，增加地方财税收入。综合来看，发展抽水蓄能是当前扩大有效投资、保持经济平稳增长的重要手段，是与地方经济社会发展深度融合的重要举措，是近远期统筹经济发展和碳达峰碳中和目标的重要选择。

1.3 国内概况

1.3.1 发展历程

中国抽水蓄能电站的发展始于 20 世纪 60 年代后期。 1968 年，河北岗南水电站安装了一台容量为 1.1 万 kW 的进口抽水蓄能机组。 1973 年和 1975 年，北京密云水库白河水电站分别改建并安装了两台天津发电设备厂生产的 1.1 万 kW 抽水蓄能机组，总装机容量为 2.2 万 kW。 这两座小型混合式抽水蓄能电站的投运，标志着中国抽水蓄能电站建设拉开序幕。

经过 20 世纪 70 年代的初步探索，80 年代的深入研究论证和规划设计，中国抽水蓄能电站的兴建逐步进入蓬勃发展时期。 以火电为主的华北、华东、广东等电网的调峰供需矛盾日益突出，通过兴建抽水蓄能电站解决调峰问题逐步成为共识，一批大型抽水蓄能电站应需而生。

20 世纪 90 年代后期至 21 世纪初，随着中国改革开放的深入，经济社会快速发展，抽水蓄能电站的建设规模持续增加，分布区域也不断扩展。 在此期间，相继建成了山东泰安、浙江桐柏、河北张河湾、山西西龙池、江苏宜兴、湖南黑麋峰、湖北白莲河、河南宝泉、广东惠州、辽宁蒲石河、安徽响水涧、福建仙游等大型抽水蓄能电站。 特别是 2014 年前后，结合电力系统安全稳定运行和新能源大规模发展需要，以及抽水蓄能电站两部制电价出台，相继开工建设了黑龙江荒沟、吉林敦化、安徽绩溪、海南琼中、河北丰宁、广东阳江等一批大型抽水蓄能电站。 截至 2021 年年底，抽水蓄能电站在运 40 座，总装机规模 3639 万 kW，居世界首位。

总体来看，中国抽水蓄能电站发展历程大致可分为 5 个阶段。

（1）产业起步期（1968—1983 年）

为了更好地解决电网调峰需求，依托具有调节能力的水库电站增加可逆式机组，建设混合式抽水蓄能电站，是一种有益的尝试。 岗南水库是冀南电网重要调节水库，1968 年中国在河北岗南水库安装了 1 台从日本引进的容量为 1.1 万 kW 的抽水蓄能机组，拉开了中国抽水蓄能电站建设的序幕。 1972 年在北京密云水库安装了 2 台单机容量为 1.1 万 kW 的国产抽水蓄能机组。 这两个项目为中国抽水蓄能建设奠定了基础。

（2）探索发展期（1984—2003 年）

1984 年，以潘家口抽水蓄能电站开工建设为标志，中国抽水蓄能电站进入第一个建设高峰。 尤其是广东大亚湾核电站和浙江秦山核电站的建设，推动了广州抽水蓄能电站和天荒坪抽水蓄能电站的建设。 这两个电站都装配了具有世界先进水平的高水头（>500m）、大容量（300MW）、高转速（500r/min）机组，工程建设、项目管理均具世界

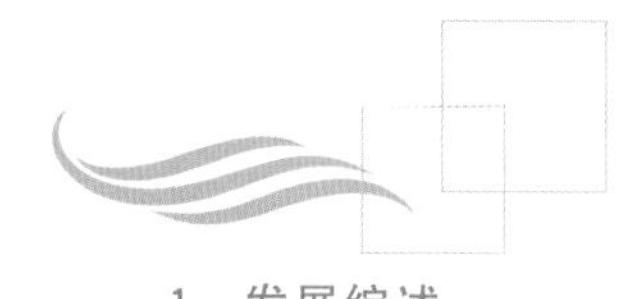

先进水平，并培养了一批管理、设计、施工、监理等工程建设人才。1988 年 7 月，总装机容量为 240 万 kW 的广州抽水蓄能电站开工建设，其中一期工程 4 台 30 万 kW 机组于 1994 年 3 月全部建成投产；二期工程在 2000 年全部建成。同期开工的装机容量为 180 万 kW 的浙江天荒坪抽水蓄能电站于 2000 年全部投产。

这一时期，建成了潘家口、广州、十三陵、天荒坪、响洪甸、沙河等抽水蓄能电站，抽水蓄能在探索中不断发展壮大。图 1.3、图 1.4 分别为广州、天荒坪抽水蓄能电站。

图 1.3　广州抽水蓄能电站下水库

图 1.4　天荒坪抽水蓄能电站上水库

（3）完善发展期（2004—2013 年）

2004 年，国家发展和改革委员会（以下简称“国家发展改革委”）《关于抽水蓄能电站建设管理有关问题的通知》（发改能源〔2004〕71 号）明确抽水蓄能电站主要由电网经营企业进行建设和管理。随后，国家电网公司成立国网新源控股有限公司（以下简称“国网新源公司”），南方电网公司成立调峰调频发电公司（以下简称“南网双调公司”）

进行抽水蓄能专业建设管理及运营。以此为标志，中国抽水蓄能发展进入完善发展期。

这一时期，河北张河湾、山东泰安、浙江桐柏、福建仙游等 15 座抽水蓄能电站建成投产，中国抽水蓄能电站装机规模跃居世界第三。其中，河北张河湾抽水蓄能电站是河北省最大的抽水蓄能电站，也是利用亚洲开发银行贷款建设的公益性电力项目以及 2008 年北京奥运会用电项目，电站装机规模为 100 万 kW，安装 4 台 25 万 kW 的单级混流可逆式机组，2007 年 12 月首台机组投产，2008 年实现机组全投。山东泰安抽水蓄能电站是山东省第一座大型抽水蓄能电站，下水库利用加固改建后的大河水库，电站总装机容量为 100 万 kW，安装 4 台 25 万 kW 的单级混流可逆式机组，2000 年 2 月开工建设，2005 年 12 月首台机组投产，2007 年实现机组全投。该电站获得中国建设工程鲁班奖（国家优质工程）。图 1.5、图 1.6 分别为张河湾、泰安抽水蓄能电站。

图 1.5　张河湾抽水蓄能电站上水库

图 1.6　泰安抽水蓄能电站下水库

在抽水蓄能规模迅速提升的同时，中国抽水蓄能在选点规划、技术标准、设备制造等方面的政策、体系也日趋完善，基本形成一套成熟的体系。

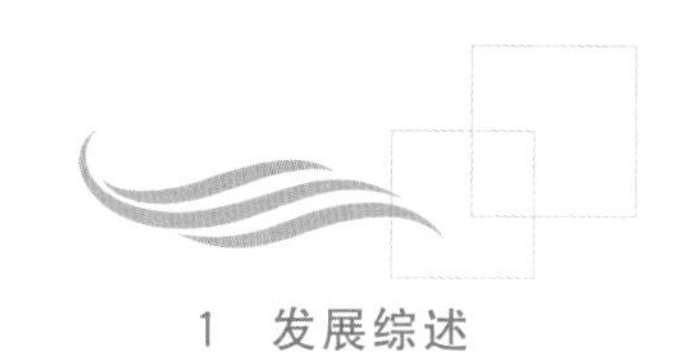

（4）蓬勃发展期（2014—2020 年）

2014 年，国务院印发《关于创新重点领域投融资机制鼓励社会投资的指导意见》（国发〔2014〕60 号），国家发展改革委也相继出台《关于完善抽水蓄能电站价格形成机制有关问题的通知》（发改价格〔2014〕1763 号）和《关于促进抽水蓄能电站健康有序发展有关问题的意见》（发改能源〔2014〕2482 号），明确了抽水蓄能电站实行两部制电价，并鼓励社会资本投资抽水蓄能电站。

这一时期，抽水蓄能电站建设规模屡创新高，共核准开工 36 座抽水蓄能电站，开工规模为 4638 万 kW。从 2017 年开始，中国抽水蓄能在运、在建规模连续多年均位居世界第一。

这一时期，河北丰宁、广东阳江、浙江仙居等一批典型项目集中建设。河北丰宁抽水蓄能电站紧邻京津冀负荷中心和冀北千万千瓦级新能源基地，总装机容量为 360 万 kW，安装 12 台单机容量 30 万 kW 机组，是世界装机容量最大的抽水蓄能电站，分两期建设；2021 年 12 月，首批 2 台机组投产发电，创造了中国抽水蓄能发展史上多个纪录。广东阳江抽水蓄能电站装机容量为 240 万 kW，安装 6 台单机容量 40 万 kW 机组，单机容量国内最大；最高水头超过 700m，是国内在建同类型电站中水头最高的电站之一；2021 年 11 月，电站首台机组投产发电。浙江仙居抽水蓄能电站总装机容量为 150 万 kW，安装 4 台单机容量 37.5 万 kW 机组，是目前国内已建单机容量最大的抽水蓄能电站，电站 2010 年开工，2016 年全面建成投产。图 1.7～图 1.9 分别为丰宁、阳江、仙居抽水蓄能电站。

图 1.7　丰宁抽水蓄能电站下水库

（5）新发展阶段（2021 年以后）

2021 年 4 月，国家发展改革委印发《关于进一步完善抽水蓄能价格形成机制的意见》（发改价格〔2021〕633 号），对两部制电价政策、费用分摊疏导机制等各方关切都进

图 1.8　阳江抽水蓄能电站上水库

图 1.9　仙居抽水蓄能电站下水库

行了明确的规定。9 月，国家能源局印发《抽水蓄能中长期发展规划（2021—2035 年）》，从全产业体系提出发展目标、重点任务及保障措施等。以上述两个文件为标志，中国抽水蓄能电站发展进入了新发展期。加快发展成为抽水蓄能产业的主旋律。新的发展阶段，新理念、新模式也逐渐融入发展新格局。从发展思路方面看，抽水蓄能从电力系统发展的奢侈品转变为系统发展的必需品，数量由少变多，布局更加多元。从管理模式来看，抽水蓄能由原来的通过选点规划控制规模到应规尽规、应开尽开、滚动调整、加快实施，管理更加灵活。从服务对象来看，抽水蓄能由原来的满足电力系统调峰、填谷、调频、调相的功能，到发挥储能作用构建多元化一体化基地的新业态，服务对象更加多元，业态发展更加创新。

2021 年，全国核准了 11 个抽水蓄能项目，总规模 1370 万 kW，核准数量和核准规模都创历史新高。其中，浙江天台抽水蓄能电站设计总装机容量为 170 万 kW，计划安装 4 台单机容量 42.5 万 kW 的可逆式水轮机组，电站额定水头 724m，为世界最高，单机容量

位居国内抽蓄电站之首，上下引水斜井长度 483.4m，为全国第一。

1.3.2　发展现状

截至 2021 年年底，中国全口径发电总装机容量 237692 万 kW，同比增长 8.0%，其中火电装机容量 125881 万 kW，核电装机容量 5326 万 kW，水电装机容量 39092 万 kW（含抽水蓄能装机容量），风电装机容量 32848 万 kW，太阳能发电装机容量 30656 万 kW，生物质发电装机容量 3798 万 kW。

截至 2021 年年底，全国已建抽水蓄能装机容量 3639 万 kW，较 2020 年增长 490 万 kW，同比增长 15.6%，抽水蓄能在电力总装机容量的占比为 1.5%，较 2020 年装机容量占比增长 0.1 个百分点。 2021 年各类电源装机容量及占比如图 1.10 所示。

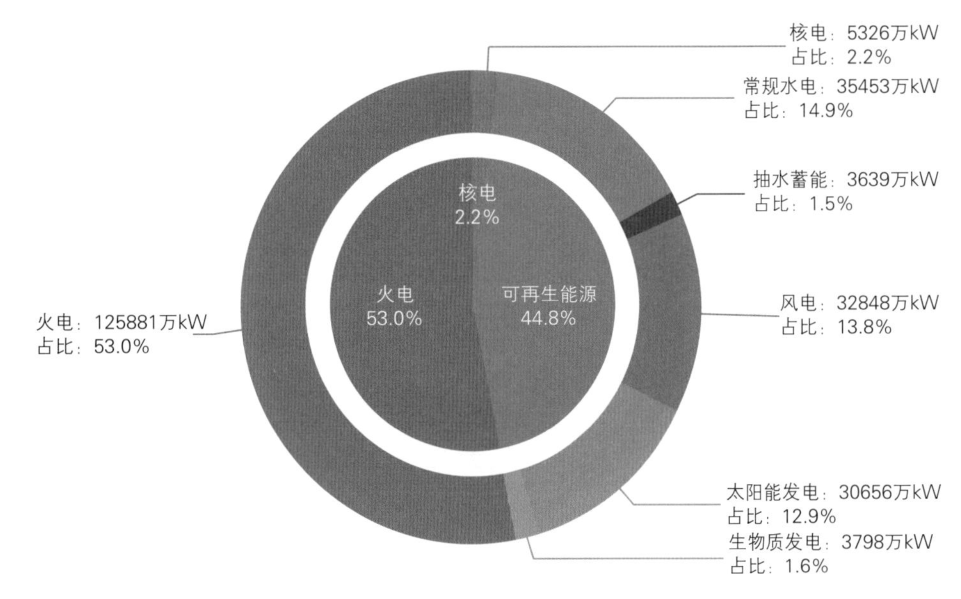

图 1.10　2021 年各类电源装机容量及占比

1.3.3　产业结构

抽水蓄能电站全产业结构涉及站点规划、勘测设计、施工建造、装备制造、运营管理、电网调度等诸多方面，按照产业链形态划分，可分为上游、中游和下游。

（1）上游

抽水蓄能产业链上游主要为设备制造商，包括水轮机、水泵、发电机和主变压器等设备制造企业。 水轮机主要供应商为东方电气集团东方电机有限公司（以下简称“东电”）、哈尔滨电机厂有限责任公司（以下简称“哈电”）；水泵主要供应商为广东凌霄泵业股份有限公司、浙江大元泵业股份有限公司等；变压器主要供应商包括保定天威保变电气股份有限公司、新华都特种电气股份有限公司等。

（2）中游

抽水蓄能产业链中游包括抽水蓄能电站投资、建设及运营企业。

抽水蓄能投资运营企业主要有国网新源公司、南网双调公司。截至 2021 年年底，国网新源公司在运和在建抽水蓄能规模分别为 2351 万 kW、4578 万 kW，占比分别约 65% 和 74%，在抽水蓄能开发建设及运营市场中具备领先优势；南网双调公司在运和在建抽水蓄能规模分别为 858 万 kW 和 410 万 kW，占比分别约 24% 和 7%。2014 年后，随着鼓励社会资本参与投资抽水蓄能电站等相关政策的出台，中国长江三峡集团有限公司（以下简称“三峡集团”）、中国核工业集团有限公司（以下简称“中核集团”）、中国华电集团有限公司（以下简称“华电集团”）、江苏省国信集团有限公司（以下简称“江苏国信”）等企业也积极参与到抽水蓄能投资建设与运营中。全国在运、在建抽水蓄能电站投资企业规模占比如图 1.11 和图 1.12 所示。

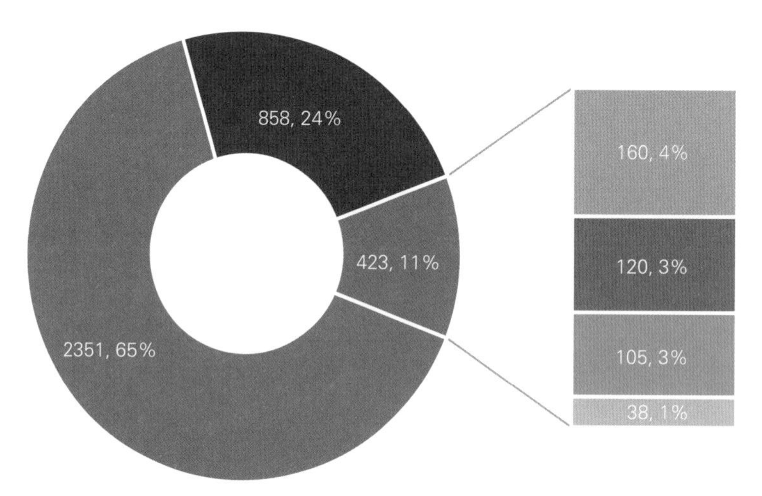

图 1.11　全国在运抽水蓄能电站投资企业规模占比（单位：万 kW）

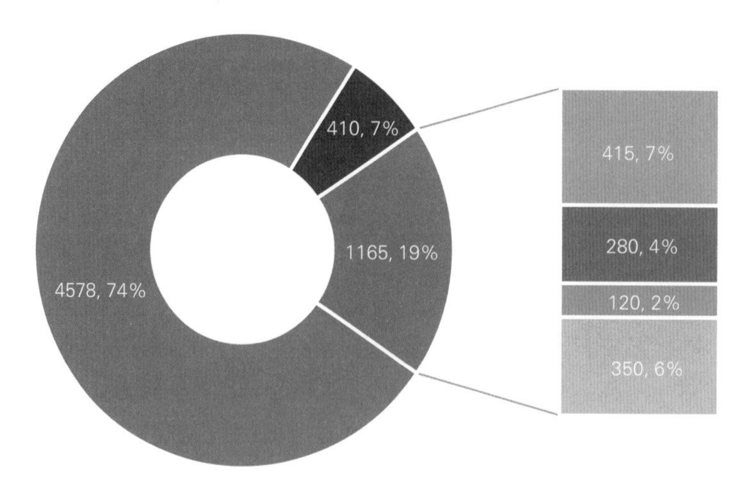

图 1.12　全国在建抽水蓄能电站投资企业规模占比（单位：万 kW）

由于水利水电建设较为复杂，对从业单位资质和业绩有较高要求。目前，抽水蓄能的建设企业主要有中国电力建设集团有限公司（以下简称“中国电建”）、中国能源建设集团有限公司（以下简称“中国能建”）等所属工程局。此外，中国安能建设集团有限公司（以下简称“中国安能”）、中国铁建股份有限公司（以下简称“中国铁建”）等企业也参与了抽水蓄能电站部分地下工程建设。

（3）下游

抽水蓄能产业链下游为接入电网系统，抽水蓄能电站接受电网指令调度运行，在系统中发挥调峰、调频、调相、事故备用等功能，为工业、商业及居民用电提供服务。

抽水蓄能产业链图谱如图 1. 13 所示。

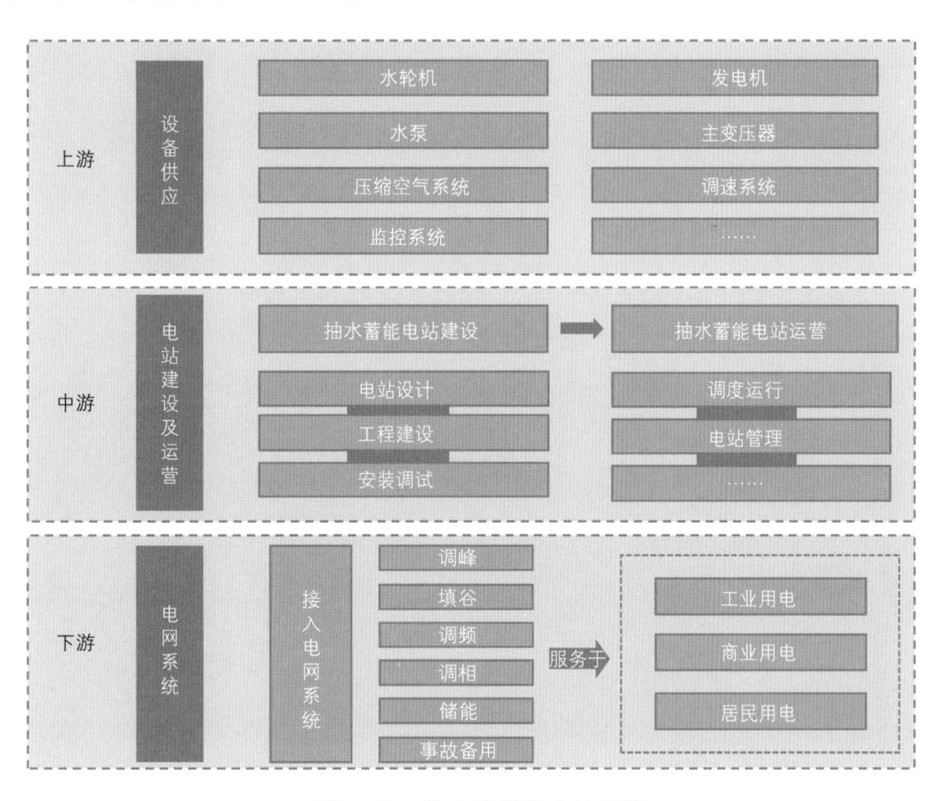

图 1. 13 抽水蓄能产业链图谱

2 站点资源

中国抽水蓄能站点资源丰富，分布范围广。为摸清全国抽水蓄能站点资源，不同阶段采取不同的方式。总体来看，通过选点规划阶段和中长期规划阶段工作，基本摸清了全国资源量。

选点规划阶段。这个阶段资源量的摸排比较精细，在区域范围内，经过技术经济综合比较，采取优中选优的方式选择可重点开发的项目。这个阶段资源量更加强调可开发量，不太关注总体资源潜力，且多以小区域、局部范围为主。具体又可分为2009年以前时期和2009—2020年时期。2009年以前，抽水蓄能站点普查多以负荷中心的市、县为单位，在小区域范围内开展精细化资源调查，其特点是资源调查总量小、但项目可实施性较强。2009—2020年，国家能源局组织相关单位以省（自治区、直辖市）为单位开展选点规划或规划调整工作，系统进行资源普查，并统筹考虑系统需求、项目布局、工程建设条件等因素进行站点比选，提出规划实施推荐站点和备选站点。该时期电站的功能定位为服务电力系统，因此主要分布在中东部地区。

中长期规划阶段。2021年开始，碳达峰碳中和发展背景下，全国风电、光伏发电等新能源大规模高比例发展，为适应新型电力系统发展需要，在全国范围内开展资源普查工作，其中部分重点省（自治区、直辖市）参考选点规划规范要求、借鉴选点规划成果；其他省（自治区、直辖市）按照抽水蓄能技术条件，从地形地质条件、水源条件、工程技术可行等方面开展资源普查工作。

2.1 选点规划

2.1.1 选点规划工作

20世纪80年代中期，为了研究解决电网调峰困难问题，广东省、华北电网、华东电网等地区有关单位，组织开展了重点区域的抽水蓄能电站资源调查和规划选点工作，相继提出了广东广州、北京十三陵、浙江天荒坪、山东泰安等一批抽水蓄能站点。20世纪90年代期间，华中、东北等区域电网也开展了部分区域的抽水蓄能站址资源调查和规划选点工作。进入21世纪后，中国正式加入世界贸易组织，经济社会持续加快发展，工业化水平逐年提高，电力系统发展由此也进入了一个新时期，表现在：一方面，为提高非化石能源比重，中国在加快开发利用水能资源的同时，积极利用核能，开发风能、太阳能等新能源；另一方面，为实现全国范围内的能源资源优化配置，中国制定了“全国联网、西电东送、南北互供”的发展战略，为积极吸收具有不稳定性且间歇性出力特点的风电和太阳能发电电力电量，保障核电的安全运行，保障整个电力系统的安全、节能、经济运行，电力系统对抽水蓄能电站的需求也在不断增加，中国的抽水蓄能电站选

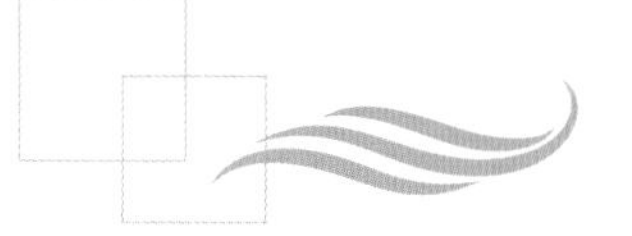

点规划工作亟待规范和加强。

2009 年 8 月 7 日，国家能源局在山东省泰安市召开了抽水蓄能电站建设工作座谈会。会议指出，要充分认识做好抽水蓄能电站建设工作的重要性，切实加强建设规划工作，水电水利规划设计总院（以下简称“水电总院”）要会同电网公司、地方政府，进一步加强和组织开展抽水蓄能电站的选点工作，按照距负荷中心近、地形地质条件和技术指标优越的原则，以省或者区域（电网）为单位，全面系统地开展站址选点工作，筛选一批规模适宜、建设条件优良的抽水蓄能站址。国家电网公司和南方电网公司要会同水电总院及地方相关部门，认真做好抽水蓄能电站建设布局的研究和规划工作。此次座谈会的召开，对加快全国抽水蓄能的发展起到了积极促进作用。

为落实会议精神，2009—2013 年，国家能源局组织水电水利规划设计总院、国网新源控股有限公司和南网调峰调频发电公司等单位，在华北、东北、华东、华中、西北和华南等区域统一开展了新一轮抽水蓄能电站选点规划工作。本次全国性抽水蓄能电站选点规划，在以往工作成果的基础上，针对 2020 年水平年有新增抽水蓄能电站建设运行要求的 22 个省（自治区、直辖市），开展了全面、系统的选点规划工作，筛选出了一批规模适宜、建设条件较好的抽水蓄能站点，取得了丰富的成果。根据国家能源局的批复，本次规划推荐站点 59 个，总装机容量 7485 万 kW。此外，为保证后续发展，还明确了 14 个备选站点，总装机容量 1660 万 kW，见表 2. 1。

华北电网区域选择了 13 个推荐站点，装机规模合计 1860 万 kW，分别是河北丰宁（360 万 kW）、易县（120 万 kW）、抚宁（120 万 kW），山东文登（180 万 kW）、泰安二期（180 万 kW）、沂蒙（120 万 kW）、莱芜（100 万 kW）、海阳（100 万 kW）、潍坊（100 万 kW），山西垣曲（120 万 kW）、浑源（120 万 kW），内蒙古美岱（120 万 kW）、乌海（120 万 kW）；选择了 2 个备选站点，装机规模合计 180 万 kW，分别为山西交城（120 万 kW）、内蒙古锡林浩特（60 万 kW）。

东北电网区域选择了 8 个推荐站点，装机规模合计 960 万 kW，分别是黑龙江尚志（100 万 kW）、五常（120 万 kW），吉林蛟河（120 万 kW）、桦甸（120 万 kW），辽宁清原（180 万 kW）、庄河（80 万 kW）、兴城（120 万 kW），内蒙古芝瑞（120 万 kW）；选择了 5 个备选站点，装机规模合计 520 万 kW，分别为黑龙江依兰（120 万 kW），吉林通化（80 万 kW），辽宁大雅河（140 万 kW），内蒙古牙克石（80 万 kW）、索伦（100 万 kW）。

华东电网区域选择了 15 个推荐站点，装机规模合计 2085 万 kW，分别是浙江长龙山（210 万 kW）、宁海（140 万 kW）、缙云（180 万 kW）、磐安（100 万 kW）、衢江（120 万 kW），江苏句容（135 万 kW）、竹海（180 万 kW）、连云港（100 万 kW），福建厦门（120 万～140 万 kW）、永泰（120 万 kW）、周宁（120 万 kW），安徽金

表 2.1　全国抽水蓄能电站选点规划成果汇总表

序号	区域电网	省（自治区、直辖市）	推荐站点	备选站点（后备、储备）	批复文号	批复时间	编制单位
1	华北	河北	丰宁（360 万 kW）		国能新能〔2012〕361 号	2012 年 11 月	北京勘测设计研究院有限公司
2			易县（120 万 kW）				
3			抚宁（120 万 kW）				
4		山东	文登（180 万 kW）		国能新能〔2011〕364 号	2011 年 11 月	
5			泰安二期（180 万 kW）				
6			沂蒙（120 万 kW）				
7			莱芜（100 万 kW）				
8			海阳（100 万 kW）				
9			潍坊（100 万 kW）				
10		山西	垣曲（120 万 kW）	交城（120 万 kW）	国能新能〔2013〕309 号	2013 年 8 月	
11			浑源（120 万 kW）				
12		内蒙古（蒙西）	美岱（120 万 kW）	锡林浩特（60 万 kW）	国能新能〔2012〕335 号	2012 年 10 月	
13			乌海（120 万 kW）				
14	东北	黑龙江	尚志（100 万 kW）	依兰（120 万 kW）	国能新能〔2013〕349 号	2013 年 9 月	北京勘测设计研究院有限公司
15			五常（120 万 kW）				
16		吉林	蛟河（120 万 kW）	通化（80 万 kW）	国能新能〔2013〕409 号	2013 年 11 月	
17			桦甸（120 万 kW）				
18		辽宁	清原（180 万 kW）	大雅河（140 万 kW）	国能新能〔2013〕500 号	2013 年 12 月	
19			庄河（80 万 kW）				
20			兴城（120 万 kW）				
21		内蒙古（蒙东）	芝瑞（120 万 kW）	牙克石（80 万 kW） 索伦（100 万 kW）	国能新能〔2012〕335 号	2012 年 10 月	

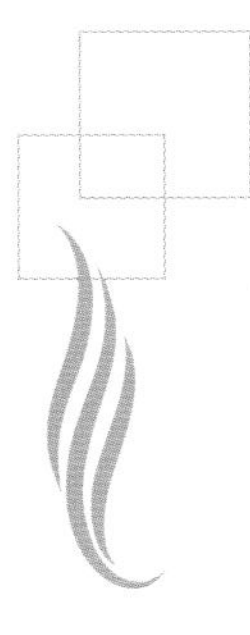

续表

序号	区域电网	省（自治区、直辖市）	推荐站点	备选站点（后备、储备）	批复文号	批复时间	编制单位
22	华东	浙江	长龙山（210 万 kW）	泰顺（120 万 kW） 天台（180 万 kW） 建德（240 万 kW） 桐庐（120 万 kW）	国能新能〔2013〕167 号	2013 年 4 月	华东勘测设计研究院有限公司
23			宁海（140 万 kW）				
24			缙云（180 万 kW）				
25			磐安（100 万 kW）				
26			衢江（120 万 kW）				
27		江苏	句容（135 万 kW）		国能新能〔2012〕189 号	2012 年 6 月	
28			竹海（180 万 kW）				
29			连云港（100 万 kW）				
30		福建	厦门（120 万～140 万 kW）		国能新能〔2011〕154 号	2011 年 5 月	
31			永泰（120 万 kW）				
32			周宁（120 万 kW）				
33		安徽	金寨（120 万 kW）		国能新能〔2011〕363 号	2011 年 11 月	
34			桐城（120 万 kW）				
35			绩溪（180 万 kW）				
36			宁国（120 万 kW）				
37	华中	河南	大鱼沟（120 万 kW）		国能新能〔2013〕518 号	2013 年 12 月	中南勘测设计研究院有限公司
38			宝泉二期（120 万 kW）				
39			花园沟（120 万 kW）				
40			五岳（100 万 kW）				
41		湖北	大幕山（120 万 kW）	紫云山（120 万 kW）	国能新能〔2012〕362 号	2012 年 11 月	
42			上进山（120 万 kW）				
43		湖南	安化（120 万 kW）		国能新能〔2012〕188 号	2012 年 6 月	
44			平江（120 万 kW）				

续表

序号	区域电网	省（自治区、直辖市）	推荐站点	备选站点（后备、储备）	批复文号	批复时间	编制单位
45	华中	江西	洪屏二期（120 万 kW）	赣县（120 万 kW）	国能新能〔2013〕283 号	2013 年 7 月	华东勘测设计研究院有限公司
46			奉新（120 万 kW）				
47		重庆	蟠龙（120 万 kW）		国能新能〔2012〕71 号	2012 年 3 月	中南勘测设计研究院有限公司
48			栗子湾（120 万 kW）				
49	西北	陕西	镇安（120 万 kW）		国能新能〔2011〕304 号	2011 年 9 月	西北勘测设计研究院有限公司
50		甘肃	昌马（120 万 kW）		国能新能〔2013〕20 号	2013 年 1 月	
51			大古山（120 万 kW）				
52		宁夏	牛首山（80 万 kW）		国能新能〔2013〕519 号	2013 年 12 月	
53		新疆	阜康（120 万 kW）	阿克陶（60 万 kW）	国能新能〔2012〕49 号	2012 年 2 月	
54			哈密天山（120 万 kW）				
55	南方	广东	梅州（一期 120 万 kW/规划 240 万 kW）		国能新能〔2011〕350 号	2011 年 10 月	广东省水利电力勘测设计研究院、广东省电力设计研究院、中南勘测设计研究院有限公司
56			阳江（一期 120 万 kW/规划 240 万 kW）				
57			新会（120 万 kW）				
58		海南	琼中（大丰）（60 万 kW）		国能新能〔2011〕155 号	2011 年 5 月	中南勘测设计研究院有限公司
59			三亚（羊林）（60 万 kW）				
全国合计			7485 万 kW	1660 万 kW			

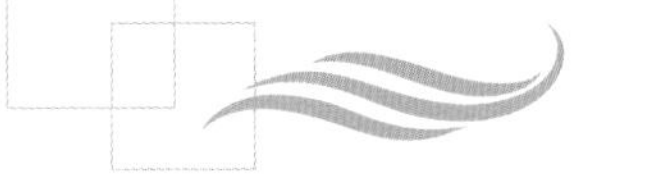

寨（120 万 kW）、桐城（120 万 kW）、绩溪（180 万 kW）、宁国（120 万 kW）；选择了 4 个备选站点，装机规模合计 660 万 kW，分别为浙江泰顺（120 万 kW）、天台（180 万 kW）、建德（240 万 kW）、桐庐（120 万 kW）。

华中电网区域选择了 12 个推荐站点，装机规模合计 1420 万 kW，分别是河南大鱼沟（120 万 kW）、宝泉二期（120 万 kW）、花园沟（120 万 kW）、五岳（100 万 kW），湖北大幕山（120 万 kW）、上进山（120 万 kW），湖南安化（120 万 kW）、平江（120 万 kW），江西洪屏二期（120 万 kW）、奉新（120 万 kW），重庆蟠龙（120 万 kW）、栗子湾（120 万 kW）；选择了 2 个备选站点，装机规模合计 240 万 kW，分别为湖北紫云山（120 万 kW），江西赣县（120 万 kW）。

西北电网区域选择了 6 个推荐站点，装机规模合计 680 万 kW，分别是陕西镇安（120 万 kW），甘肃昌马（120 万 kW）、大古山（120 万 kW），宁夏牛首山（80 万 kW），新疆阜康（120 万 kW）、哈密天山（120 万 kW）；选择了 1 个备选站点，为新疆阿克陶（60 万 kW）。

南方电网区域选择了 5 个推荐站点，装机规模合计 480 万 kW，分别是广东梅州（一期 120 万 kW/规划 240 万 kW）、阳江（一期 120 万 kW/规划 240 万 kW）、新会（120 万 kW），海南琼中（大丰）（60 万 kW）、三亚（羊林）（60 万 kW）。

2.1.2 选点规划调整工作

在选点规划工作基础上，针对 2025 年、2030 年规划水平年抽水蓄能发展需要，“十三五”期间，国家能源局组织开展了 12 个省（自治区）的抽水蓄能电站选点规划或规划调整工作，新增一批规模适宜、建设条件较好的抽水蓄能站点，其中广西、青海、贵州 3 省（自治区）开展选点规划工作，山东、湖北、福建、新疆、浙江、安徽、河北、辽宁、河南等 9 省（自治区）进行选点规划调整。截至 2020 年年底，国家能源局已复函同意福建、广西、安徽、浙江、青海、贵州、河北、湖北等 8 个省（自治区）抽水蓄能电站选点规划或规划调整报告。根据国家能源局的批复，本次选点规划或规划调整新增推荐站点 22 个，总装机容量为 2990 万 kW，见表 2.2。

华北电网区域新增 3 个推荐站点，装机规模合计 320 万 kW，分别是河北尚义（140 万 kW）、徐水（60 万 kW）、滦平（120 万 kW），规划水平年为 2030 年。

华东电网区域新增 12 个推荐站点，装机规模合计 1670 万 kW，分别是浙江衢江（120 万 kW）、磐安（120 万 kW）、泰顺（120 万 kW）、天台（170 万 kW）、建德（240 万 kW）、桐庐（120 万 kW），安徽桐城（120 万 kW）、宁国（120 万 kW）、岳西（120 万 kW）、石台（120 万 kW）、霍山（120 万 kW），福建云霄（180 万 kW），规划水平年为 2025 年。

华中电网区域新增 3 个推荐站点，装机规模合计 400 万 kW，分别是湖北大幕山（120 万 kW）、紫云山（140 万 kW）、平坦原（140 万 kW）；提出 3 个备选站点，装机规模合计

表 2.2　“十三五”全国 12 个省（自治区）抽水蓄能电站选点规划或规划调整成果汇总表

序号	区域电网	省（自治区）	推荐站点	备选站点（后备、储备）	批复文号	批复时间	编制单位
1	华北	河北	尚义（140 万 kW）		国能函新能〔2020〕36 号	2020 年 6 月	北京勘测设计研究院有限公司
2			徐水（60 万 kW）				
3			滦平（120 万 kW）				
4	华东	浙江	衢江（120 万 kW）		国能函新能〔2018〕116 号	2018 年 9 月	华东勘测设计研究院有限公司
5			磐安（120 万 kW）				
6			泰顺（120 万 kW）				
7			天台（170 万 kW）				
8			建德（240 万 kW）				
9			桐庐（120 万 kW）				
10		福建	云霄（180 万 kW）		国能函新能〔2018〕48 号	2018 年 4 月	
11		安徽	桐城（120 万 kW）		国能函新能〔2018〕99 号	2018 年 8 月	
12			宁国（120 万 kW）				
13			岳西（120 万 kW）				
14			石台（120 万 kW）				
15			霍山（120 万 kW）				
16	华中	湖北	大幕山（120 万 kW）	北山（20 万 kW）、清江（120 万 kW）、宝华寺（120 万 kW）	国能函新能〔2020〕59 号	2020 年 9 月	中南勘测设计研究院有限公司
17			紫云山（140 万 kW）				
18			平坦原（140 万 kW）				
19	西北	青海	贵南哇让（240 万 kW）		国能函新能〔2019〕6 号	2019 年 1 月	西北勘测设计研究院有限公司
20	南方	广西	南宁（120 万 kW）		国能函新能〔2018〕98 号	2018 年 8 月	中南勘测设计研究院有限公司，广西电力设计研究院有限公司
21		贵州	贵阳（120 万 kW）		国能函新能〔2019〕25 号	2019 年 2 月	贵阳勘测设计研究院有限公司
22			黔南（120 万 kW）				
全国合计			2990 万 kW	260 万 kW			

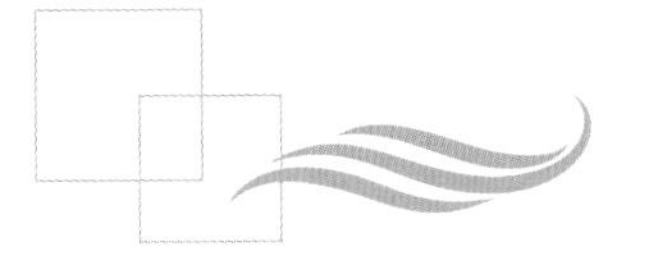

260 万 kW，分别为湖北北山（20 万 kW）、清江（120 万 kW）、宝华寺（120 万 kW），规划水平年为 2030 年。

西北电网区域选择了 1 个推荐站点，即青海贵南哇让站点，装机规模为 240 万 kW，规划水平年为 2025 年。

南方电网区域选择了 3 个推荐站点，装机规模合计 360kW，分别是广西南宁（120 万 kW），贵州贵阳（修文石厂坝，120 万 kW）、黔南（贵定黄丝，120 万 kW），规划水平年为 2025 年。

综合分析，截至 2020 年年底，全国陆续开展 25 个省（自治区、直辖市）的抽水蓄能电站选点规划或选点规划调整工作，批复的规划站点总装机容量约 1.2 亿 kW。

2.1.3 主要省（自治区、直辖市）抽水蓄能电站选点规划或规划调整工作

（1）河北省

1）选点规划

河北省电力系统电源以火电为主，并将建设大型风电基地，在满足本省用电的同时也为北京、天津提供支持。为满足河北省电力系统发展和促进新能源利用的需要，落实国家能源局有关推进抽水蓄能电站前期工作的要求，水电水利规划设计总院、河北省发展和改革委员会（以下简称“河北省发展改革委”）和国网新源控股有限公司委托原中国水电顾问集团北京勘测设计研究院（以下简称“北京院”）开展了河北省抽水蓄能电站新一轮选点规划工作。2011 年 6 月，北京院提出了《河北省抽水蓄能电站选点规划报告（2011 年版）》。

河北省环抱北京市和天津市，由华北电网的京津唐电网和河北南网覆盖，电网联系紧密。根据有关预测成果，2020 年京津唐电网全社会用电量为 5269 亿 kW · h，最高负荷为 8700 万 kW；河北南网全社会用电量为 2467 亿 kW · h，最高负荷为 4180 万 kW，除已建、在建各类电源和规划风电，京津唐电网和河北南网共需新增装机容量约 2800 万 kW，电力市场空间较大。京津唐电网和河北南网电源以煤电为主，系统调峰主要依靠煤电；规划 2020 年需消纳风电 1643 万 kW，调峰矛盾将更加突出。结合电源优化配置分析，2020 年京津唐电网和河北南网新增抽水蓄能电站最低需求规模约为 5200W，经济规模共约为 950 万 kW。北京市、天津市境内抽水蓄能电站开发条件较差，未来对抽水蓄能电站的需求主要靠河北省支持，河北省抽水蓄能资源条件较好，建设抽水蓄能电站十分必要。

河北丰宁抽水蓄能电站装机规模大，可进行周调节，建设条件优，经济指标好，对解决京津唐电网调峰问题，促进风电基地建设意义重大，在本轮选点规划前，已定作为河北省 2020 年新增建设站点。在此工作基础上，选点规划工作对河北省抽水蓄能电站进行了补充选点和实地查勘。根据抽水蓄能电站站点的地形地质、水源条件、枢纽布

置、施工交通、水库淹没和环境影响等建设条件及总体布局需要，筛选了建设条件相对较好的抚宁、尚义、易县、邢台、迁西、阜平共6个站点作为河北省抽水蓄能电站比选站点，开展了规划阶段的勘测设计工作。从京津唐电网和河北南网对调峰电源需求、调峰电源合理布局、站点建设条件、水库淹没和环境影响、技术经济等方面综合分析，推荐丰宁、易县、抚宁站点作为河北省2020年新增抽水蓄能电站推荐站点。

2011年6月底，水电总院会同河北省发展改革委、能源局审查通过《河北省抽水蓄能电站选点规划报告（2011年版）》。2012年11月，国家能源局以国能新能〔2012〕361号文批复该报告，确定丰宁（360万kW）、易县（120万kW）和抚宁（120万kW）站点作为河北省2020年新建抽水蓄能电站推荐站点。

2）选点规划调整

为更好适应河北省、京津冀一体化、雄安新区开发建设以及华北电网电力系统安全经济运行和新能源快速发展需要，推动抽水蓄能电站科学有序建设，2017年11月，河北省发展改革委以冀发改能源〔2017〕1464号文向国家能源局提出了开展河北省抽水蓄能电站选点规划工作的申请。2017年12月，国家能源局以国能综函新能〔2017〕459号文复函同意开展河北省抽水蓄能电站选点规划调整工作。根据选点规划调整工作相关安排及要求，北京院开展了河北省抽水蓄能选点规划调整工作，于2018年8月提出了《河北省抽水蓄能电站选点规划调整报告》。

根据京津冀区域能源资源条件和能源结构转型要求，未来能源电力发展趋势是新能源发电快速增长，燃煤火电装机比重逐步降低，以及区外来电规模进一步增加。根据有关规划，2025年，京津及冀北电网风电装机将达到3060万kW，光伏发电为2074万kW，区外来电规模为1970万kW；河北南网风电装机将达到610万kW，光伏发电为860万kW，核电为250万kW，区外来电容量为2329万kW；届时京津冀区域新能源发电装机和外来电力占比将分别达到28%和18%以上。伴随新能源发电并网规模以及区外来电容量的不断增加，仅靠火电调峰将难以适应新能源大规模并网消纳的需要，京津冀地区继续建设一定规模的抽水蓄能电站是必要的。经综合分析，河北省2025年水平年需新增抽水蓄能规模300万～500万kW。

综合考虑需求规模及布局，结合站点资源条件，《河北省抽水蓄能电站选点规划调整报告》选择河北北部的尚义、滦平、迁西、赤城和河北南部的徐水、邢台、阜平共7个站点作为本次规划调整的比选站点。各比选站点建设条件总体较好，工程建设技术可行。尚义站点为水电发展“十三五”重点开工项目，已基本完成可行性研究工作，经复核，工程建设条件没有重大变化，经济指标较好，继续作为规划推荐站点。徐水站点依托南水北调中线调蓄池建设，可进一步发挥调蓄池工程综合利用效益，电站距离雄安新区近，对提高雄安新区电力安全保障能力具有重要意义。滦平站点工程建设条件较好，技术经

济指标较优，不涉及环境制约因素，电站建设与矿坑治理相结合，具有综合效益。邢台站点技术可行，经济指标较好，站点位置符合区域布局需求，但涉及河北省生态保护红线范围，需根据生态保护红线管控要求及相关规定，落实工程建设环境可行性。考虑京津冀区域 2025 水平年抽水蓄能需求规模，并兼顾 2030 年需要，提出尚义（140 万 kW）、徐水（60 万 kW）、滦平（120 万 kW）站点作为本次河北省抽水蓄能电站规划调整推荐站点。

2018 年 8 月，水电总院会同河北省发展改革委、能源局和国家电网有限公司华北分部审查通过《河北省抽水蓄能电站选点规划调整报告》。2020 年 6 月，国家能源局以国能函新能〔2020〕36 号文批复选点规划调整成果，确定尚义（140 万 kW）、徐水（60 万 kW）和滦平（120 万 kW）站点作为河北省抽水蓄能电站规划调整推荐站点。

河北省规划站点主要技术经济指标见表 2.3，规划站点位置如图 2.1 所示。

表 2.3　　　　　　河北省规划站点主要技术经济指标表

站点名称		丰宁	易县	抚宁
所在地		承德市 丰宁县	保定市 易县	秦皇岛市 抚宁县
上水库	流域面积/km^2	4.4	0.55	0.72
	正常蓄水位/m	1505	630	676
	蓄能发电有效库容/万 m^3	4061	901.2	892
	主坝坝型	混凝土面板 堆石坝	沥青混凝土面板 堆石坝	混凝土面板 堆石坝
	最大坝高/m	120.3	82.5	105
下水库	流域面积/km^2	10202	9.5	26.9
	年径流量/万 m^3	24000	187	648
	正常蓄水位/m	1061	272	223
	蓄能发电有效库容/万 m^3	4148	905.4	722
	主坝坝型	右岸为混凝土重力坝，左岸为混凝土面板堆石坝	混凝土面板 堆石坝	混凝土面板 堆石坝
	最大坝高/m	51.3	62.5	52
装机容量/万 kW		360	120	120
连续满发小时数/h		10.86	6	6
最大/最小发电水头/m		458.9/385.9	381.3/312.3	481.5/396
额定水头/m		425	347	433

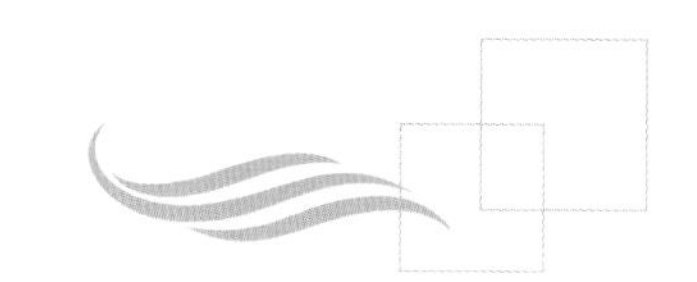

续表

站点名称		丰宁	易县	抚宁
距高比		7.08	6.5	5.1
总工期/月		110	72	70
首台机组发电工期/月		66	60	58
工程静态投资/亿元		121.55	57.22	54.47
单位千瓦静态投资/(元/kW)		3377	4768	4539
站点名称		尚义	徐水	滦平
所在地		张家口市 尚义县	保定市 徐水区	承德市 滦平县
上水库	流域面积/km²	0.65	4.71	0.77
	年径流量/万 m³	3.1	33.0	—
	正常蓄水位/m	1392	250	910
	调节库容/万 m³	826	900(蓄能发电)	802
	主坝坝型	混凝土面板堆石坝	利用规划的 南水北调中线 雄安调蓄上池	沥青混凝土面板 堆石坝
	最大坝高/m	115		70
下水库	流域面积/km²	3658	—	0.71
	年径流量/万 m³	13230	—	—
	正常蓄水位/m	934	75	495
	调节库容/万 m³	856	900(蓄能发电)	815
	主坝坝型	碾压混凝土重力坝	利用规划的 南水北调中线 雄安调蓄下池	利用矿坑作为库盆
	最大坝高/m	60		
装机容量/万 kW		140	60	120
连续满发小时数/h		6	6	6
额定水头/m		449	170	404
距高比		12	19.2	3.0
总工期/月		72	81	68
首台机组发电工期/月		60	60	56
工程静态投资/亿元		77.01	34.68	59.25
单位千瓦静态投资/(元/kW)		5501	5779	4937

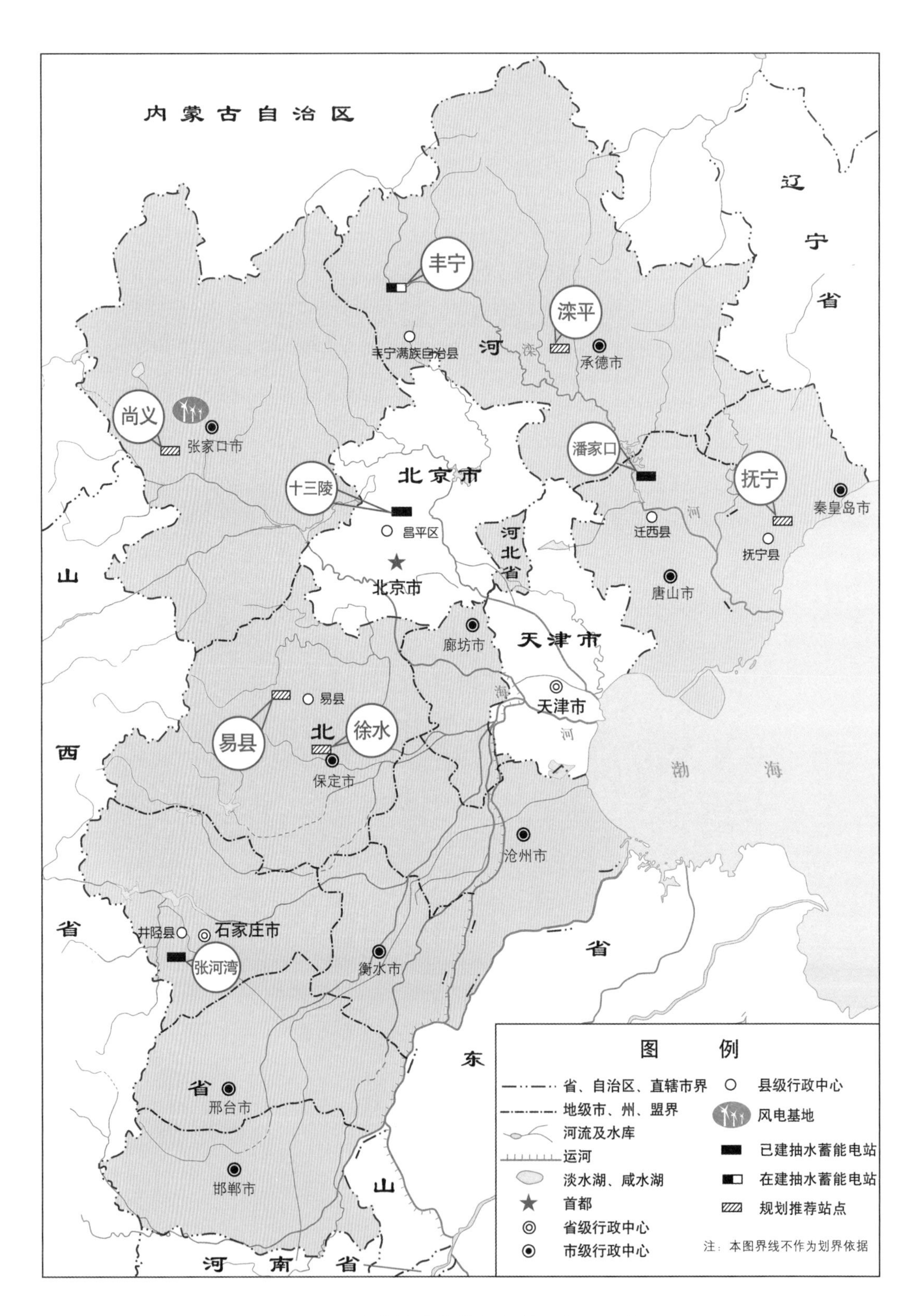

图 2.1　河北省抽水蓄能规划站点位置示意图

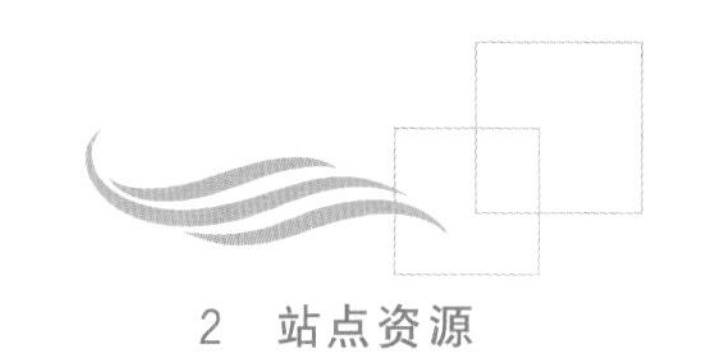

（2）山东省

山东电网以火电电源为主，随着核电与风电基地的建设以及区外来电增加，电网调峰矛盾将越来越突出。为满足电力系统日益增长的调峰需求，合理布局抽水蓄能电站，优化电源结构，促进清洁能源开发利用，受水电水利规划设计总院和国网新源控股有限公司委托，北京院开展了山东省抽水蓄能电站新一轮选点规划工作，于 2010 年 10 月提出了《山东省抽水蓄能电站选点规划报告（2010 年版）》。

根据有关规划成果，2020 年山东省最高负荷约 11000 万 kW，全社会用电量达 6600 亿 kW · h。为满足不断增长的电力需求，根据山东省能源资源条件，在发展大容量燃煤火电机组的同时，将建设沿海千万千瓦核电基地、近海千万千瓦风电基地，增加吸纳“西电东送”容量。为解决电网调峰与安全经济运行问题，迫切需要建设相当规模的抽水蓄能电站。调峰容量平衡和调峰电源优化配置分析表明，在不考虑风电的情况下，山东电网 2020 年抽水蓄能经济合理规模为 848 万 kW，其中新增容量 748 万 kW；在考虑山东风电基地大规模开发的情况下，山东电网 2020 年抽水蓄能经济合理规模为 1210 万 kW，其中新增容量为 1110 万 kW。

山东文登、泰安二期站点技术经济指标优越，在以前轮次选点规划中推荐为近期开发工程，并正在开展相关前期工作，具备加快开发条件。在历次选点规划成果基础上，本次选点规划对山东省抽水蓄能电站资源点进行了普查，初选了 23 个站点；通过抽水蓄能电站布局要求、建设条件、社会环境影响等方面分析，筛选出沂蒙、莱芜、海阳、潍坊、巩家沟、石岚、小珠山、八里碑 8 个站点作为比选站点；再通过实地查勘和初步比较，沂蒙、莱芜、海阳、潍坊 4 个站点明显优于其他站点，为此选择沂蒙、莱芜、海阳、潍坊 4 个站点开展深入的技术经济比选。综合分析调峰电源需求规模、调峰电源合理布局、站点建设条件、环境影响、技术经济等方面，提出文登、泰安二期、沂蒙、莱芜、海阳、潍坊站点为山东电网 2020 年新增抽水蓄能电站规划站点。

2010 年 10 月底，水电总院会同山东省发展和改革委员会审查通过《山东省抽水蓄能电站选点规划报告》。2011 年 11 月，国家能源局以国能新能〔2011〕364 号文批复了山东省抽水蓄能电站选点规划，同意在初选沂蒙、莱芜、海阳、潍坊、巩家沟、石岚、小珠山、八里碑站点作为比选站点，以及以往规划的文登、泰安二期站点的基础上，确定文登（180 万 kW）、泰安二期（180 万 kW）、沂蒙（120 万 kW）、莱芜（100 万 kW）、海阳（100 万 kW）、潍坊（100 万 kW）站点为山东电网 2020 年新建抽水蓄能电站推荐站点。

山东省规划站点主要技术经济指标见表 2.4，规划站点位置如图 2.2 所示。

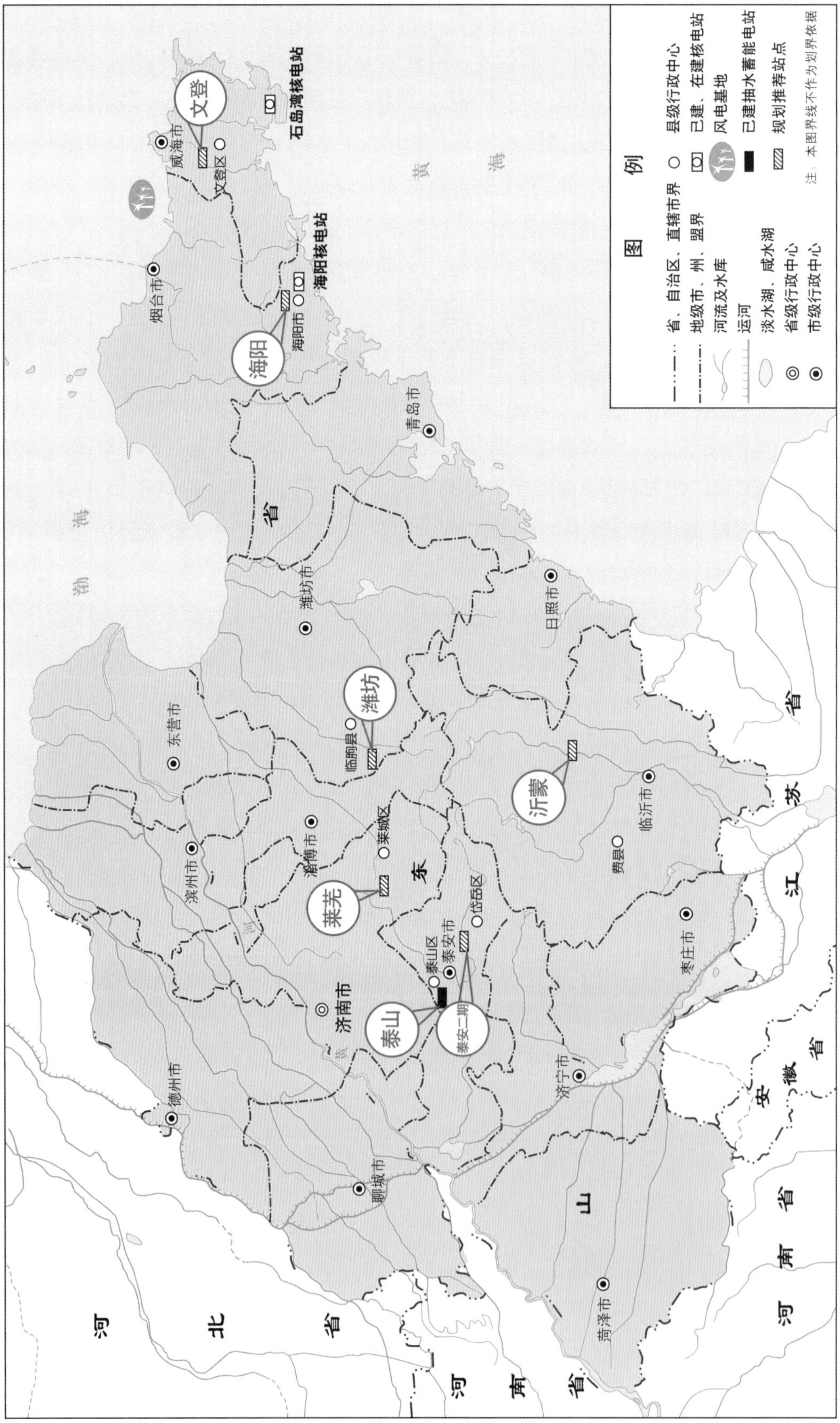

图 2.2 山东省抽水蓄能规划站点位置示意图

表 2.4 山东省规划站点主要技术经济指标表

站点名称		文登	泰安二期	沂蒙	莱芜	海阳	潍坊
所在地		威海市 文登区	泰安市 岱岳区	临沂市 费县	莱芜市 莱城区	烟台市 海阳市	潍坊市 临朐县
上水库	流域面积/km²	0.77	2.75	0.33	1.3	0.397	0.55
	正常蓄水位/m	625	681.5	606	660	420	560
	蓄能发电有效库容/万 m³	870	1093	825	710	674	1015
	主坝坝型	混凝土面板堆石坝					
	最大坝高/m	101	110	117	64	95	87.5
下水库	流域面积/km²	17.93	11.2	2.67	15.7	11.29	151
	年径流量/万 m³	680	241	75.4	335	297	3061
	正常蓄水位/m	136	203.6	218	288	95	291
	蓄能发电有效库容/万 m³	1014.2	1093	889	907	740	6180
	主坝坝型	混凝土面板堆石坝					心墙坝
	最大坝高/m	50.5	57.6	78	56	39.4	44.6
装机容量/万 kW		180	180	120	100	100	100
连续满发小时数/h		5.4	6	6	6	4.8	6
最大/最小发电水头/m		515/438	502/436	421/353	400/337	350/295	294/229
额定水头/m		471	447	375	358	302	250
距高比		6.4	6.3	7	8.1	10.4	7
总工期/月		76	74	72	68	68	68
首台机组发电工期/月		58	56	60	56	56	56
工程静态投资/亿元		64.59	61.91	51.55	39.16	43.23	41.22
单位千瓦静态投资/(元/kW)		3588	3440	4296	3916	4323	4122

（3）山西省

为满足山西省电力系统发展和新能源开发利用需要，落实国家能源局有关推进抽水蓄能电站前期工作的要求，水电水利规划设计总院、国网新源控股有限公司共同委托北京院开展了山西省抽水蓄能电站新一轮选点规划工作。2012 年 8 月，北京院提出了《山西省抽水蓄能电站选点规划报告（2012 年版）》。

根据有关规划成果，山西省 2020 年全社会最高用电负荷约为 4760 万 kW，最大峰谷差为 1856 万 kW。随着用电需求增加、峰谷差加大，山西电网调峰矛盾越来越突出。电网调峰容量平衡和电源结构优化研究成果表明，山西省 2020 年抽水蓄能电站合理规模为 436 万～520 万 kW，其中新增抽水蓄能电站容量 316 万～400 万 kW。

在历次选点规划成果基础上，本轮选点规划对山西省抽水蓄能电站资源点进行了普

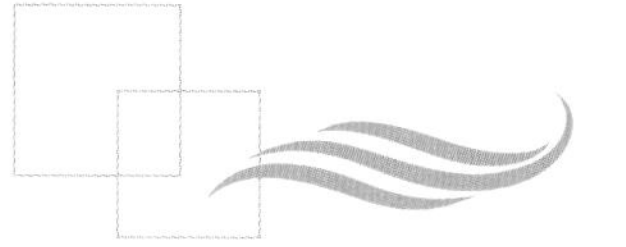

查，筛选出建设条件较好的 20 个抽水蓄能资源点；根据分区负荷需求，考虑地形地质、水源条件、枢纽布置、施工交通、水库淹没、环境影响等因素，报告选择大同浑源、太原、吕梁交城、运城垣曲站点作为山西省抽水蓄能电站规划比选站点。

山西省负荷中心主要在晋中和晋南，分别占全省的 44%、43%，目前已建成西龙池抽水蓄能电站（120 万 kW），位于中部偏北的忻州市，主要服务中部地区；南部地区负荷增长快，运城站点建设条件较好，距南部负荷中心较近，符合山西电网潮流分布特性；大同站点位于风电资源比较集中的北部地区；交城站点和太原站点位于中部地区，距离太原负荷中心近。 经综合比较分析，考虑分区布局要求、工程建设条件、技术经济指标等因素，推荐运城、大同站点作为山西省 2020 年新增抽水蓄能电站规划站点，交城站点作为规划备选站点。

2012 年 8 月，水电总院会同山西省发展和改革委员会审查通过《山西省抽水蓄能电站选点规划报告（2012 年版）》。 2013 年 8 月，国家能源局以国能新能〔2013〕309 号文批复了山西省抽水蓄能电站选点规划，同意在初选大同浑源、太原、吕梁交城、运城垣曲作为比选站点的基础上，确定垣曲（120 万 kW）和浑源（120 万 kW）为山西省 2020 年新建抽水蓄能电站推荐站点，交城（120 万 kW）作为备选站点。

山西省规划站点主要技术经济指标见表 2.5，规划站点位置如图 2.3 所示。

表 2.5　　　　山西省规划站点主要技术经济指标表

站点名称		垣曲	浑源	交城
所在地		运城市 垣曲县	大同市 浑源县	吕梁市 交城县
上水库	流域面积/km^2	1.01	1.14	2.28
	正常蓄水位/m	920	1840	1435
	蓄能发电有效库容/万 m^3	754	749	713
	主坝坝型	钢筋混凝土 面板堆石坝	钢筋混凝土 面板堆石坝	钢筋混凝土 面板堆石坝
	最大坝高/m	102.5	135	99
下水库	流域面积/km^2	138.6	209.2	1104
	年径流量/万 m^3	1432	1046	16100
	正常蓄水位/m	493	1400	982
	蓄能发电有效库容/万 m^3	921	822	746
	主坝坝型	碾压混凝土 重力坝	钢筋混凝土 面板堆石坝	碾压混凝土 重力坝
	最大坝高/m	81	95	55

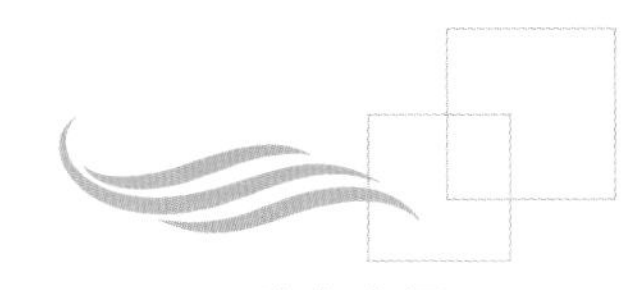

续表

站点名称	垣曲	浑源	交城
装机容量/万 kW	120	120	120
连续满发小时数/h	6	6	6
最大/最小发电水头/m	456/381	469/388	469/414
额定水头/m	413	425	439
距高比	7.87	5.6	6.7
总工期/月	68	68	72
首台机组发电工期/月	56	56	60
工程静态投资/亿元	48.64	50.45	49.71
单位千瓦静态投资/(元/kW)	4053	4203	4142

（4）内蒙古自治区

为满足电力发展需要，促进风能资源大规模开发，落实国家能源局有关推进抽水蓄能电站前期工作的要求，水电水利规划设计总院、内蒙古自治区发展和改革委员会和国网新源控股有限公司委托北京院开展了内蒙古自治区抽水蓄能电站选点规划工作。2011 年 7 月，北京院提出了《内蒙古自治区抽水蓄能电站选点规划报告（2011 年版）》。

内蒙古自治区煤炭、风能资源丰富，是中国重要的能源基地。内蒙古自治区按照地域划分为蒙东、蒙西两部分。国家规划 2020 年开发利用蒙东、蒙西两大风电基地规模分别为 2000 万 kW 和 3800 万 kW。据有关预测，内蒙古自治区 2020 年最大负荷约为 5200 万 kW，其中蒙东地区约为 1400 万 kW，蒙西地区约为 3800 万 kW，但区内电力系统电源结构单一，常规水电仅约为 100 万 kW，其余为煤电和风电，且煤电中热电比重较大，系统长期缺乏足够的调峰手段，随着风电的大规模开发，电力系统电源结构不合理问题更加突出。考虑内蒙古电力系统调峰和安全稳定运行及风电消纳需要，2020 年水平年，在呼和浩特抽水蓄能电站（120 万 kW）建设的基础上，需新增抽水蓄能电站 550 万～870 万 kW，并应分散布局在负荷中心及风电输电平台附近。

本轮选点规划在抽水蓄能电站资源点普查工作基础上筛选出条件相对较好的 12 个站点开展选点规划工作，其中蒙东地区比选站点 6 个，分别为赤峰Ⅰ、呼伦贝尔、兴安盟、通辽Ⅰ、赤峰Ⅱ和通辽Ⅱ；蒙西地区比选站点 6 个，分别为美岱、乌海Ⅰ、锡林浩特、包头Ⅰ、包头Ⅱ和乌海Ⅱ。从蒙东和蒙西各个区域电网调峰和保安电源合理布局需要、风电开发及外送需求、站点建设条件、环境影响评价、技术经济指标等方面综合分析，选择赤峰Ⅰ（芝瑞）站点作为蒙东地区 2020 年水平年抽水蓄能电站的推荐站点；选择美岱、乌海站点作为蒙西地区 2020 年水平年抽水蓄能电站的推荐站点；锡林浩特、呼伦贝尔（牙克石）和兴安盟（索伦）站点作为备选站点。

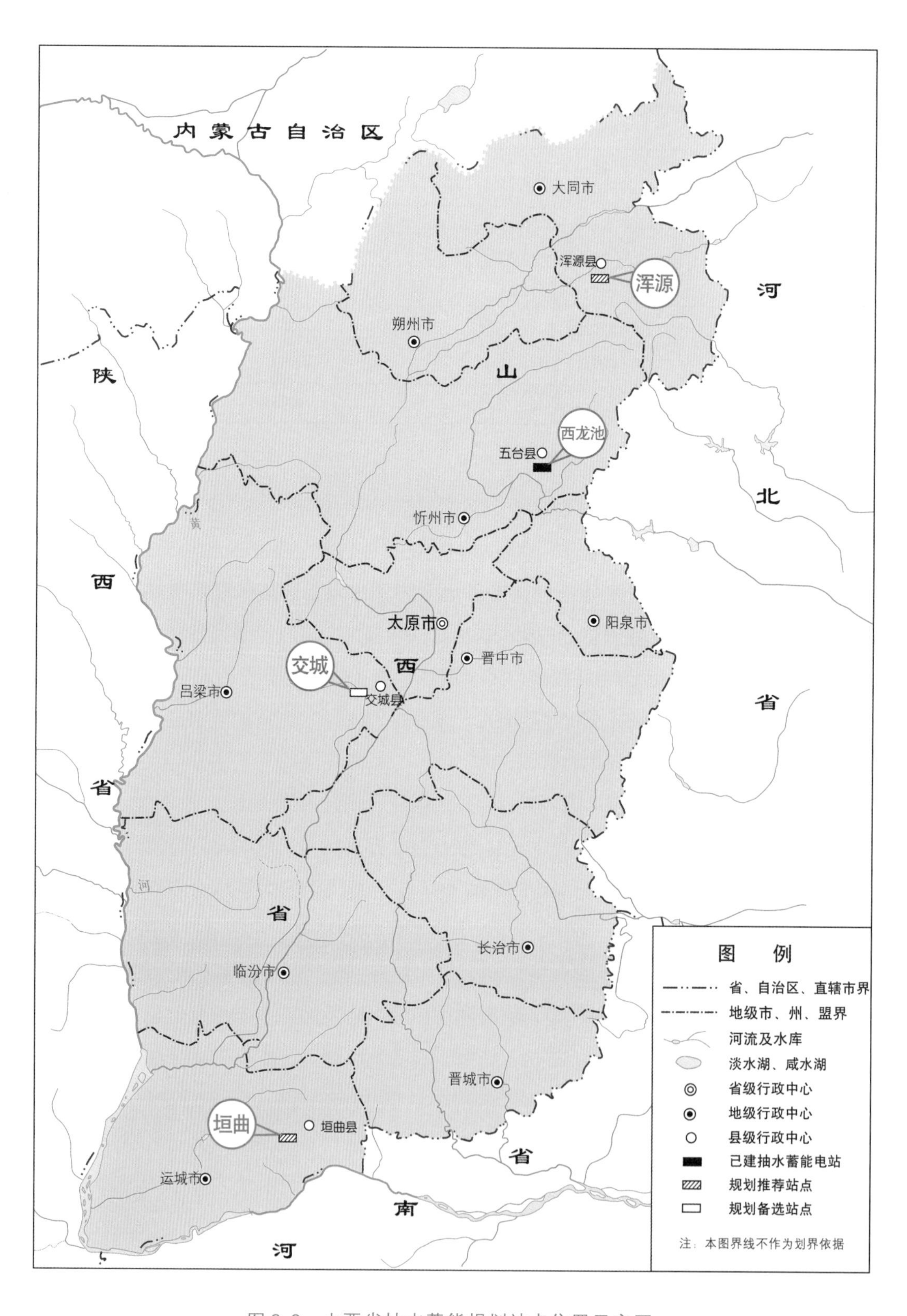

图 2.3　山西省抽水蓄能规划站点位置示意图

2011 年 7 月，水电总院会同内蒙古自治区发展和改革委员会、能源局审查通过《内蒙古自治区抽水蓄能电站选点规划报告（2011 年版）》。2012 年 10 月，国家能源局以国能新能〔2012〕335 号文批复了内蒙古自治区抽水蓄能电站选点规划，同意在初选赤峰Ⅰ（芝瑞）、赤峰Ⅱ（林东）、通辽Ⅰ（霍林河）和通辽Ⅱ（乌兰哈达）、呼伦贝尔（牙克石）、兴安盟（索伦）站点作为比选站点的基础上，确定芝瑞（120 万 kW）站点为蒙东 2020 年新建抽水蓄能电站推荐站点，牙克石（80 万 kW）和索伦（100 万 kW）站点作为后备抽水蓄能站点。在初选蒙西地区美岱、乌海Ⅰ（乌海）、乌海Ⅱ（甘德尔）、锡林浩特、包头Ⅰ（九峰山）、包头Ⅱ（梅力更）站点作为比选站点的基础上，确定美岱（120 万 kW）、乌海（120 万 kW）站点为蒙西 2020 年新建抽水蓄能电站推荐站点，锡林浩特（60 万 kW）站点作为后备抽水蓄能站点。

内蒙古自治区规划站点主要技术经济指标见表 2.6，规划站点位置如图 2.4、图 2.5 所示。

表 2.6　　内蒙古自治区规划站点主要技术经济指标表

站点名称		芝瑞	牙克石	索伦
所在地		赤峰市 克什克腾旗	呼伦贝尔市 牙克石市	兴安盟 科尔沁右翼前旗
上水库	流域面积/km²	1.05	1.21	1.165
	正常蓄水位/m	1500	787	843
	蓄能发电有效库容/万 m³	973	1154	1214
	主坝坝型	钢筋混凝土 面板堆石坝	钢筋混凝土 面板堆石坝	钢筋混凝土 面板堆石坝
	最大坝高/m	95	91	88
下水库	流域面积/km²	579	281.4	11.1
	年径流量/万 m³	1671	3450	118.5
	正常蓄水位/m	1140	591	605
	蓄能发电有效库容/万 m³	1003	1570	1374
	主坝坝型	混凝土重力坝 (拦河坝/拦沙坝)	混凝土心墙 堆石坝	沥青混凝土 心墙堆石坝
	最大坝高/m	42.5/12.5	22.5	60
装机容量/万 kW		120	80	100
连续满发小时数/h		6	6	6
最大/最小发电水头/m		380/324	216/174	263/213
额定水头/m		337	182	222
距高比		6.3	16.6	13.7

续表

站 点 名 称		芝瑞	牙克石	索伦
总工期/月		72	70	72
首台机组发电工期/月		60	58	60
工程静态投资/亿元		55.60	41.58	51.91
单位千瓦静态投资/(元/kW)		4633	5197	5191
站 点 名 称		美岱	乌海	锡林浩特
所在地		包头市 土右旗	乌海市 海勃湾区	锡林浩特 阿巴嘎旗
上水库	流域面积/km^2	0.724	0.76	0.3
	正常蓄水位/m	1610	1640	1198
	蓄能发电有效库容/万 m^3	1180.8	641	943
	主坝坝型	沥青混凝土 面板堆石坝	沥青混凝土 面板堆石坝	混凝土 面板堆石坝
	最大坝高/m	115	48	70
下水库	流域面积/km^2	835	—	3900
	年径流量/万 m^3	3458	—	2018
	正常蓄水位/m	1311	1125	1015
	蓄能发电有效库容/万 m^3	1206.2	710	1048
	主坝坝型	混凝土重力坝	沥青混凝土 面板堆石坝	黏土斜墙土坝
	最大坝高/m	73.5	16	16.1
装机容量/万 kW		120	120	60
连续满发小时数/h		6	6	6
最大/最小发电水头/m		335/263	560/484	199/149
额定水头/m		281	503	167
距高比		8.4	7	17.1
总工期/月		72	70	66
首台机组发电工期/月		60	58	54
工程静态投资/亿元		60.45	59.84	34.26
单位千瓦静态投资/(元/kW)		5038	4987	5711

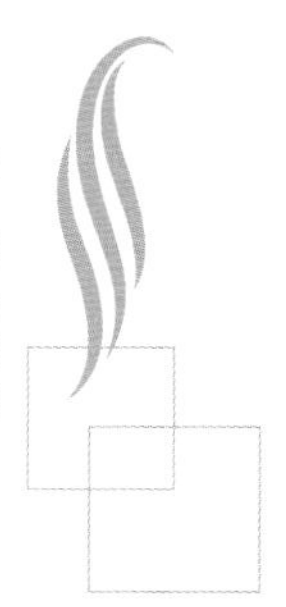

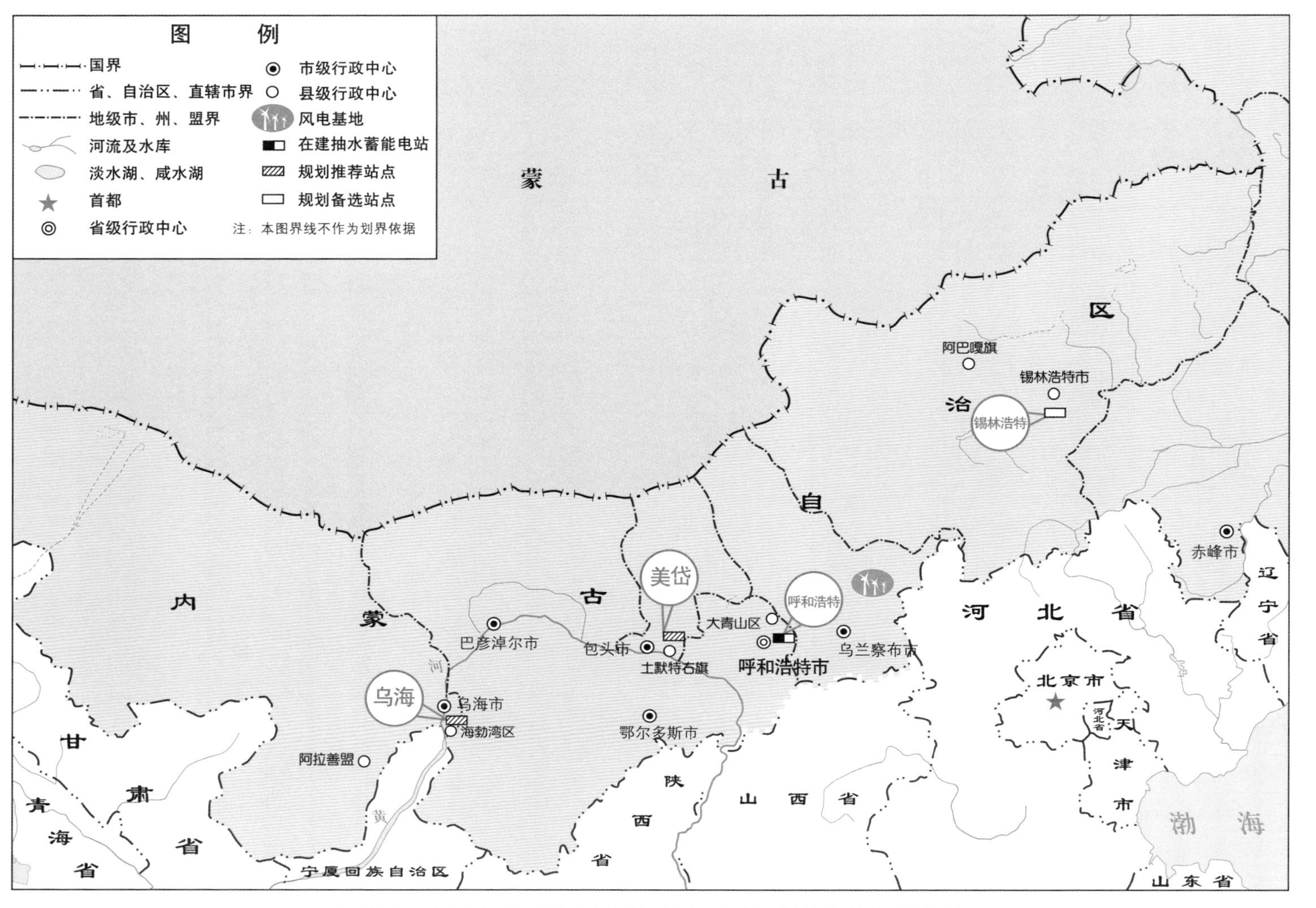

图 2.4 内蒙古自治区（蒙西）抽水蓄能规划站点位置示意图

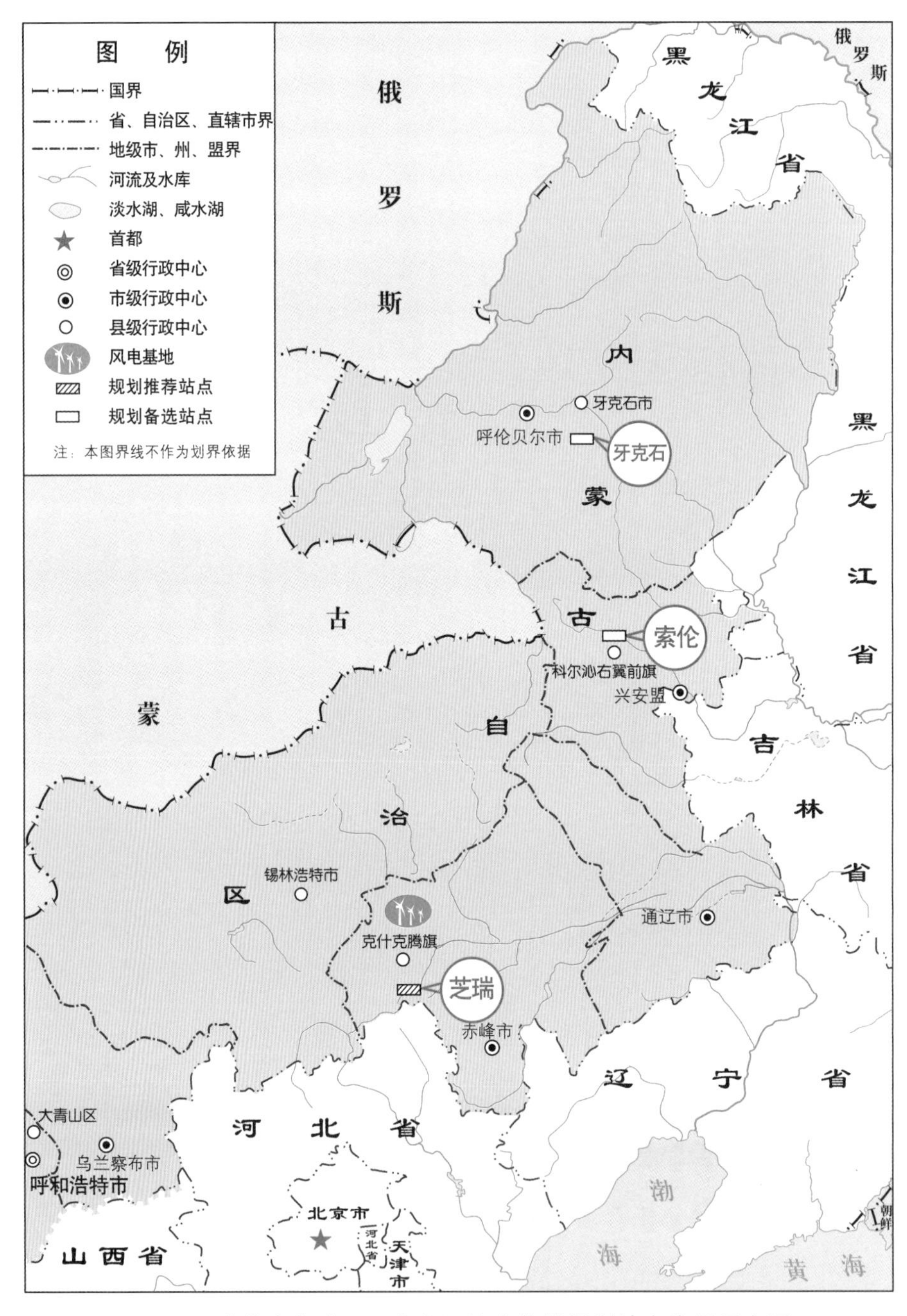

图 2.5　内蒙古自治区（蒙东）抽水蓄能规划站点位置示意图

（5）黑龙江省

为满足黑龙江省电力系统发展和新能源开发利用需要，落实国家能源局有关推进抽水蓄能电站前期工作的要求，水电水利规划设计总院、国网新源控股有限公司共同委托北京院开展了黑龙江省抽水蓄能电站新一轮选点规划工作。2012 年 8 月，北京院提出了《黑龙江省抽水蓄能电站选点规划报告（2012 年版）》。

黑龙江省能源资源丰富，石油、煤炭储量大，是东北电网的重要送电端。黑龙江电网以火电为主，且供热机组比重较大，调峰能力不足。随着风电机组的大规模投产，系统调峰容量缺口进一步增加。据有关预测，黑龙江省2020年最大负荷达2400万kW，需装机容量3500万kW以上。除建设燃煤火电外，规划建设风电装机容量为800万kW。电网调峰容量平衡和调峰电源优化配置分析表明，黑龙江电网2020年抽水蓄能电站合理规模为320万～400万kW，新增抽水蓄能电站容量200万～280万kW。

本轮选点规划在已有选点规划成果的基础上，根据分散布局原则，考虑地形地质、水源条件、枢纽布置、施工交通、水库淹没和环境影响等因素，经综合分析，在9个抽水蓄能资源点中选择尚志、前进（五常）、依兰、爱辉4个站点作为规划比选站点。尚志站点距离负荷中心近，前期工作进展较深入，但水头较低，经济指标一般；前进站点工程地形地质条件好，经济指标较优，项目涉及凤凰山国家级森林公园；依兰站点工程地形地质条件较好，经济指标一般，涉及环境敏感对象较多；爱辉站点地形地质条件较好，但水头低，装机规模较小，经济指标较差，且远离负荷中心。综合考虑地理位置、上网条件、电网潮流分布、工程建设条件、技术经济指标、环境影响等因素，在已核准建设荒沟抽水蓄能电站的基础上，推荐尚志、前进站点作为黑龙江省2020年新增抽水蓄能电站规划站点；从保护资源站点考虑，推荐依兰站点作为备选站点。

2012年9月，水电总院会同黑龙江省发展和改革委员会审查通过《黑龙江省抽水蓄能电站选点规划报告（2012年版）》。2013年9月，国家能源局以国能新能〔2013〕349号文批复了黑龙江省抽水蓄能电站选点规划，同意在初选尚志、前进（五常）、依兰、爱辉作为比选站点的基础上，确定尚志（100万kW）、五常（120万kW）作为黑龙江省2020年新建抽水蓄能电站推荐站点，依兰（120万kW）作为备选站点。

黑龙江省规划站点主要技术经济指标见表2.7，规划站点位置如图2.6所示。

表2.7　　黑龙江省规划站点主要技术经济指标表

站点名称		尚志	五常	依兰
所在地		哈尔滨市 尚志市	哈尔滨市 五常市	哈尔滨市 依兰县
上水库	流域面积/km^2	1.75	1	2.775
	正常蓄水位/m	574	1172	826
	蓄能发电有效库容/万m^3	1179	671	678
	主坝坝型	钢筋混凝土 面板堆石坝	钢筋混凝土 面板堆石坝	钢筋混凝土 面板堆石坝
	最大坝高/m	95	53	57

续表

站点名称		尚志	五常	依兰
下水库	流域面积/km^2	78.2	25	65
	年径流量/万 m^3	1387	1250	1820
	正常蓄水位/m	335	616	284
	蓄能发电有效库容/万 m^3	1477	724	734
	主坝坝型	钢筋混凝土面板堆石坝	钢筋混凝土面板堆石坝	钢筋混凝土面板堆石坝
	最大坝高/m	36.17	36	36.5
装机容量/万 kW		100	120	120
连续满发小时数/h		6	6	6
最大/最小发电水头/m		240/197	564/518	548/505
额定水头/m		219	542	529
距高比		9	4.7	8.5
总工期/月		77	70	72
首台机组发电工期/月		65	58	60
工程静态投资/亿元		49.90	51.84	57.83
单位千瓦静态投资/(元/kW)		4990	4320	4819

（6）吉林省

为满足吉林省电力系统发展和新能源开发利用需要，落实国家能源局有关推进抽水蓄能电站前期工作的要求，水电水利规划设计总院、国网新源控股有限公司共同委托北京院开展了吉林省抽水蓄能电站新一轮选点规划工作。2012 年 8 月，北京院提出了《吉林省抽水蓄能电站选点规划报告（2012 年版）》。

吉林省水能资源比较丰富，风能资源丰富。吉林电网以火电为主，且供热机组比重较大，调峰能力不足。随着风电机组的大规模投产，系统调峰容量缺口进一步增加。据有关预测，吉林省 2020 年最大负荷达 1920 万 kW，需装机容量 2700 万 kW 以上，并将规划建设风电装机容量 1500 万 kW。电网调峰容量平衡和调峰电源优化配置分析表明，吉林电网 2020 年抽水蓄能电站合理规模为 320 万 kW，需新增抽水蓄能电站容量 180 万 kW，在敦化抽水蓄能电站建设后继续规划建设适当规模的抽水蓄能电站是必要的。

本轮选点规划在已有选点规划成果的基础上，考虑地形地质、水源条件、枢纽布置、施工交通、水库淹没和环境影响等因素，经综合分析，选择蛟河、红石（桦甸）、通化、平岗站点作为吉林省抽水蓄能电站规划比选站点。蛟河站点距离负荷中心相对较近，水头适中，社会、环境影响小，技术经济指标较优；红石站点距离负荷中心相对较近，利用已建的红石水库作下水库，水头稍低，水库淹没损失相对较少，技术经济指标较好，前期工作较深；通化站点距离通化市较近，并邻近辽宁省，可兼顾辽宁电网抽水

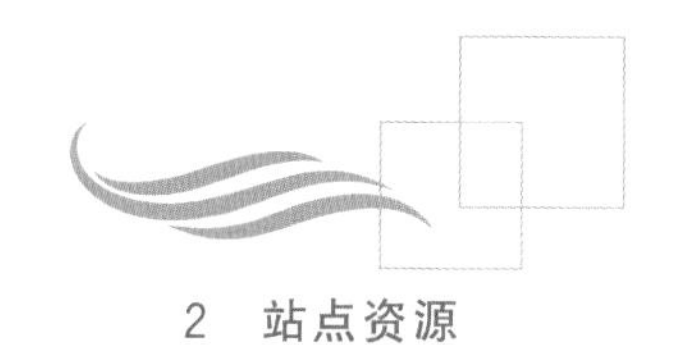

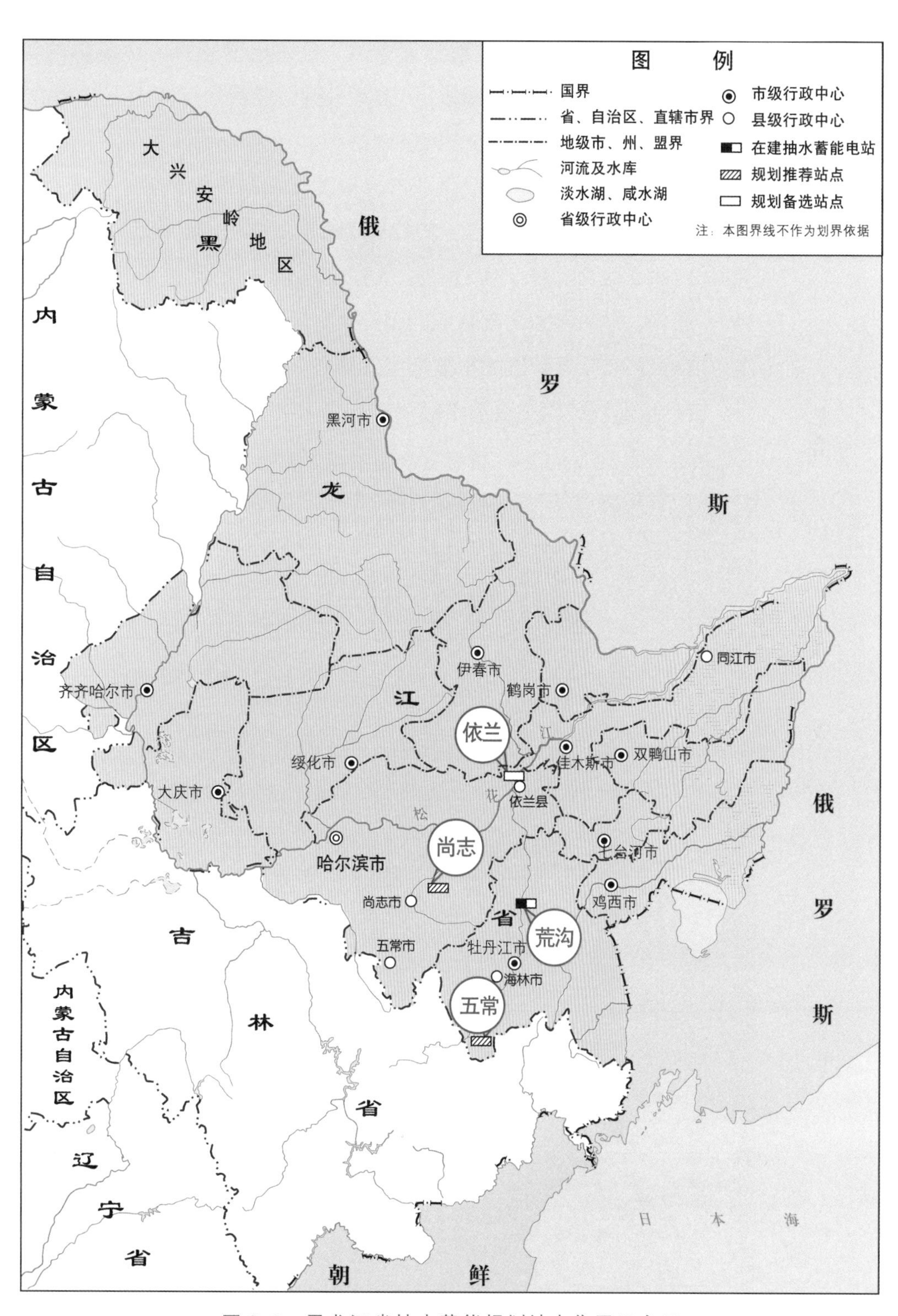

图 2.6 黑龙江省抽水蓄能规划站点位置示意图

蓄能电站配置需要，前期工作较深，但水库淹没损失相对较大，水头偏低，距高比较大，单位造价较高；平岗站点地质条件较差，单位造价较高。综合考虑地理位置、上网条件、电网潮流分布、工程建设条件、技术经济指标、环境影响等因素，在已核准建设敦化抽水蓄能电站的基础上，推荐蛟河、红石站点作为吉林省 2020 年新增抽水蓄能电站规划站点，通化站点作为备选站点。

2012 年 9 月，水电总院会同吉林省发展和改革委员会、能源局审查通过《吉林省抽水蓄能电站选点规划报告（2012 年版）》。2013 年 11 月，国家能源局以国能新能〔2013〕409 号文批复了吉林省抽水蓄能电站选点规划，同意在初选蛟河、红石（桦甸）、通化、平岗作为比选站点的基础上，确定蛟河（120 万 kW）和桦甸（120 万 kW）作为吉林省 2020 年新建抽水蓄能电站推荐站点，通化（80 万 kW）作为备选站点。

吉林省规划站点主要技术经济指标见表 2.8，规划站点位置如图 2.7 所示。

表 2.8　　　　吉林省规划站点主要技术经济指标表

站点名称		蛟河	桦甸	通化
所在地		吉林市 蛟河市	吉林市 桦甸市	通化市 通化县
上水库	流域面积/km^2	0.95	1.59	1.35
	正常蓄水位/m	838	580	544
	蓄能发电有效库容/万 m^3	809	1176	948
	主坝坝型	钢筋混凝土 面板堆石坝	钢筋混凝土 面板堆石坝	钢筋混凝土 面板堆石坝
	最大坝高/m	57	80.5	94
下水库	流域面积/km^2	112	20300	5851
	年径流量/万 m^3	4793	791554	763000
	正常蓄水位/m	420	291	355.5
	蓄能发电有效库容/万 m^3	888	1550	908
	主坝坝型	钢筋混凝土 面板堆石坝	浆砌石重力坝	混合坝
	最大坝高/m	43	15	25.4
装机容量/万 kW		120	120	80
连续满发小时数/h		6	6	5
最大/最小发电水头/m		427/378	288.5/242.9	190.8/155.7
额定水头/m		398	264	173.2
距高比		6.1	7.2	9.3
总工期/月		72	72	66
首台机组发电工期/月		60	60	54
工程静态投资/亿元		43.32	42.89	37.35
单位千瓦静态投资/(元/kW)		3610	3574	4668

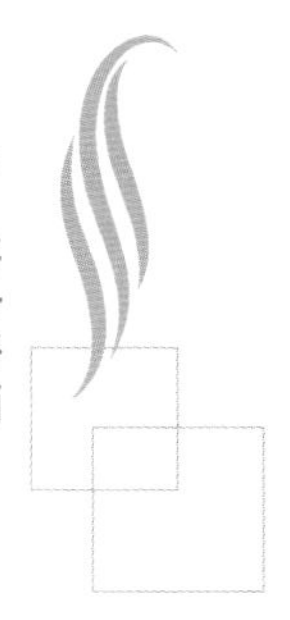

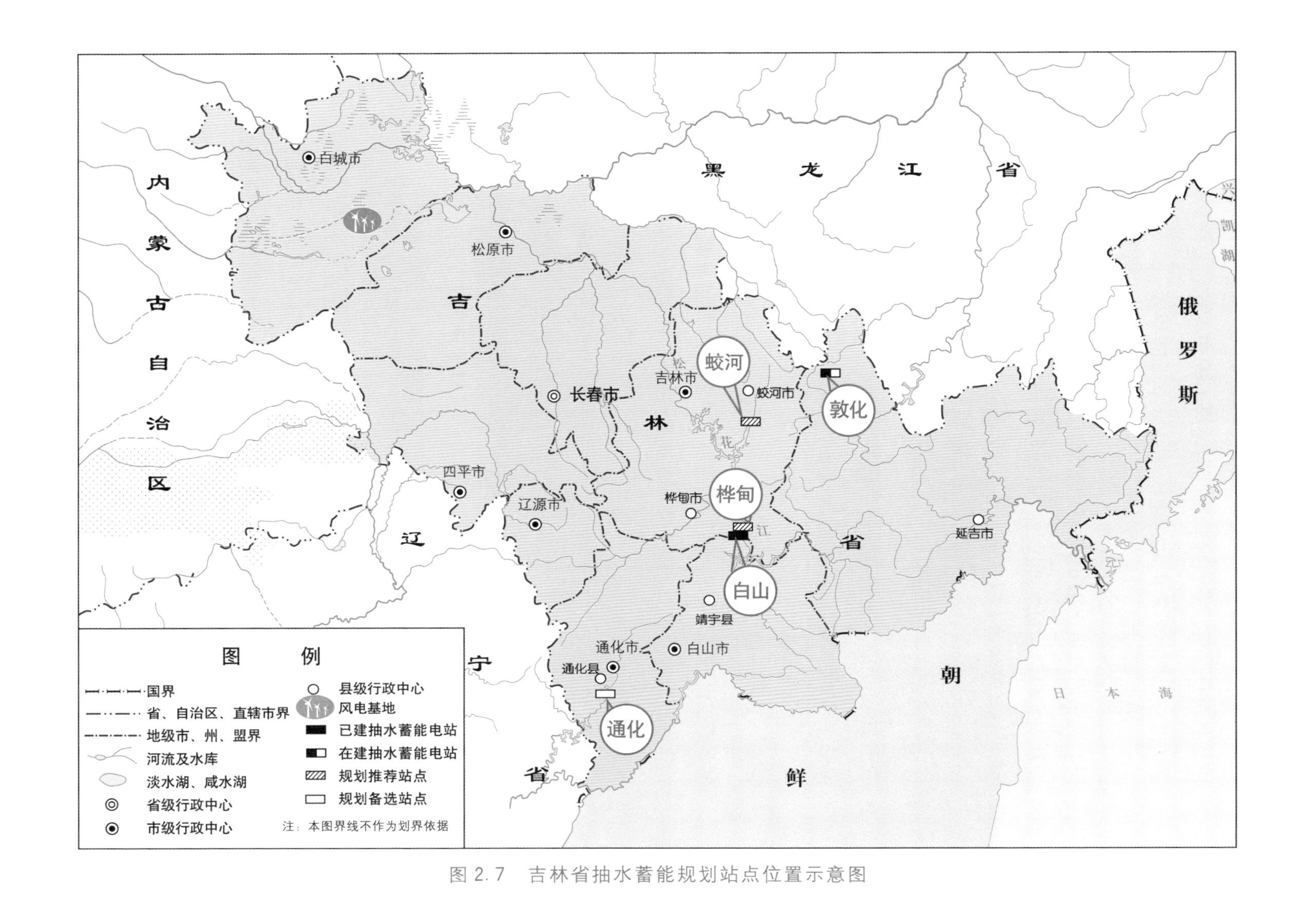

图 2.7 吉林省抽水蓄能规划站点位置示意图

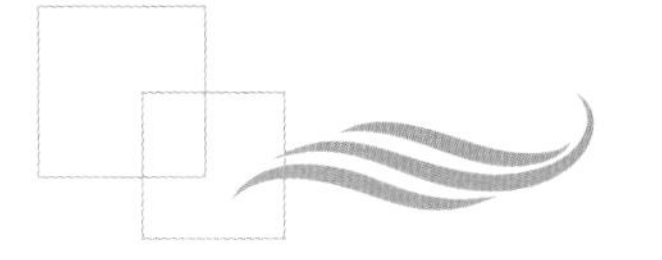

（7）辽宁省

为满足辽宁省电力系统发展和新能源开发利用需要，落实国家能源局有关推进抽水蓄能电站前期工作的要求，水电水利规划设计总院与国网新源控股有限公司共同委托北京院开展了辽宁省抽水蓄能电站新一轮选点规划工作。2013 年 3 月，北京院提出了《辽宁省抽水蓄能电站选点规划报告（2013 年版）》。

随着经济持续发展，辽宁省电力需求增长较快。辽宁电网现有电源主要为燃煤火电，且供热机组比重较大，随着风电、核电的大规模投产和区外电力的输入，电网调峰及安全稳定运行问题突出，调峰容量缺口大，建设一定规模的抽水蓄能电站是必要的。据有关预测，辽宁省 2020 年全社会用电量将达到 3147 亿 kW · h，最大负荷将达到 5288 万 kW，考虑已建、在建及核准的电源项目和确定的区外电力输入，需新增有效装机容量约 1400 万 kW。电网调峰容量平衡和电源结构优化配置分析成果表明，辽宁省 2020 年抽水蓄能电站的合理装机规模为 550 万 ~ 720 万 kW，即继蒲石河抽水蓄能电站（120 万 kW）之后，需新增抽水蓄能装机容量 430 万 ~ 600 万 kW。

本轮选点规划在已有选点规划成果的基础上，综合考虑地形地质、水源条件、枢纽布置、施工交通、水库淹没、环境影响和抽水蓄能合理布局等因素，选择清原、庄河、兴城、桓仁大雅河、阜新、城山和绥中 7 个站点作为辽宁省抽水蓄能电站规划比选站点。综合考虑地理位置、上网条件、电网潮流分布、工程建设条件、技术经济指标、环境影响等因素，继已建蒲石河抽水蓄能电站后，推荐清原（180 万 kW）、庄河（80 万 kW）、兴城（120 万 kW）、桓仁大雅河（140 万 kW）站点作为辽宁省 2020 年新增抽水蓄能电站规划站点。考虑到阜新站点是“废弃资源再生利用、资源枯竭型城市经济转型”的示范型、创新型项目，虽目前经济指标较差，但地理位置相对较好，应结合废弃露天煤矿综合治理，积极开展工程关键技术及投资分摊政策等方面的研究，在技术、经济可行条件下，该站点可作为特殊站点纳入辽宁省 2020 年水平年新增站点。

2013 年 3 月，水电总院会同辽宁省发展和改革委员会审查通过《辽宁省抽水蓄能电站选点规划报告（2013 年版）》。2013 年 12 月，国家能源局以国能新能〔2013〕500 号文批复了辽宁省抽水蓄能电站选点规划，同意将清原（180 万 kW）、庄河（80 万 kW）、兴城（120 万 kW）站点作为辽宁省 2020 年新建抽水蓄能电站推荐站点，大雅河（140 万 kW）站点作为备选站点。

辽宁省规划站点主要技术经济指标见表 2.9，规划站点位置如图 2.8 所示。

（8）浙江省

1）选点规划

为满足电力系统发展和新能源开发利用需要，落实国家能源局有关推进抽水蓄能电站前期工作的要求，水电水利规划设计总院、浙江省发展和改革委员会、国网新源控股有

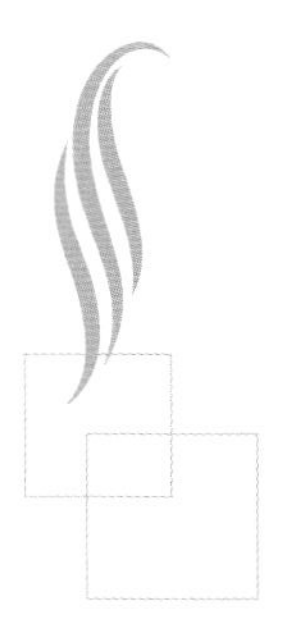

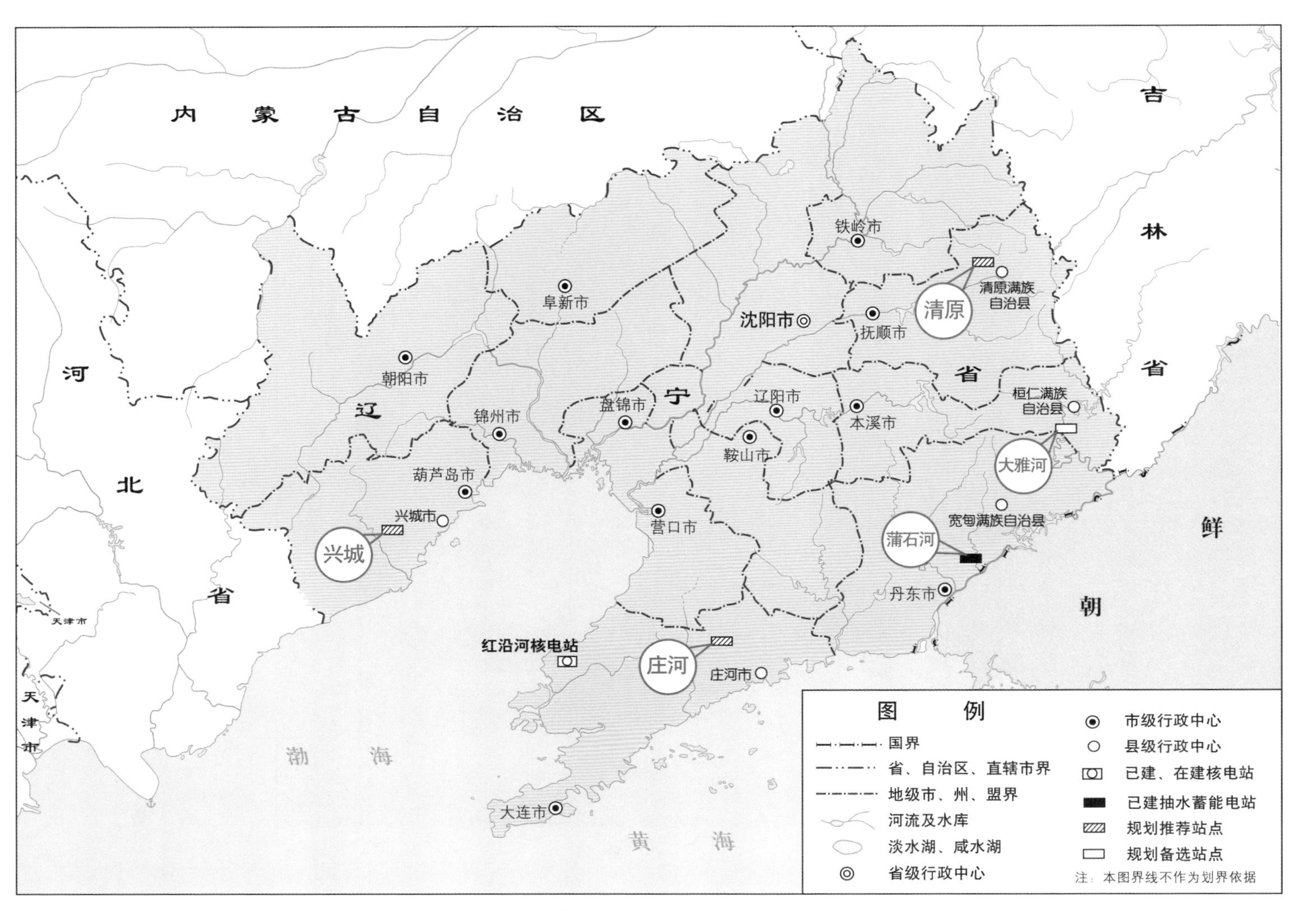

图 2.8 辽宁省抽水蓄能规划站点位置示意图

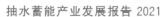

表 2.9　　辽宁省规划站点主要技术经济指标表

站点名称		清原	庄河	兴城	大雅河
所在地		抚顺市 清原县	大连市 庄河市	葫芦岛市 兴城市	本溪市 桓仁县
上水库	流域面积/km^2	1.99	0.441	0.835	0.198
	正常蓄水位/m	732	390	350	1062
	蓄能发电有效库容/万 m^3	1194	940	1119	594
	主坝坝型	钢筋混凝土 面板堆石坝	钢筋混凝土 面板堆石坝	钢筋混凝土 面板堆石坝	钢筋混凝土 面板堆石坝
	最大坝高/m	96	90.5	130	49.32
下水库	流域面积/km^2	68.6	162.1	14.8	382.5
	年径流量/万 m^3	1798	6079	333	14900
	正常蓄水位/m	312	150	98	425.00
	蓄能发电有效库容/万 m^3	1244	922	1150	1827
	主坝坝型	钢筋混凝土 面板堆石坝	混凝土重力坝	沥青混凝土 心墙堆石坝	混凝土重力坝
	最大坝高/m	42	36.5	40	46.8
装机容量/万 kW		180	80	120	140
连续满发小时数/h		6	6	5	6
最大/最小发电水头/m		429/367	248.9/193.9	267/206	649/583.6
额定水头/m		405	217	240	613
距高比		6.4	7.9	7.8	4.1
总工期/月		80	66	70	70
首台机组发电工期/月		60	54	58	58
工程静态投资/亿元		70.58	36.87	59.10	71.39
单位千瓦静态投资/(元/kW)		3921	4609	4925	5100

限公司共同委托华东勘测设计研究院有限公司（以下简称“华东院”）开展了浙江省抽水蓄能电站新一轮选点规划工作。2012 年 5 月，华东院提出了《浙江省抽水蓄能电站选点规划报告（2012 年版）》。

随着经济社会发展，用电需求和峰谷差不断增加，预测浙江省 2020 年全社会最高用电负荷约在 8408 万～10200 万 kW 之间，最大峰谷差在 3538 万～4233 万 kW 之间，电网调峰矛盾将越来越突出。根据有关规划成果，考虑不同负荷和电源组合方案，浙江电网 2020 年抽水蓄能电站合理规模为 728 万～1028 万 kW，需新增 450 万～750 万 kW。同时，华东电网区域内江苏省、上海市经济发达，抽水蓄能电站需求空间较大，但江苏抽

水蓄能电站资源条件有限，经济指标相对较差，上海市无建设抽水蓄能电站资源，2020年水平年尚需外省提供抽水蓄能容量约 120 万 kW。浙江、安徽电网抽水蓄能站址资源丰富且建设条件较好，经济指标较优，与相邻的上海和江苏电网联系紧密，在满足自身需求的基础上可支援上海和江苏电网。按浙江、安徽各提供 50% 容量考虑，浙江省 2020 年水平还需提供约 260 万 kW。综上分析，2020 年水平年浙江省规划新增抽水蓄能电站经济合理规模约 1000 万 kW。

本轮选点规划在以往多次抽水蓄能电站选点规划成果基础上，考虑地形地质、水源条件、枢纽布置、施工交通、水库淹没、环境影响和前期工作情况等因素，选择长龙山、建德、桐庐、宁海、天台、缙云、泰顺、衢江、磐安站点作为浙江省抽水蓄能电站比选站点。综合考虑调峰电源分区布局需要、站点建设条件、水库淹没和环境影响、技术经济指标等因素，推荐长龙山、宁海、缙云、磐安、衢江、泰顺站点作为浙江省 2020 年新增抽水蓄能电站规划站点，天台、建德、桐庐作为备选站点。

2012 年 5 月，水电总院会同浙江省发展和改革委员会、能源局审查通过《浙江省抽水蓄能电站选点规划报告（2012 年版）》。2013 年 4 月，国家能源局以国能新能〔2013〕167 号文批复了浙江省抽水蓄能电站选点规划，同意在初选长龙山、建德、桐庐、宁海、天台、缙云、泰顺、衢江、磐安比选站点的基础上，确定长龙山（210 万 kW）、宁海（140 万 kW）、缙云（180 万 kW）、磐安（100 万 kW）和衢江（120 万 kW）站点作为浙江省 2020 年新建抽水蓄能电站推荐站点，泰顺（120 万 kW）、天台（180 万 kW）、建德（240 万 kW）和桐庐（120 万 kW）站点为储备站点。

2）选点规划调整

为做好浙江抽水蓄能电站规划建设工作，更好地适应浙江省及华东电力系统的安全经济运行和核电、新能源快速发展需要，推动抽水蓄能电站科学有序建设，2016 年 8 月，浙江省发展和改革委员会向国家能源局提出了开展浙江省抽水蓄能电站选点规划调整工作的请示。2017 年 1 月，国家能源局批复同意开展浙江省抽水蓄能电站选点规划调整工作。根据选点规划调整工作相关安排及要求，华东院开展了浙江省抽水蓄能选点规划调整工作，2018 年 1 月提出了《浙江省抽水蓄能电站选点规划调整报告》。

根据有关预测成果，2025 年浙江省全社会需电量约 5250 亿 kW · h，最大负荷约为 10300 万 kW，最大峰谷差为 3605 万 kW。电力系统调峰容量平衡及电源扩展优化分析表明，为改善浙江省电力系统运行条件，有利于节能减排，2025 年浙江省内抽水蓄能电站合理需求为 900 万～1000 万 kW。考虑电力系统总体经济性和区域资源优化配置，2025 年上海和江苏电网需要浙江省支援的抽水蓄能电站规模共约 600 万 kW。综合考虑省内、省外需求，浙江省 2025 年抽水蓄能电站建设总规模为 1500 万～1600 万 kW，还需新增抽水蓄能电站 500 万～600 万 kW。

在已有选点规划成果基础上，根据浙江省抽水蓄能电站合理规模和布局要求、站点建设条件、地理位置和上网条件等，将衢江、磐安、泰顺、天台、建德、桐庐 6 个站点作为 2025 年浙江省抽水蓄能电站选点规划调整的规划比选站点。衢江、磐安站点是上次选点规划推荐站点，不存在环境制约因素，并已完成或基本完成可行性研究阶段勘测设计工作，工程方案等基本落实；泰顺、天台站点不存在环境制约因素，经济指标较好；建德和桐庐站点地理位置和工程建设条件较好，技术经济指标较优，其涉及的相关环境问题正在协调解决。考虑到电网调峰需求和其他调峰能力建设存在一定不确定性，并有利于保护抽水蓄能站点资源，提出衢江（120 万 kW）、磐安（120 万 kW）、泰顺（120 万 kW）、天台（170 万 kW）、建德（240 万 kW）、桐庐（120 万 kW）站点作为 2025 年水平年推荐规划站点。

2018 年 1 月，水电总院会同浙江省能源局、国家电网公司华东分部审查通过《浙江省抽水蓄能电站选点规划调整报告》。2018 年 9 月，国家能源局以国能函新能〔2018〕116 号文批复了浙江省抽水蓄能电站选点规划调整，同意在初选衢江、磐安、泰顺、天台、建德、桐庐站点作为比选站点的基础上，确定衢江（120 万 kW）、磐安（120 万 kW）、泰顺（120 万 kW）、天台（170 万 kW）站点作为浙江省 2025 年水平年抽水蓄能选点规划调整推荐站点，原则同意建德（240 万 kW）和桐庐（120 万 kW）站点作为推荐站点，在相关环境问题协调落实后，根据华东电网电力系统发展需要适时开发建设。

浙江省规划站点主要技术经济指标见表 2.10，规划站点位置如图 2.9 所示。

表 2.10　　浙江省规划站点主要技术经济指标表

站点名称		长龙山	宁海	缙云	磐安	衢江
所在地		湖州市 安吉县	宁波市 宁海县	丽水市 缙云县	金华市 磐安县	衢州市 衢江区
上水库	流域面积/km^2	0.41	1.2	3.93	0.81	0.98
	正常蓄水位/m	976	610	925	859	691
	蓄能发电有效库容/万 m^3	785	831	786	795	802
	主坝坝型	面板 堆石坝	面板 堆石坝	面板 堆石坝	面板 堆石坝	面板 堆石坝
	最大坝高/m	103	59.7	58	75.00	114.50
下水库	流域面积/km^2	30.5	6.22	30	37.8	6.52
	年径流量/万 m^3	3630	719	2523	3639	707
	正常蓄水位/m	243	140.5	286	426	265
	蓄能发电有效库容/万 m^3	783	831	780.8	748	797
	主坝坝型	面板 堆石坝	混凝土 重力坝	面板 堆石坝	面板 堆石坝	面板 堆石坝
	最大坝高/m	100	93.4	70	72	98

续表

站点名称	长龙山	宁海	缙云	磐安	衢江
装机容量/万 kW	210	140	180	120	120
连续满发小时数/h	6	6	6	6	6
额定水头/m	702	455	618	421	415
距高比	3.16	4.18	5.81	5.1	4.3
总工期/月	75	67	75	70	70
首台机组发电工期/月	57	55	57	58	58
工程静态投资/亿元	75.57	54.55	66.70	58.87	60.52
单位千瓦静态投资/(元/kW)	3599	3897	3706	4906	5044

站点名称		泰顺	天台	建德	桐庐
所在地		温州市 泰顺县	台州市 天台县	杭州市 建德市	杭州市 桐庐县
上水库	流域面积/km^2	1.93	0.405	1.152	4.94
	正常蓄水位/m	601	952	738	779
	蓄能发电有效库容/万 m^3	734	625	1042	783
	主坝坝型	面板 堆石坝	面板 堆石坝	面板 堆石坝	面板 堆石坝
	最大坝高/m	81.1	70.0	117.0	95.5
下水库	流域面积/km^2	1529	7.64	31645	6.12
	年径流量/万 m^3	186000	703.3	2940000	498
	正常蓄水位/m	142	203.5	23	232
	蓄能发电有效库容/万 m^3	69600	668	7700	797
	主坝坝型	面板 堆石坝	混凝土 重力坝	面板 堆石坝	面板 堆石坝
	最大坝高/m	132.5	77.0	47.7	95.0
装机容量/万 kW		120	170	240	120
连续满发小时数/h		6	6	6.7	7
额定水头/m		440	719	684	535
距高比		6.0	4.4	4.0	4.4
总工期/月		72	72	80	72
首台机组发电工期/月		60	60	62	60
工程静态投资/亿元		54.08	76.64	103.84	58.46
单位千瓦静态投资/(元/kW)		4507	4508	4327	4871

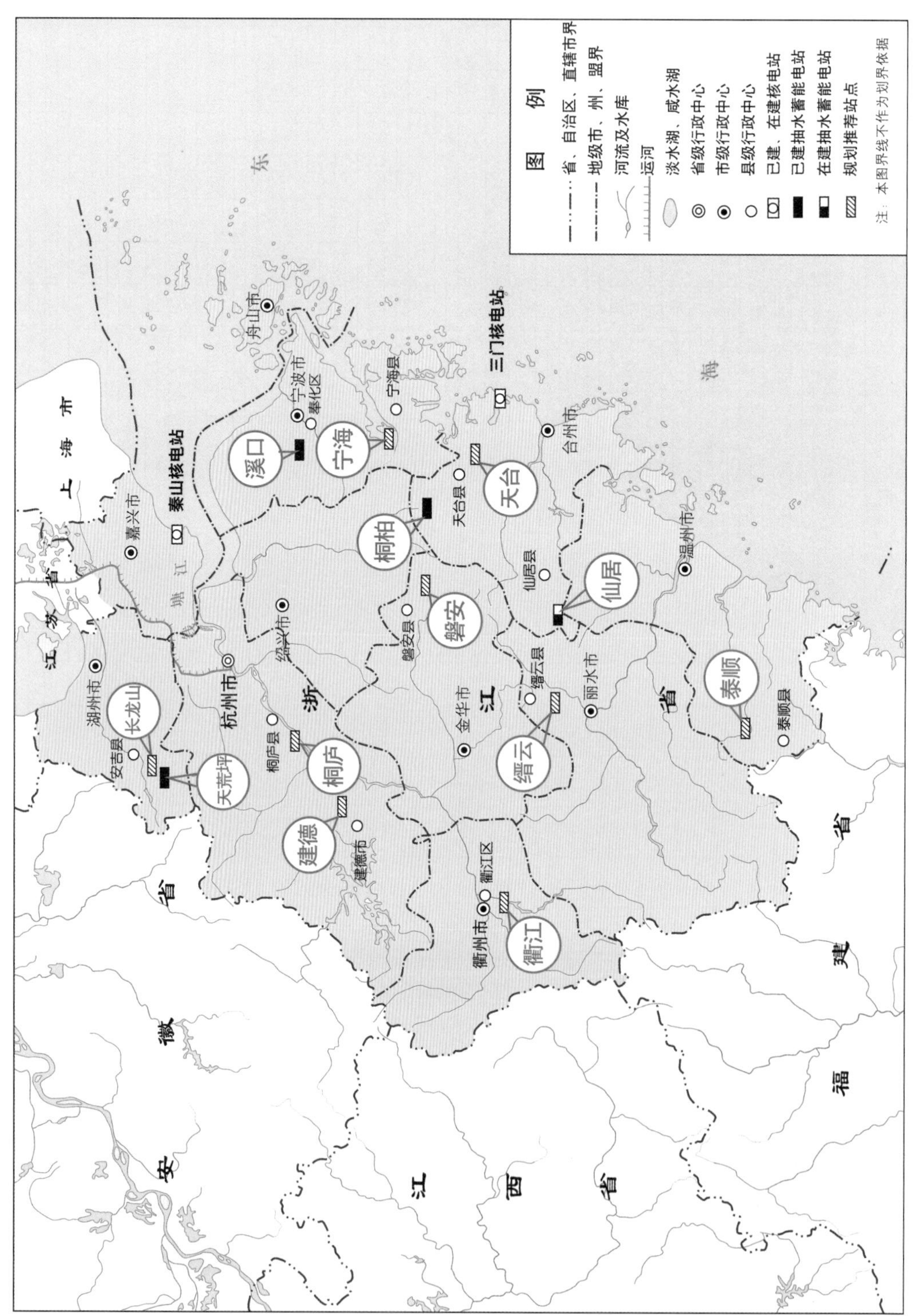

图 2.9 浙江省抽水蓄能规划站点位置示意图

（9）江苏省

为满足电力系统日益增长的调峰需求，合理布局抽水蓄能电站，适应电网发展规划，优化电源结构，按照全国抽水蓄能电站选点规划工作总体计划安排，水电水利规划设计总院和国网新源控股有限公司委托华东院开展了江苏省抽水蓄能电站新一轮选点规划工作，2010 年 4 月，华东院提出了《江苏省抽水蓄能电站选点规划报告（2010 年版）》。

随着经济社会的发展，电力负荷和丰谷差不断增大。根据有关规划成果预测，江苏省 2020 年全社会最高用电负荷将达 11000 万 kW，峰谷差最大将达 4015 万 kW。江苏电网以火电为主，面临电源结构优化调整的较大压力。区外来电将不断增加，核电规模将快速增长，风电基地将加快建设，随之带来的调峰矛盾和经济、稳定运行要求将越来越突出。根据电源扩展优化成果，2020 年抽水蓄能电站合理规模约为 920 万 kW，需新增规模 540 万 kW。

本轮选点规划在已有抽水蓄能电站选点规划成果基础上，综合分析地形地质、水源、交通、接入系统等建设条件，并考虑水库淹没与环境影响等因素，选择句容、宜兴二（竹海）、连云港（苏文顶）、蒋坞、西山站点作为本次抽水蓄能电站规划的比选站点。句容站点地处苏南负荷中心地区，地理位置优越，接入系统便利；地形地质条件较好，水源条件较好，枢纽布置技术可行，无环境制约问题，水库淹没影响较少，项目具备加快前期工作的有利条件。宜兴二（竹海）站点距苏南负荷中心较近，接入系统便利，站点地形地质条件较好，水头高，装机规模较大，水源条件较好；水库淹没影响较少；经济指标优，但需要结合旅游区规划功能定位和功能要求等进一步协调有关方面意见。连云港（苏文顶）站点地处苏北连云港核电基地附近，位于苏北的负荷中心，其地理位置较好；地形地质条件好，距高比小，施工条件较好，水库淹没影响少；但水源条件相对较差，初期蓄水时间较长，并涉及云台山国家级风景名胜区。蒋坞站点和西山站点地理位置优越，距苏南负荷中心较近，接入系统便利，水源条件相对较好，但地形地质条件一般，经济指标较差；蒋坞站点建设征地移民安置难度较大，西山站点涉及太湖风景区。

综合考虑电站合理布局、站点建设条件、水库淹没和环境影响、技术经济指标等因素，提出句容、宜兴二（竹海）、连云港（苏文顶）站点作为江苏电网 2020 年新增抽水蓄能电站的推荐站点。

2010 年 4 月，水电总院会同江苏省发展和改革委员会、能源局审查通过《江苏省抽水蓄能电站选点规划报告（2010 年版）》。2012 年 6 月，国家能源局以国能新能〔2012〕189 号文批复了江苏省抽水蓄能电站选点规划，同意在初选句容、竹海、连云港、蒋坞、西山站点作为比选站点的基础上，确定句容（135 万 kW）、竹海（180 万 kW）、连云港（100 万 kW）站点作为江苏省 2020 年新建抽水蓄能电站推荐站点。

江苏省规划站点主要技术经济指标见表 2. 11，规划站点位置如图 2. 10 所示。

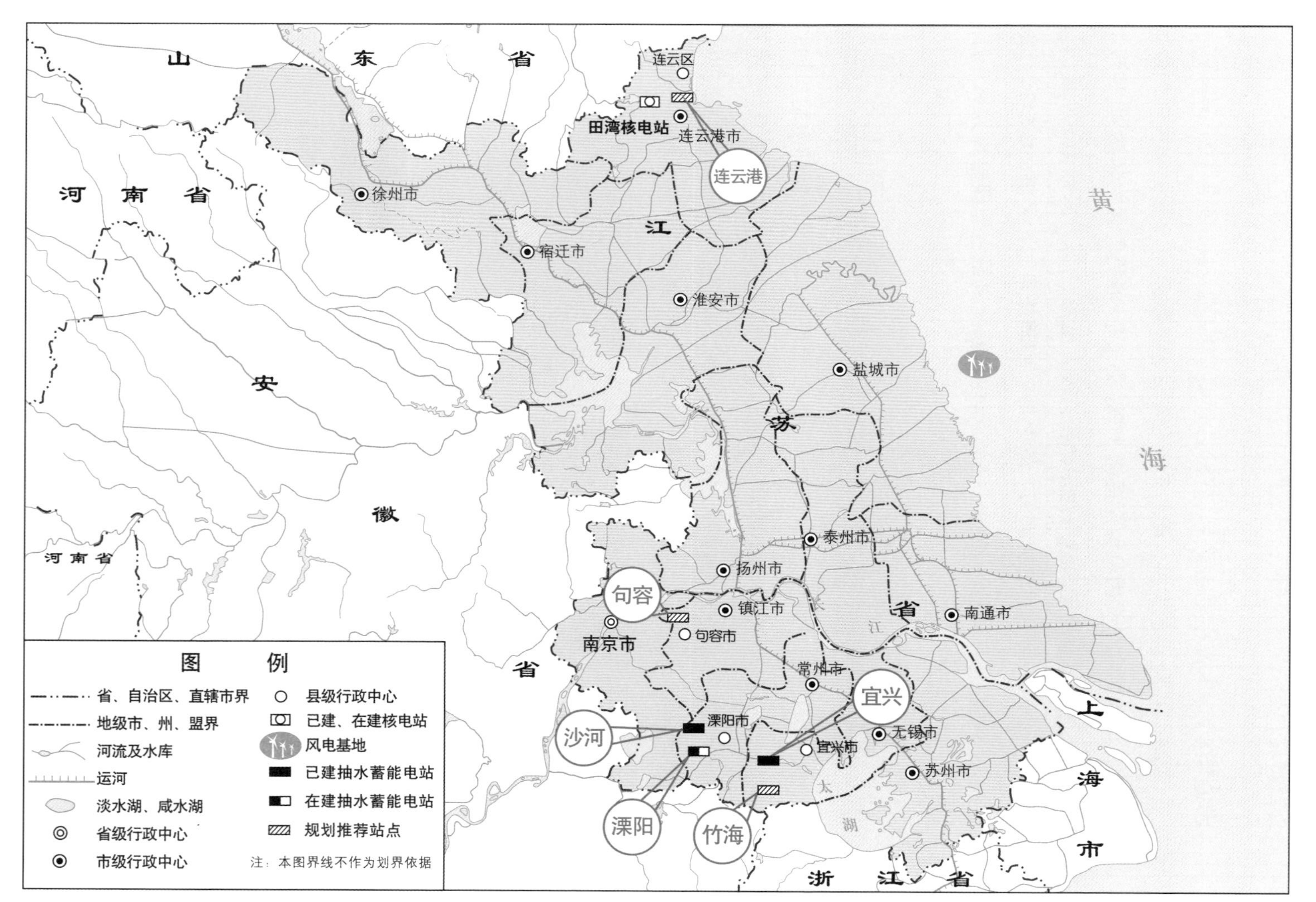

图 2.10 江苏省抽水蓄能规划站点位置示意图

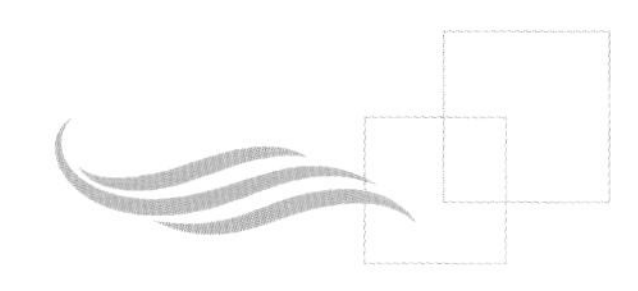

表 2.11　　　　江苏省规划站点主要技术经济指标表

站点名称		句容	竹海	连云港
所在地		镇江市 句容市	无锡市 宜兴市	连云港市 连云区
上水库	流域面积/km^2	0.69	0.379	0.46
	年径流量/万 m^3	26.3	20.9	11.5
	正常蓄水位/m	267	462	500
	蓄能发电有效库容/万 m^3	1621	1206	558
	主坝坝型	面板堆石坝	面板堆石坝	面板堆石坝
	最大坝高/m	175	95	91.5
下水库	流域面积/km^2	7.75	2.79	4.94
	年径流量/万 m^3	295	154	123.5
	正常蓄水位/m	81.3	77	33.5
	蓄能发电有效库容/万 m^3	1570	1255	555
	主坝坝型	黏土心墙堆石坝	黏土心墙堆石坝	分区土石坝
	最大坝高/m	36.6	47.8	33.2
装机容量/万 kW		135	180	100
连续满发小时数/h		4	4.5	4
最大/最小发电水头/m		201.3/152.3	404.8/336	487.3/423
额定水头/m		165.5	358	440
距高比		6.56	4.52	5.37
总工期/月		78	78	66
首台机组发电工期/月		62	60	54
工程静态投资/亿元		59.24	71.06	39.98
单位千瓦静态投资/(元/kW)		4388	3948	3998

（10）福建省

1）选点规划

为满足福建省电力系统发展需要，落实国家能源局有关推进抽水蓄能电站前期工作的要求，水电水利规划设计总院、福建省发展和改革委员会及国网新源控股有限公司，共同委托华东院开展了福建省抽水蓄能电站新一轮选点规划工作，2010 年 4 月，华东院提出了《福建省抽水蓄能电站选点规划报告（2010 年版）》。

随着经济社会发展，用电需求和峰谷差不断增加，根据有关规划成果，福建省 2020 年全社会最高用电负荷约为 4800 万 kW，最大峰谷差约为 2000 万 kW。 为满足电力增长需要，须积极发展核电和开发新能源，以及接受省外输电，福建电网中水电比重大，但

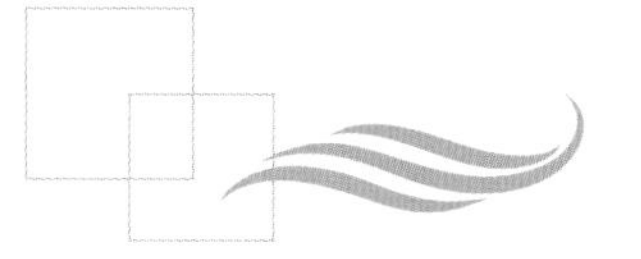

调节性能总体差，电网调峰矛盾将越来越突出。根据有关规划成果，2020 年福建省电网抽水蓄能电站合理规模应为 500 万 kW 左右，需新增 400 万 kW 左右的抽水蓄能电站。

本轮选点规划在普查的 49 个抽水蓄能电站站点基础上，通过实地查勘，根据合理布局原则，考虑接入系统、地形地质、水源、枢纽布置、交通、水库淹没和环境影响等因素，经综合分析比较，选择周宁、福州、永泰、厦门、长泰、漳平站点作为比选站点。结合福建省电网对调峰电源需求、调峰电源合理布局、站点建设条件、环境影响、技术经济等方面综合分析，报告推荐厦门、永泰、周宁站点作为福建省 2020 年新增抽水蓄能电站站点。

2010 年 6 月，水电总院会同福建省发展和改革委员会，审查通过《福建省抽水蓄能电站选点规划报告（2010 年版）》。2011 年 5 月，国家能源局以国能新能〔2011〕154 号文批复了福建省抽水蓄能电站选点规划，同意在初选周宁、福州、永泰、厦门、长泰和漳平站点作为比选站点的基础上，确定厦门（120 万 ~ 140 万 kW）、永泰（120 万 kW）、周宁（120 万 kW）站点作为福建电网 2020 年新建抽水蓄能电站推荐站点。

2）选点规划调整

为更好地适应未来福建省电力系统的安全经济运行和核电、新能源发展需要，科学有序建设抽水蓄能电站，2016 年 4 月，福建省发展改革委向国家能源局提出了开展福建省抽水蓄能电站选点规划调整工作的请示。同年 6 月，国家能源局批复同意开展福建省抽水蓄能电站选点规划调整工作。根据相关安排及要求，华东院开展了福建省抽水蓄能电站选点规划调整工作，于 2017 年 8 月编制提出了《福建省抽水蓄能电站选点规划调整报告》。

随着福建省经济社会进一步较快发展，电力需求相应持续增长。根据相关电力规划研究成果，预测 2025 年全社会需电量约为 3200 亿 kW · h，最大负荷约为 5500 万 kW。根据福建省能源资源特点，积极发展核电、风电等是满足电力发展需求的主要途径。为改善福建省电力系统运行条件，有利于节能减排，2025 年福建省抽水蓄能电站合理总规模为 650 万 ~ 700 万 kW，需新增加 150 万 ~ 200 万 kW。

综合负荷分布、电源布局、电力流向等因素，本次规划调整考虑将新增抽水蓄能电站重点布局在闽南、闽西地区。综合考虑站点资源普查成果、地理位置和环境敏感因素、水库淹没条件，从地形地质、水源条件、枢纽布置、施工交通、接入系统等方面综合分析，提出闽南地区的云霄和华安站点、闽西地区的漳平和三明站点作为福建省 2025 年抽水蓄能电站规划比选站点。综合考虑调峰电源需求、调峰电源合理布局、站点建设条件、环境影响、技术经济等方面因素，推荐厦门、永泰、周宁站点作为福建省 2020 年新增抽水蓄能电站站点。

2017 年 8 月，水电总院会同福建省发展和改革委员会、国家电网公司华东分部审查通过《福建省抽水蓄能电站选点规划调整报告》。2018 年 4 月，国家能源局以国能函新能〔2018〕48 号文批复了福建省抽水蓄能电站选点规划调整，同意在初选云霄、华安、漳平和三明站点作为比选站点的基础上，确定云霄（180 万 kW）站点为福建电网 2025 年新建抽水蓄能电站推荐站点。

福建省规划站点主要技术经济指标见表 2.12，规划站点位置如图 2.11 所示。

表 2.12　　福建省规划站点主要技术经济指标表

站点名称		厦门	永泰	周宁	云霄
所在地		厦门市 同安区	福州市 永泰县	宁德市 周宁县	漳州市 云霄县
上水库	流域面积/km²	1.96	1.08	1.56	2.06
	年径流量/万 m³	284	94.6	233	218
	正常蓄水位/m	867	657	717	600
	蓄能发电有效库容/万 m³	663	757	791	1276
	主坝坝型	面板堆石坝	分区土石坝	面板堆石坝	混凝土面板 堆石坝
	最大坝高/m	59.3	32	82	50.5
下水库	流域面积/km²	12.11	60.5	151	16.7
	年径流量/万 m³	1577	5680	22500	1767
	正常蓄水位/m	312	224.50	299	128
	蓄能发电有效库容/万 m³	706.0	769	809	1317
	主坝坝型	面板堆石坝	面板堆石坝	碾压混凝土 重力坝	黏土心墙 堆石坝
	最大坝高/m	98.9	53	116	62.5
装机容量/万 kW		120～140	120	120	180
连续满发小时数/h		7.0	6.0	6.5	7
额定水头/m		540	419	405	452
距高比		4.38	4.23	3.91	5.11
总工期/月		66	66	66	80
首台机组发电工期/月		54	54	54	62
工程静态投资/亿元		43.77	41.81	43.30	79.81
单位千瓦静态投资/(元/kW)		3647.8	3484.3	3608.0	4434

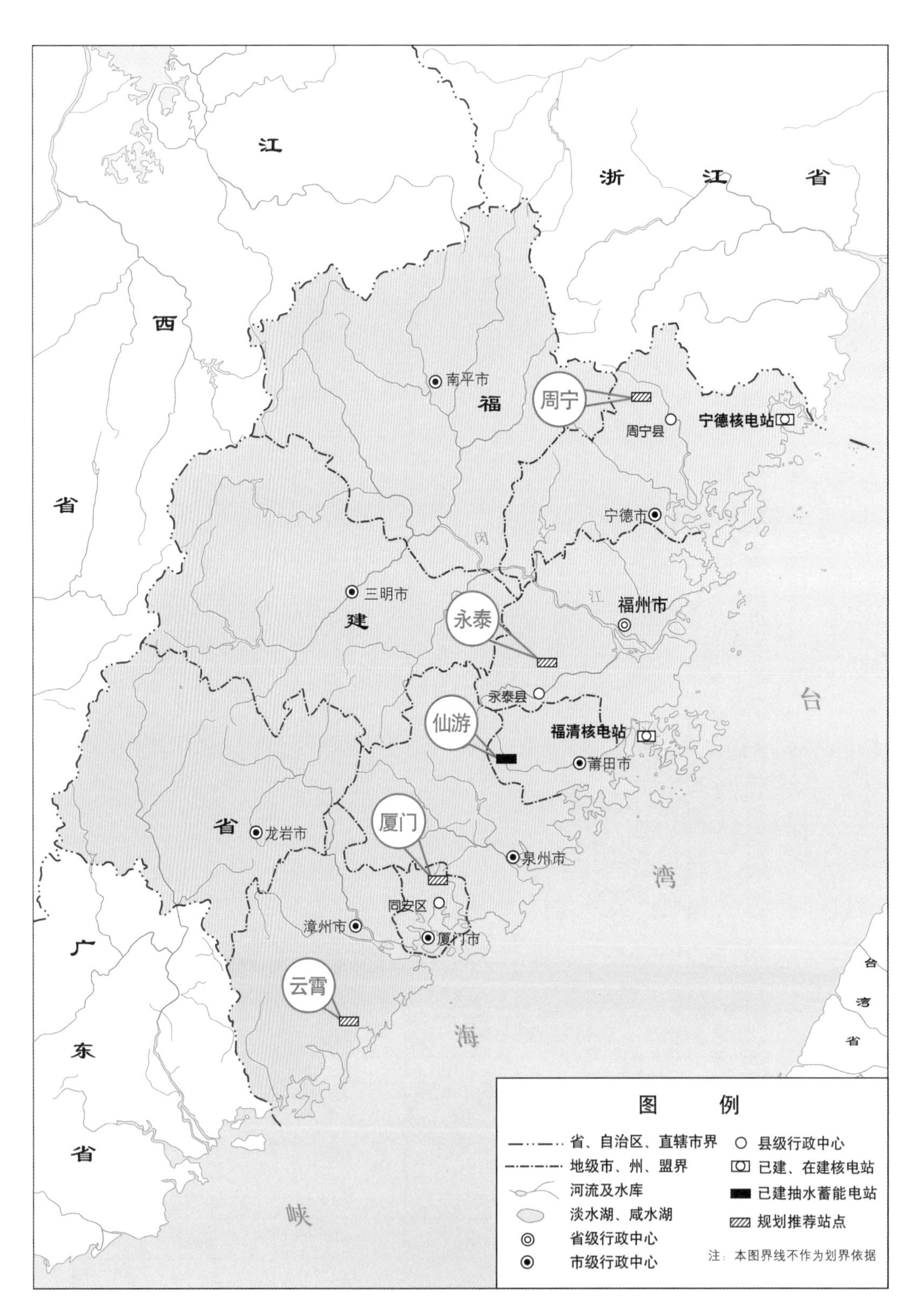

图 2.11　福建省抽水蓄能规划站点位置示意图

（11）安徽省

1）选点规划

为满足电力系统日益增长的调峰需求，合理布局抽水蓄能电站，适应电网发展规划和新能源、核电建设规划，优化电源结构，水电水利规划设计总院、安徽省发展和改革委员会和国网新源控股有限公司委托华东院开展了安徽省抽水蓄能电站新一轮选点规划工作，2010 年 4 月，华东院提出了《安徽省抽水蓄能电站选点规划报告（2010 年版）》。

安徽电网以火电为主，随着经济社会发展、用电需求增加和峰谷差加大，调峰矛盾越来越突出。根据有关规划成果，安徽省 2020 年全社会最高用电负荷将达 4600 万 kW，峰谷差最大将达到 1794 万 kW，建设抽水蓄能电站具有较大的电力市场空间。2020 年安徽电网范围内抽水蓄能电站合理规模约为 334 万 kW，需新增 210 万 kW 的抽水蓄能电站容量。安徽省抽水蓄能电站资源丰富，建设条件及经济指标优越，与之临近的江苏省、上海市电力系统调峰需求大，但抽水蓄能电站资源有限。安徽省建设抽水蓄能电站，在满足本省需求的同时，有条件承担部分江苏电网、上海电网的调峰任务，在华东电网范围内合理配置抽水蓄能电站容量。2020 年水平年考虑江苏省与上海市所需抽水蓄能电站容量缺口的一半，约 260 万 kW 由安徽省提供。综上所示，2020 年安徽省需新增抽水蓄能电站规模 470 万 kW。

本轮选点规划在普查的 23 个抽水蓄能电站站点基础上，通过实地查勘，从地形地质、水源、交通、接入系统、水库淹没与环境影响等方面综合分析比较，初选了绩溪、宁国、桐城、金寨、岳西、蚌埠作为比选站点。绩溪和宁国站点区域地理位置好，接入系统便利，绩溪电站水头高、距高比较小、装机规模大、建设征地移民安置量相对较小，无环境制约问题，电站建设条件较优，单位千瓦静态投资低。宁国站点水头较高、建设条件较好、技术经济指标较优，无环境制约问题。桐城、金寨站点地处安徽负荷中心，地理位置较好，接入系统便利，电站建设条件较好，无环境制约问题、技术经济指标均较优。岳西站点距高比较大，有规模较大的断层从尾水洞穿过，施工导流相对困难，且工程量相对较大；其下水库为利用已建毛尖山水库，对毛尖山水库电站有较大的影响，需协调处理好有关方利益。蚌埠站点位于皖北经济区，地理位置较好，接入系统便利，但站址地形地质条件相对较差，利用水头较低，单位千瓦投资较高，工程区涉及安徽涂山—白乳泉省级风景名胜区的涂山景区，需协调处理好工程建设与涂山景区规划建设的关系。综合分析电站需求规模和合理布局、建设条件、环境影响、技术经济指标等方面因素，选择绩溪、宁国、桐城、金寨站点作为安徽省 2020 年水平年新增抽水蓄能电站的推荐站点。

2010 年 5 月，水电总院会同安徽省发展和改革委员会、能源局审查通过《安徽省抽水蓄能电站选点规划报告（2010 年版）》。2011 年 11 月，国家能源局以国能新能〔2011〕363 号文批复了安徽省抽水蓄能电站选点规划，同意在初选绩溪、桐城、宁国、金寨、岳西和蚌埠站点作为比选站点的基础上，确定金寨（120 万 kW）、桐城（120 万 kW）、绩溪（180 万

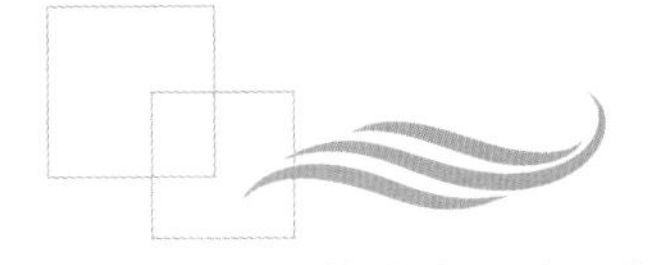

kW）、宁国（120 万 kW）站点作为安徽省 2020 年新建抽水蓄能电站推荐站点。

2）选点规划调整

为做好安徽抽水蓄能电站规划建设工作，更好地适应安徽省及华东电力系统的安全经济运行和核电、新能源快速发展需要，推动抽水蓄能电站科学有序建设，2017 年 1 月，安徽省能源局向国家能源局提出了开展安徽省抽水蓄能电站选点规划滚动调整工作的请示。同年 7 月，国家能源局批复同意开展安徽省抽水蓄能电站选点规划调整工作。根据相关安排及要求，华东院开展了安徽省抽水蓄能选点规划调整工作，并于 2018 年 3 月编制提出了《安徽省抽水蓄能电站选点规划调整报告》。

随着安徽省经济社会进一步较快发展，电力需求相应持续增长，根据相关电力规划研究成果，预测 2025 年全社会需电量约为 3108 亿 kW·h，最大负荷约为 6640 万 kW，风电、光伏装机规模分别为 400 万 kW、1000 万 kW。为改善安徽省电力系统运行条件，有利于节能减排，经电力系统调峰容量平衡及电源扩展优化分析，2025 年安徽省内抽水蓄能电站合理需求为 500 万～600 万 kW。考虑电力系统总体经济性和区域资源优化配置，2025 年安徽省支援华东电网（江苏、上海）抽水蓄能电站规模约 380 万 kW。综合考虑省内、省外需求，安徽省 2025 年抽水蓄能电站建设总规模为 880 万～980 万 kW，还需新增抽水蓄能电站 400 万～500 万 kW。

考虑规划工作的延续性，根据安徽省抽水蓄能电站合理规模和布局要求、站点建设条件、地理位置和上网条件，选择桐城、宁国、岳西、毛尖山、霍山、清潭沟、石台 7 个站点作为 2025 年安徽省抽水蓄能电站选点规划调整比选站点。各比选站点建设条件总体较好，工程建设技术可行，不存在环境制约因素。桐城、宁国站点均已完成预可行性研究阶段勘测设计工作，桐城站点正在进行可行性研究阶段勘测设计工作，建设条件和工程方案基本明确和落实，经济指标较好，不存在环境制约因素。岳西、石台、霍山站点工程建设条件较好，经济指标较优。同时，考虑到江苏省原规划的竹海站点涉及生态红线、环境敏感因素较多，不具实施开发条件，安徽省可适当增加支援江苏的抽水蓄能电站规模，并考虑有利于保护抽水蓄能站点资源，经综合比较，提出桐城（120 万 kW）、宁国（120 万 kW）、岳西（120 万 kW）、石台（120 万 kW）、霍山（120 万 kW）站点作为安徽省 2025 年水平年抽水蓄能规划调整推荐站点。

2018 年 3 月，水电总院会同安徽省能源局、国家电网公司华东分部审查通过《安徽省抽水蓄能电站选点规划调整报告》。2018 年 8 月，国家能源局以国能函新能〔2018〕99 号文批复了安徽省抽水蓄能电站选点规划调整，同意在初选桐城、宁国、岳西、毛尖山、霍山、清潭沟、石台站点作为比选站点的基础上，确定桐城（120 万 kW）、宁国（120 万 kW）、岳西（120 万 kW）、石台（120 万 kW）、霍山（120 万 kW）站点为安徽电网 2025 年水平年抽水蓄能规划调整推荐站点。

安徽省规划站点主要技术经济指标见表 2.13，规划站点位置如图 2.12 所示。

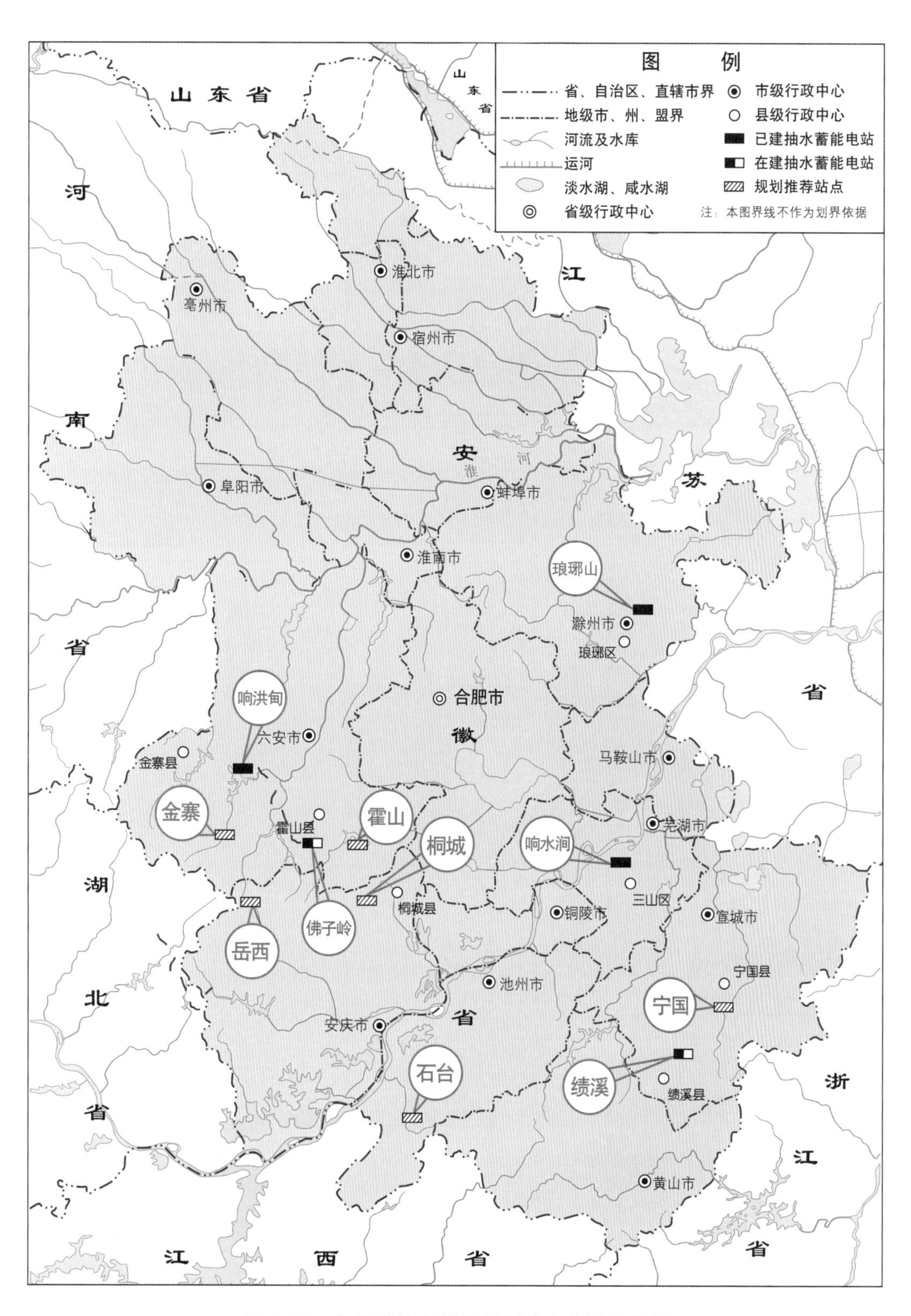

图 2.12　安徽省抽水蓄能规划站点位置示意图

表 2.13　　安徽省规划站点主要技术经济指标表

站点名称		金寨	桐城	绩溪	宁国
所在地		六安市 金寨县	安庆市 桐城市	宣城市 绩溪县	宣城市 宁国市
上水库	流域面积/km^2	8.26	0.91	1.8	1.44
	年径流量/万 m^3	659	64	161	112
	正常蓄水位/m	468	547	959.5	632
	蓄能发电有效库容/万 m^3	1010	937	821	808
	主坝坝型	面板堆石坝	面板堆石坝	面板堆石坝	面板堆石坝
	最大坝高/m	59.5	112.6	114.2	92.4
下水库	流域面积/km^2	489	16.99	7.8	17.4
	年径流量/万 m^3	41000	1193	644	1325
	正常蓄水位/m	130	182	339.3	207
	蓄能发电有效库容/万 m^3	1035	160	821	185
	主坝坝型	混凝土重力坝	面板堆石坝	面板堆石坝	面板堆石坝
	最大坝高/m	25	78	63.9	78.6
装机容量/万 kW		120	120	180	120
连续满发小时数/h		6	6	6	6
额定水头/m		310	343	599	402
距高比		7.67	4.2	4.44	5.9
总工期/月		66	72	77	72
首台机组发电工期/月		54	60	60	60
工程静态投资/亿元		42.99	53.76	63.22	54.62
单位千瓦静态投资/(元/kW)		3582	4480	3512	4551

站点名称		岳西	石台	霍山
所在地		安庆市 岳西县	池州市 石台县	六安市 霍山县
上水库	流域面积/km^2	2.40	2.59	3.96
	年径流量/万 m^3	255.6	208.3	344.0
	正常蓄水位/m	861	740	586
	调节库容/万 m^3	934	933	1181
	主坝坝型	混凝土面板堆石坝	混凝土面板堆石坝	混凝土面板堆石坝
	最大坝高/m	100.8	108	91

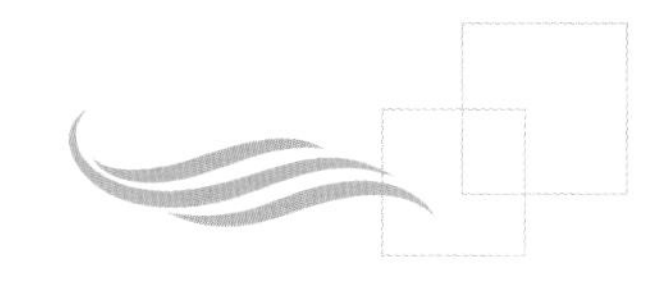

续表

站点名称		岳西	石台	霍山
下水库	流域面积/km²	22.4	4.48	33.4
	年径流量/万 m³	2383	359.8	2900
	正常蓄水位/m	487	262	216
	调节库容/万 m³	459	220	192
	主坝坝型	混凝土面板堆石坝	混凝土面板堆石坝	混凝土面板堆石坝
	最大坝高/m	87	98.5	81.5
装机容量/万 kW		120	120	120
连续满发小时数/h		6	8	8
额定水头/m		355	464	352
距高比		4.8	4.8	7.9
总工期/月		72	72	72
首台机组发电工期/月		60	60	60
工程静态投资/亿元		56.54	57.28	59.24
单位千瓦静态投资/(元/kW)		4711	4774	4936

（12）河南省

为满足电力系统发展和新能源开发利用需要，落实国家能源局有关推进抽水蓄能电站前期工作的要求，水电水利规划设计总院、国网新源公司共同委托中南勘测设计研究院有限公司（以下简称“中南院”）开展了河南省抽水蓄能电站新一轮选点规划工作。2013 年 3 月，中南院提出了《河南省抽水蓄能电站选点规划报告（2013 年版）》。

随着经济快速稳步发展，工业化、城镇化加快发展的特征显著，相应用电需求增长较快。根据有关规划成果，2020 年河南省全社会用电量将达到 5550 亿 kW · h，最大负荷将达到 9250 万 kW。结合省内能源资源禀赋，在加大新能源开发建设力度的同时，将更多接受外区电力，系统的安全稳定运行问题将日益凸显，调峰能力更显不足。电力系统电源扩展优化和调峰容量合理平衡研究成果表明，2020 年河南电网抽水蓄能电站合理规模为 672 万～852 万 kW，还需新增 420 万～600 万 kW。

本轮选点规划在已有选点规划成果基础上，考虑地理位置、地形地质、水源条件、枢纽布置、施工交通、水库淹没、环境影响等因素，经综合分析，选择洛宁大鱼沟、鲁山花园沟、辉县宝泉二期、光山五岳、新县大坪 5 个站点作为河南省抽水蓄能电站规划比选站点。考虑地理位置、上网条件、电网潮流分布、工程建设条件、技术经济指标、环境影响等因素综合分析，大鱼沟、宝泉二期、花园沟站点较优越；五岳站点建设条件相对较差，但前期工作较深入；大坪站点建设条件较好，但地理位置相对较偏，距负荷中心较远。在建设天池抽水蓄能电站的基础上，推荐洛宁大鱼沟（120 万 kW）、宝泉二期

（120 万 kW）、鲁山花园沟（120 万 kW）、光山五岳（100 万 kW）站点作为河南省 2020 年新增抽水蓄能电站规划站点。

2013 年 3 月，水电总院会同河南省发展和改革委员会审查通过《河南省抽水蓄能电站选点规划报告（2013 年版）》。2013 年 12 月，国家能源局以国能新能〔2013〕518 号文批复了河南省抽水蓄能电站选点规划，确定大鱼沟（120 万 kW）、宝泉二期（120 万 kW）、花园沟（120 万 kW）和五岳（100 万 kW）站点作为河南省 2020 年新建抽水蓄能电站推荐站点。

河南省规划站点主要技术经济指标见表 2. 14，规划站点位置如图 2. 13 所示。

表 2. 14　　河南省规划站点主要技术经济指标表

站点名称		大鱼沟	宝泉二期	花园沟	五岳
所在地		洛阳市 洛宁县	新乡市 辉县	平顶山市 鲁山县	信阳市 光山县
上水库	流域面积/km²	0. 85	3. 06	1. 32	0. 3
	正常蓄水位/m	1215	785	950	347. 5
	蓄能发电有效库容/万 m³	525	610	606	927
	主坝坝型	混凝土面板 堆石坝	混凝土面板 堆石坝	混凝土面板 堆石坝	混凝土面板 堆石坝
	最大坝高/m	67	118	80	127. 5
下水库	流域面积/km²	27. 682	538. 4	14. 6	102
	年径流量/万 m³	553. 6	9648	636	5202
	正常蓄水位/m	570	260	400	89. 184
	蓄能发电有效库容/万 m³	523	4195	606	8258
	主坝坝型	混凝土面板 堆石坝	浆砌石重力坝	混凝土面板 堆石坝	塑性混凝土 心墙砂砾石坝
	最大坝高/m	121	107	104. 5	29
装机容量/万 kW		120	120	120	100
连续满发小时数/h		6	6	6	5
最大/最小发电水头/m		675/602	565/485	580/508	268. 7/214. 3
额定水头/m		620	510	540	235
距高比		6. 8	3. 7	5. 0	8. 1
总工期/月		66	66	66	66
首台机组发电工期/月		54	54	54	54
工程静态投资/亿元		53. 36	51. 28	52. 61	45. 63
单位千瓦静态投资/(元/kW)		4447	4273	4384	4563

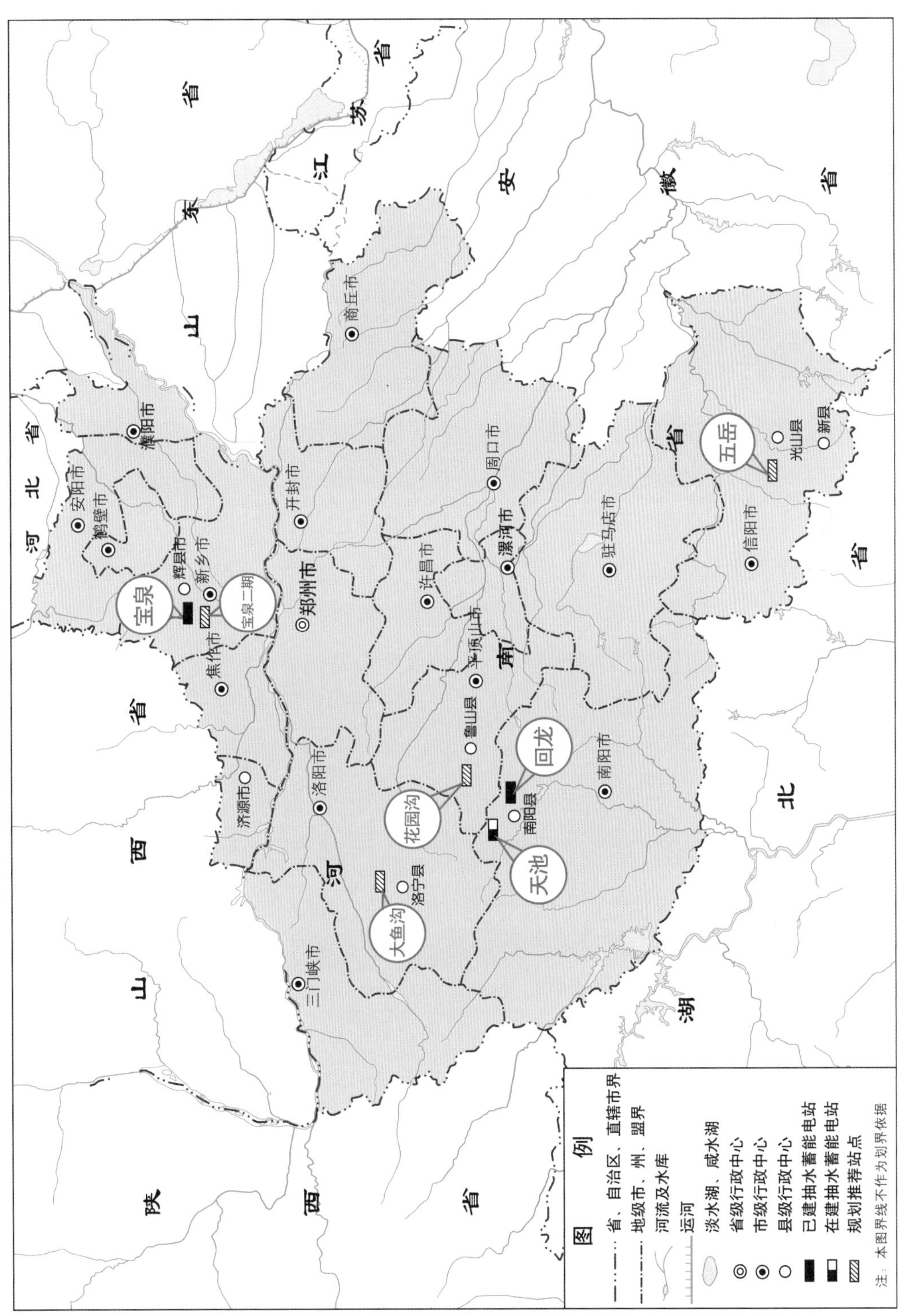

图 2.13 河南省抽水蓄能规划站点位置示意图

（13）湖北省

1）选点规划

为有序开发建设湖北省抽水蓄能电站，做好项目储备，受水电水利规划设计总院、湖北省发展和改革委员会和国网新源控股有限公司的委托，中南院开展了湖北省抽水蓄能电站选点规划工作，于 2011 年 4 月提出了《湖北省抽水蓄能电站选点规划报告（2011 年版）》。

湖北省一次能源缺乏，常规能源以水能为主，缺煤、少油气。虽然水力资源相对比较丰富，但开发程度已很高。为满足不断增长的电力需求，电源发展思路是“优化能源结构，大力发展核电，适度发展火电，积极引进区外电力，加快发展可再生能源”。根据有关规划预测和规划成果，湖北省 2020 年全社会用电量为 2700 亿 kW · h，最大负荷为 5200 万 kW，最大负荷较 2010 年增长达 3000 万 kW，电源建设和输入外来电力的任务非常繁重。根据电网负荷预测成果，通过电源扩展优化计算分析，在白莲河抽水蓄能电站投产后，湖北电网 2020 年水平需新增抽水蓄能经济规模约为 300 万～350 万 kW。

本轮选点规划在已有选点规划工作基础上，从建设条件、社会环境影响等方面综合分析，选择大幕山、洪港、紫云山、上进山、宝华寺 5 个站点作为 2020 年水平规划比选站点。紫云山、上进山站点工程地质条件较优，大幕山、洪港站点工程地质条件中等，宝华寺站点工程地质条件中等偏差。大幕山站点距高比小，具备增加装机利用小时数、进一步改善调节性能的成库条件，经济指标较优；电站距规划拟建的大畈核电站较近，位于长江以南，与已建的白莲河抽水蓄能电站分别置于江南、江北，接入系统条件和区位条件较好。上进山站点紧邻武汉，距负荷中心最近，接入系统条件较好，经济指标较优，且站点所在地麻城市和团风县是大别山革命老区，属国家扶贫连片开发区范围。紫云山站点地形地质条件好，经济指标优，具备增加装机利用小时数、进一步改善调节性能的成库条件。综合考虑调峰电源合理布局、站点建设条件、工程投资等因素，经技术经济综合比较，推荐大幕山、上进山站点作为湖北电网 2020 年新增抽水蓄能电站规划站点，紫云山站点作为规划备选站点。

2011 年 5 月，水电总院会同湖北省发展和改革委员会审查通过《湖北省抽水蓄能电站选点规划报告（2011 年版）》。2012 年 11 月，国家能源局以国能新能〔2012〕362 号文批复了湖北省抽水蓄能电站选点规划，确定大幕山（120 万 kW）和上进山（120 万 kW）站点为湖北省 2020 年新建抽水蓄能电站推荐站点，紫云山（120 万 kW）站点作为备选站点。

2）选点规划调整

为做好湖北省抽水蓄能电站规划建设工作，更好地适应湖北省电力系统安全经济运行和新能源快速发展需要，推动抽水蓄能电站科学有序建设，2016 年 3 月，湖北省能源局向国家能源局提出了开展湖北省抽水蓄能规划调整工作的申请。2016 年 4 月，

国家能源局以国能综新能〔2016〕223 号文复函同意开展湖北省抽水蓄能电站选点规划调整工作。根据选点规划调整工作相关安排及要求，中南院开展了湖北省抽水蓄能电站选点规划调整工作，并于 2019 年 4 月编制提出了《湖北省抽水蓄能电站选点规划调整报告》。

随着经济社会发展和电力需求的继续增长，在积极发展风电、太阳能等新能源发电的同时，还将进一步接纳较大规模的区外电力。根据相关电力规划研究成果，湖北省 2025 年全社会用电量为 3130 亿 kW · h，最大负荷为 6000 万 kW；2030 年全社会用电量为 3800 亿 kW · h，最大负荷为 7200 万 kW，电力市场空间大。为满足湖北电网调峰需求，保障电网安全稳定经济运行，适应消纳区外来电和新能源快速发展需要，湖北电网 2025 年水平年需新增抽水蓄能电站 200 万～300 万 kW，2030 年再增加 100 万～200 万 kW，并优先布局在鄂东地区。

在已有选点规划成果工作基础上，综合考虑地理位置、地形地质条件、环境敏感因素、水库淹没影响、工程建设条件、前期工作情况等因素，选择大幕山、上进山、紫云山、平坦原、宝华寺、清江共 6 个站点作为湖北省抽水蓄能电站选点规划调整比选站点。大幕山站点为上轮规划推荐站点，接入系统方便，移民搬迁较少，经济指标较优，已完成预可行性研究工作。紫云山站点地形地质条件较好，经济指标较优，已完成预可行性研究工作。平坦原站点水头较高，地质条件较好，移民搬迁较少，经济指标较优。上进山站点为上轮规划推荐站点，距负荷中心和特高压输电落点近，接入系统方便，地形地质条件较好，经济指标较优，已完成预可行性研究工作，但涉及大崎山省级自然保护区和湖北省生态保护红线。宝华寺、清江位于鄂西，远离负荷中心，地质条件复杂，经济指标相对较差。综合考虑需求规模及布局要求、水库淹没、环境影响、工程建设条件及技术经济性，选择大幕山、紫云山、平坦原站点作为 2030 年水平年湖北省抽水蓄能电站规划调整推荐站点；上进山（120 万 kW）站点为原规划站点，已完成预可行性研究工作，应根据生态红线有关管控要求，重新论证项目建设的可行性，对生态保护红线和自然保护区予以避让。

2019 年 4 月，水电总院会同湖北省能源局、国家电网公司华中分部审查通过《湖北省抽水蓄能电站选点规划调整报告》。2020 年 9 月，国家能源局以国能函新能〔2020〕59 号文批复了湖北省抽水蓄能电站选点规划调整，同意在初选大幕山、上进山、紫云山、平坦原、宝华寺、清江 6 个站点作为比选站点的基础上，确定大幕山（120 万 kW）、紫云山（140 万 kW）、平坦原（140 万 kW）站点作为 2030 年规划水平年湖北省抽水蓄能电站规划调整推荐站点；北山（20 万 kW）、清江（120 万 kW）、宝华寺（120 万 kW）站点作为备选站点。

湖北省规划站点主要技术经济指标见表 2. 15，规划站点位置如图 2. 14 所示。

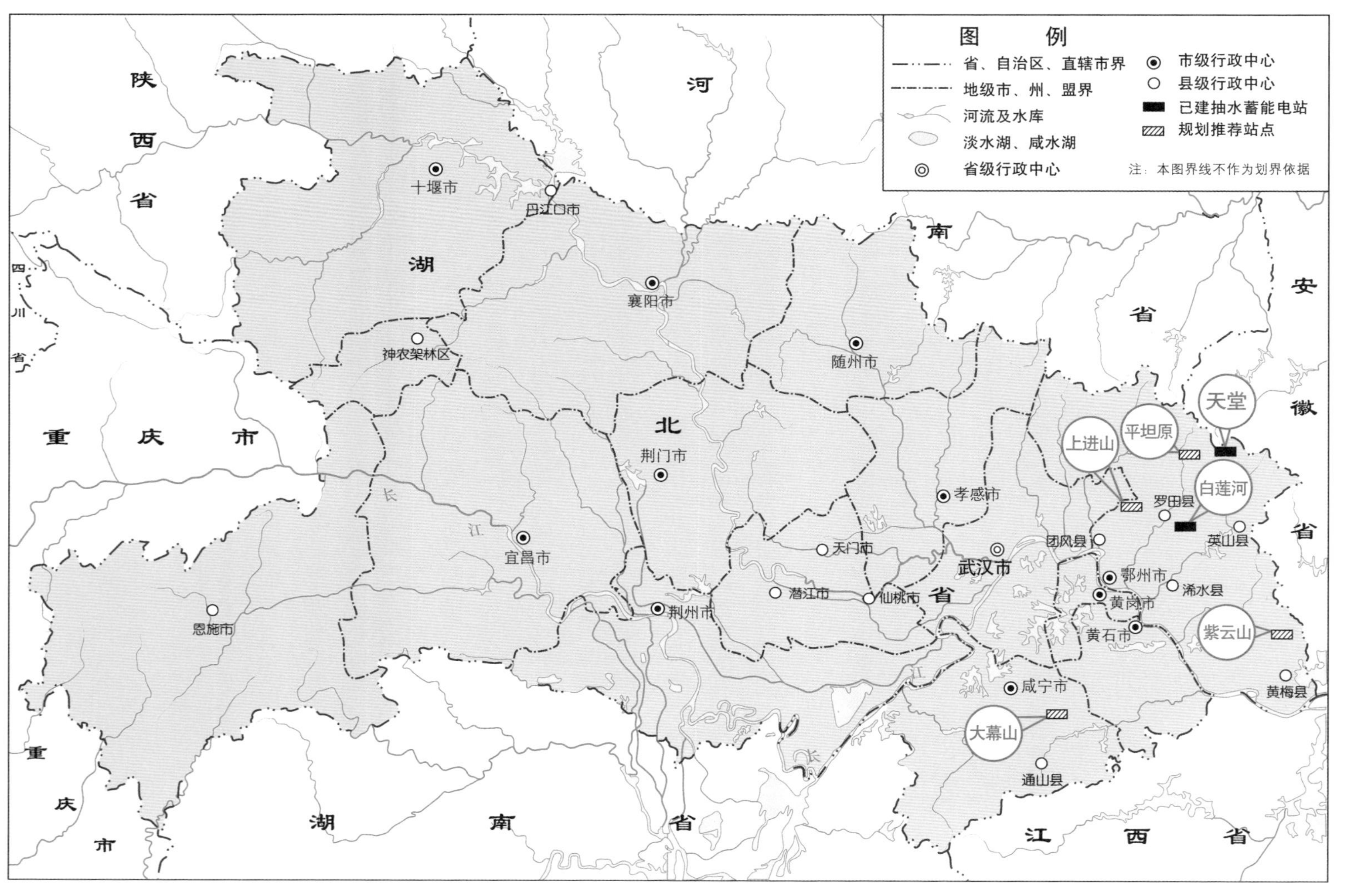

图 2.14 湖北省抽水蓄能规划站点位置示意图

表 2.15　　　　湖北省规划站点主要技术经济指标表

站点名称		大幕山	紫云山	平坦原
所在地		咸宁市 通山县	黄冈市 黄梅县	黄冈市 罗田县
上水库	流域面积/km^2	1.23	4.21	0.641
	年径流量/万 m^3	92.73	379	53.6
	正常蓄水位/m	726.50	626.00	822.00
	调节库容/万 m^3	687	821	647
	主坝坝型	沥青混凝土心墙 堆石坝	混凝土面板 堆石坝	混凝土面板 堆石坝
	最大坝高/m	70.60	71	62.0
下水库	流域面积/km^2	15.59	14.02	280
	年径流量/万 m^3	1080	1120	23300
	正常蓄水位/m	236.00	152.00	211.50
	调节库容/万 m^3	701	827	659
	主坝坝型	沥青混凝土心墙 堆石坝	混凝土面板 堆石坝	混凝土面板 堆石坝
	最大坝高/m	74.00	82.5	59.00
装机容量/万 kW		120	140	140
连续满发小时数/h		6	6	6
额定水头/m		480	464	597
距高比		4.30	4.43	5.59
总工期/月		75	72	72
首台机组发电工期/月		63	60	60
工程静态投资/万元		602123	674985	677991
单位千瓦静态投资/(元/kW)		5018	4821	4843

（14）湖南省

为做好湖南省抽水蓄能电站的项目储备，有序开发建设，受水电水利规划设计总院、国网新源控股有限公司和湖南省发展和改革委员会的委托，中南院开展了湖南省抽水蓄能电站选点规划工作，于 2011 年 4 月提出了《湖南省抽水蓄能电站选点规划报告（2011 年版）》。

湖南省一次能源缺乏，虽然水力资源相对比较丰富，但开发程度较高，进一步发展的潜力有限。根据相关预测和规划成果，湖南省 2020 年全社会用电量为 2140 亿 kW · h，最大负荷为 4340 万 kW，相对 2010 年最大负荷预计增长近 2300 万 kW，电源建设任务非常繁重，接受区外来电和建设核电将是湖南省电力发展的重要途径。根据电网负荷预测成果，通过调峰电源和电源扩展优化计算分析，湖南电网 2020 年需新增抽水蓄能容量的经

济规模为 170 万 kW 左右。

本轮选点规划在以往抽水蓄能资源普查的基础上，筛选出安化、平江、攸县、汨罗和浏阳 5 个站点作为湖南省抽水蓄能电站比选站点开展选点规划工作。安化、平江站点离湖南电网主要负荷中心较近，接入系统条件好；工程地质条件好，成库条件优，具备建设周调节性能电站条件，站点交通方便，技术经济综合指标较优，没有制约工程建设的环境敏感问题。从调峰电源合理布局、站点建设条件、技术经济指标等方面综合比较分析，提出安化、平江站点为湖南电网 2020 年新增抽水蓄能电站规划推荐站点。

2011 年 4 月，水电总院会同湖南省发展和改革委员会审查通过《湖南省抽水蓄能电站选点规划报告（2011 年版）》。2012 年 6 月，国家能源局以国能新能〔2012〕188 号文批复了湖南省抽水蓄能电站选点规划，确定安化（120 万 kW）和平江（120 万 kW）站点作为湖南省 2020 年新建抽水蓄能电站推荐站点。

湖南省规划站点主要技术经济指标见表 2.16，规划站点位置如图 2.15 所示。

表 2.16　　湖南省规划站点主要技术经济指标表

站点名称		安化	平江
所在地		益阳市	岳阳市
		安化县	平江县
上水库	流域面积/km^2	8.33	5.03
	正常蓄水位/m	688	1063
	蓄能发电有效库容/万 m^3	751	451
	主坝坝型	混凝土面板堆石坝	混凝土面板堆石坝
	最大坝高/m	82.5	46
下水库	流域面积/km^2	23.69	21.02
	年径流量/万 m^3	2084.7	1787
	正常蓄水位/m	274	348
	蓄能发电有效库容/万 m^3	753	447
	主坝坝型	混凝土面板堆石坝	混凝土面板堆石坝
	最大坝高/m	68.5	57
装机容量/万 kW		120	120
连续满发小时数/h		6	6
最大/最小发电水头/m		436/363	732/684
额定水头/m		397	702
距高比		8.46	4.95
总工期/月		66	66
首台机组发电工期/月		54	54
工程静态投资/亿元		46.22	46.70
单位千瓦静态投资/(元/kW)		3851	3892

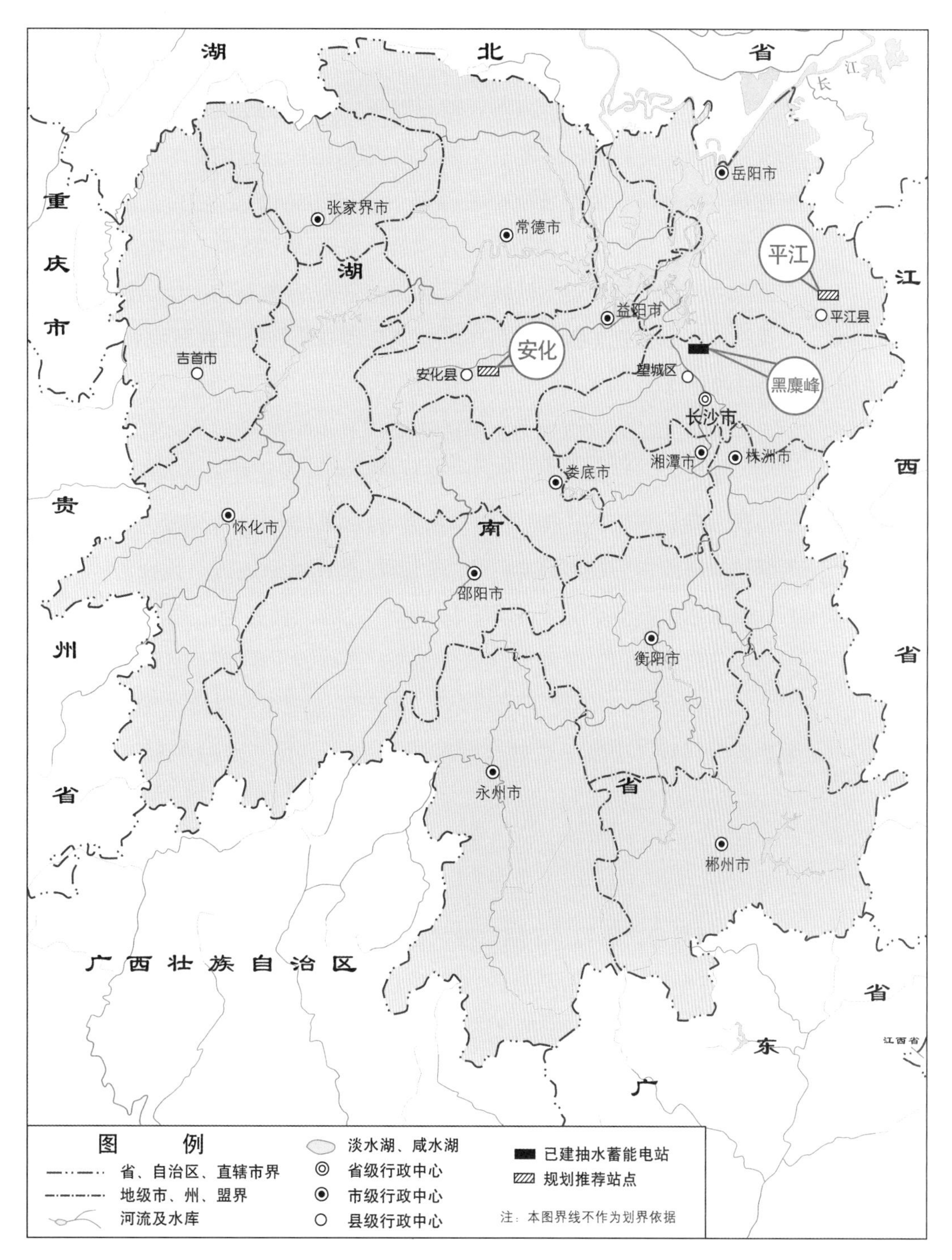

图 2.15 湖南省抽水蓄能规划站点位置示意图

（15）江西省

为满足江西省电力系统发展和新能源开发利用的需要，落实国家能源局有关推进抽水蓄能电站前期工作的要求，水电水利规划设计总院、江西省发展和改革委员会、国网新源控股有限公司共同委托华东院开展了江西省抽水蓄能电站新一轮选点

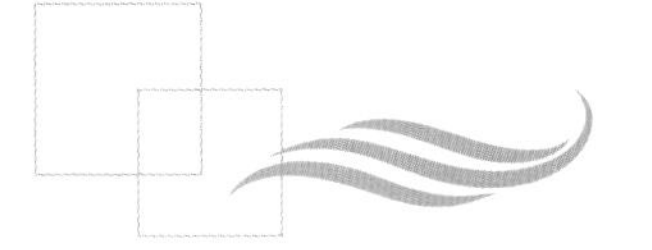

规划工作。2013 年 4 月，华东院提出了《江西省抽水蓄能电站选点规划报告（2013 年版）》。

随着江西省经济快速发展，电力需求也将持续较快增长，但省内能源不足，需区外调入，电网保安和调峰问题日益突出。根据相关预测和规划成果，2020 年江西电网需电量和最高负荷将分别达到 2084 亿 kW·h 和 38010MW。结合江西能源资源禀赋，未来能源发展是积极吸纳区外来电和区外煤炭，争取建设核电，并建设一定的风电作为补充，江西电力系统的电源结构问题将更加突出。结合电源结构优化和调峰能力合理平衡分析成果，2020 年江西电网抽水蓄能电站的合理规模约为 360 万 kW，新增抽水蓄能电站规模约为 240 万 kW。

本轮选点规划在以往抽水蓄能选点规划成果的基础上，考虑地形地质、水源条件、枢纽布置、施工交通、水库淹没、环境影响和抽水蓄能合理布局等因素，经综合分析，选择洪屏二期、奉新、安福、玉山、永修等 5 个站点作为本次规划比选站点，并对赣南区域的赣县等站点进行初步筛选。洪屏二期、奉新站点地理位置相对较优，工程地质条件较好，奉新站点不涉及重大环境限制因素；洪屏二期站点工程经济性较好，但新增征地及部分设施位于三爪仑国家级森林公园内，工程建设需征求相应主管部门对项目建设的意见。综合考虑地理位置、上网条件、电网潮流分布、工程建设条件、技术经济指标、环境影响等因素，在建设洪屏一期抽水蓄能电站后，推荐洪屏二期（120 万 kW）、奉新（120 万 kW）站点作为江西省 2020 年水平年新增抽水蓄能电站规划站点。

2013 年 4 月，水电总院会同江西省发展和改革委员会、能源局审查通过《江西省抽水蓄能电站选点规划报告（2013 年版）》。2013 年 7 月，国家能源局以国能新能〔2013〕283 号文批复了江西省抽水蓄能电站选点规划，将洪屏二期（120 万 kW）和奉新（120 万 kW）站点作为江西省 2020 年新建抽水蓄能电站推荐站点；同时，为保证蓄能电站持续健康发展，将赣南地区的赣县（120 万 kW）站点作为后备站点。

江西省规划站点主要技术经济指标见表 2.17，规划站点位置如图 2.16 所示。

表 2.17　　江西省规划站点主要技术经济指标表

站点名称		洪屏二期	奉新	赣县
所在地		宜春市 靖安县	宜春市 奉新县	赣州市 赣县
上水库	流域面积/km^2	6.67	1.95	1.1
	正常蓄水位/m	733	804	700
	蓄能发电有效库容/万 m^3	2076	651	752
	主坝坝型	混凝土重力坝(在建)	面板堆石坝	面板堆石坝
	最大坝高/m	42.5	113	146

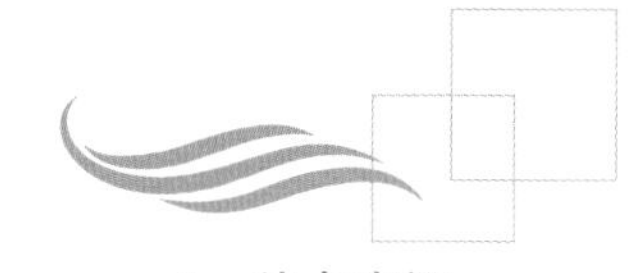

续表

站点名称		洪屏二期	奉新	赣县
下水库	流域面积/km^2	420	13.1	7.3
	年径流量/万 m^3	26270	1709	475
	正常蓄水位/m	181	271	234
	蓄能发电有效库容/万 m^3	3547	665	752
	主坝坝型	碾压混凝土重力坝(在建)	面板堆石坝	面板堆石坝
	最大坝高/m	77.5	76	83
装机容量/万 kW		120	120	120
连续满发小时数/h		11	6	6
最大/最小发电水头/m		565/521.6	559/484	485/416
额定水头/m		540	515	445
距高比		4.33	5.78	7.8
总工期/月		66	66	66
首台机组发电工期/月		54	54	54
工程静态投资/亿元		42.81	53.24	54.96
单位千瓦静态投资/(元/kW)		3567	4436	4580

（16）重庆市

为满足重庆电力系统安全稳定运行需要，落实国家能源局有关推进抽水蓄能电站前期工作的要求，水电水利规划设计总院、重庆市发展和改革委员会及国网新源控股有限公司委托中南院开展了重庆市抽水蓄能电站选点规划工作，中南院于 2011 年 6 月提出了《重庆市抽水蓄能电站选点规划报告（2011 年版）》。

随着重庆市经济社会的快速发展，用电需求不断增长，负荷峰谷差不断加大，电网调峰问题日益突出。2020 年，重庆市全社会用电量约为 1280 亿～1730 亿 kW · h，相应最高负荷约为 2550 万～3264 万 kW，最大峰谷差将达到 970 万～1250 万 kW。结合电源结构优化和调峰能力合理平衡分析成果，2020 年重庆电网抽水蓄能电站的经济规模约为 200 万～290 万 kW，新增抽水蓄能电站规模约为 80 万～170 万 kW。

本轮选点规划根据重庆市抽水蓄能电站合理布局要求，综合考虑地形地质条件、水资源分布特点、生态环境保护要求、工程建设情况等因素，筛选出建设条件相对较好的丰都栗子湾、云阳建全、巴南石滩、涪陵太和、綦江镇紫共 5 个站点作为重庆市 2020 年水平年抽水蓄能电站规划比选站点。结合重庆电网对调峰电源需求、调峰电源合理布局、站点建设条件、环境影响、技术经济等方面综合分析，继考虑建设綦江

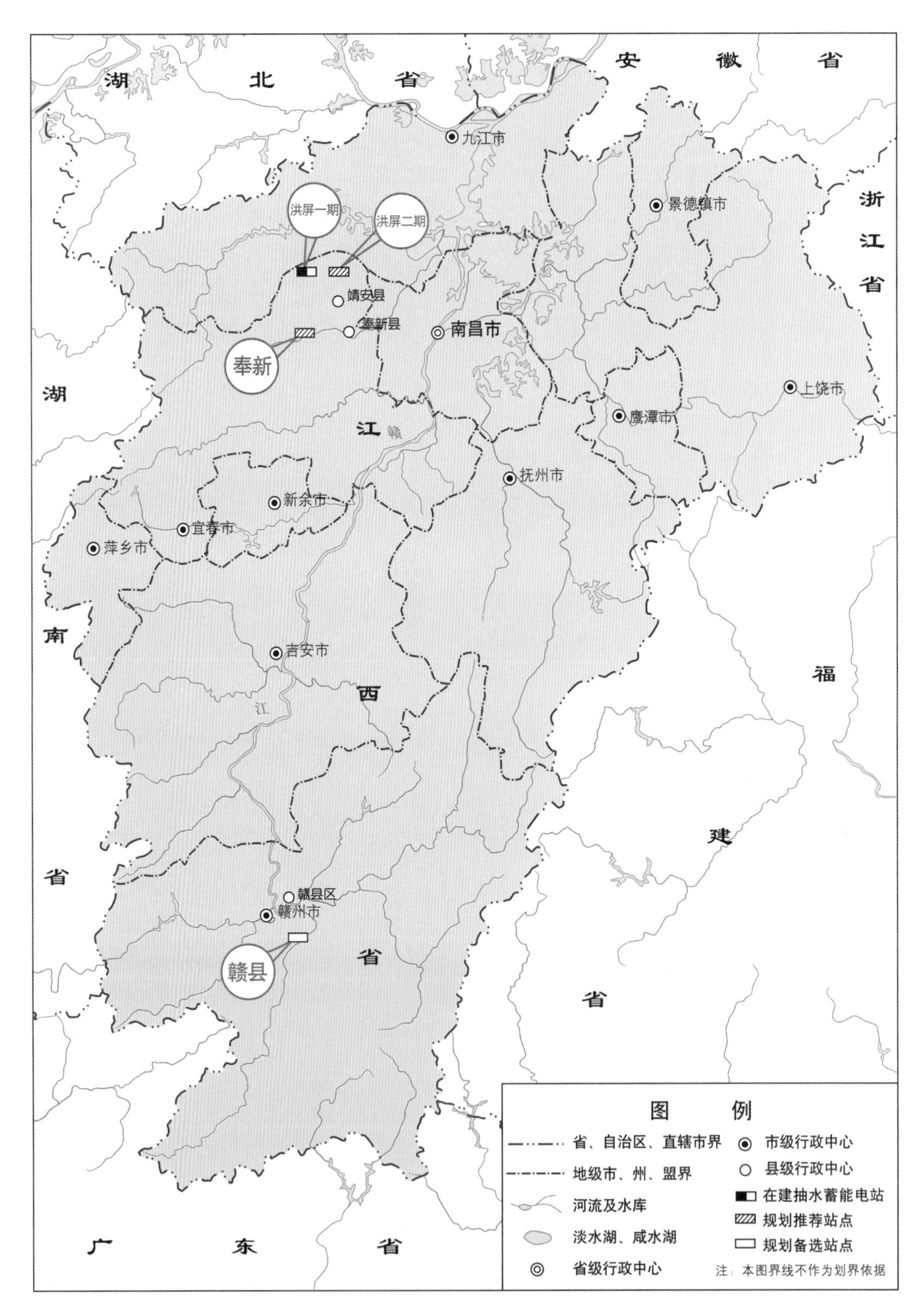

图 2.16 江西省抽水蓄能规划站点位置示意图

蟠龙抽水蓄能电站之后，推荐丰都栗子湾作为重庆市2020年新增抽水蓄能电站规划站点。

2011年6月，水电总院会同重庆市发展和改革委员会审查通过《重庆市抽水蓄能电站选点规划报告（2011年版）》。2012年3月，国家能源局以国能新能〔2012〕71号文批复了重庆市抽水蓄能电站选点规划，同意在初选丰都栗子湾、云阳建全、巴南石滩、涪陵太和、綦江镇紫站点作为比选站点，以及以往规划的綦江蟠龙站点的基础上，确定蟠龙（120万kW）、栗子湾（120万kW）站点作为重庆市2020年新建抽水蓄能电站推荐站点。

重庆市规划站点主要技术经济指标见表2.18，规划站点位置如图2.17所示。

表2.18　重庆市规划站点主要技术经济指标表

站点名称		蟠龙	栗子湾
所在地		綦江区	丰都县
上水库	流域面积/km²	2.55	1.9
	正常蓄水位/m	995.50	1035.00
	蓄能发电有效库容/万m³	705.9	540.3
	主坝坝型	混凝土面板堆石坝	混凝土面板堆石坝
	最大坝高/m	52.0	69.8
下水库	流域面积/km²	100.56	235.3
	年径流量/万m³	5456	15290
	正常蓄水位/m	549.00	446.00
	蓄能发电有效库容/万m³	738.0	540.3
	主坝坝型	混凝土面板堆石坝	碾压混凝土重力坝
	最大坝高/m	79.3	92.5
装机容量/万kW		120	120
连续满发小时数/h		6	6
最大/最小发电水头/m		462.5/418.7	615.0/543
额定水头/m		428	565
距高比		4.39	5.48
总工期/月		78	66
首台机组发电工期/月		66	54
工程静态投资/亿元		55.48	47.22
单位千瓦静态投资/(元/kW)		4623(2013年)	3935(2011年)

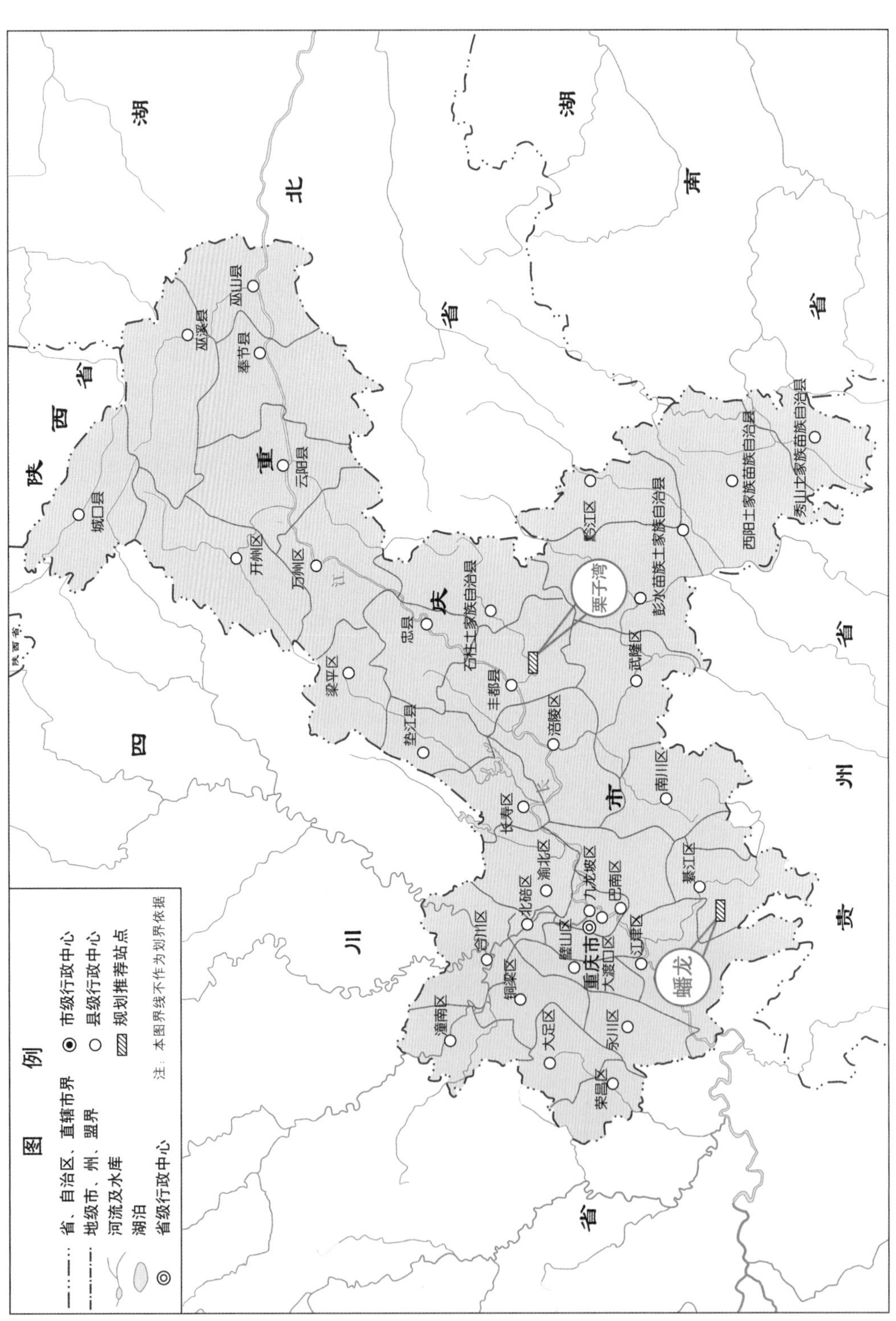

图 2.17 重庆市抽水蓄能规划站点位置示意图

（17）陕西省

为了改善陕西省电网运行条件，促进地方经济发展，落实国家能源局有关推进抽水蓄能电站前期工作的要求，2008 年 12 月，水电水利规划设计总院、陕西省发展和改革委员会和国网新源控股有限公司委托西北勘测设计研究院有限公司（以下简称“西北院”）开展了陕西省抽水蓄能电站选点规划工作。西北院于 2010 年 12 月提出了《陕西省抽水蓄能电站选点规划报告（2010 年版）》。

随着经济社会迅速发展，陕西省电力负荷快速增长，电网调峰困难日益显现，需要建设启动迅速、运行灵活的调峰电源及紧急事故备用电源。根据有关预测，2020 年，陕西省全社会用电量约为 1544 亿 kW · h，相应最高负荷约为 2803 万 kW，需新增装机容量约 1000 万 kW，电力发展空间较大。电源结构优化研究成果表明，2020 年陕西省合理的抽水蓄能电站装机规模约为 120 万～150 万 kW，且宜布局在西安负荷中心附近。

本轮选点规划根据抽水蓄能电站的布局需要，在抽水蓄能电站资源普查的基础上，从开发条件相对较好的站点中筛选出镇安、户县、柞水 3 个站点作为陕西省电网 2020 年水平年抽水蓄能电站比选站点。3 个站点距西安市直线距离均在 100km 以内，能较好地适应电力系统对抽水蓄能电站规划布局的要求，工程建设条件总体较好。镇安站点环境敏感程度相对较小，经济指标较优；户县站点环境敏感程度相对较大；柞水站点单位千瓦投资较大，经济性相对较差。从陕西省电网对调峰兼保安电源的需求及其合理布局、站点建设条件、环境影响、技术经济等方面综合分析，选择镇安站点作为陕西省电网 2020 年水平年抽水蓄能电站的推荐站点。

2010 年 12 月，水电总院会同陕西省发展和改革委员会审查通过了《陕西省抽水蓄能电站选点规划报告（2010 年版）》。2011 年 9 月，国家能源局以国能新能〔2011〕304 号文批复了陕西省抽水蓄能电站选点规划，同意在初选镇安、户县和柞水站点作为比选站点的基础上，确定镇安（120 万 kW）站点为陕西电网 2020 年新建抽水蓄能电站的推荐站点。

陕西省规划站点主要技术经济指标见表 2. 19，规划站点位置如图 2. 18 所示。

表 2. 19　　陕西省规划站点主要技术经济指标表

站点名称		镇安
所在地		商州区镇安县
上水库	流域面积/km²	1. 4
	正常蓄水位/m	1365
	蓄能发电有效库容/万 m³	754
	主坝坝型	混凝土面板堆石坝
	最大坝高/m	103
下水库	流域面积/km²	181
	年径流量/万 m³	6590

续表

站点名称		镇安
下水库	正常蓄水位/m	910
	蓄能发电有效库容/万 m^3	757
	主坝坝型	混凝土面板堆石坝
	最大坝高/m	90
装机容量/万 kW		120
连续满发小时数/h		6
最大/最小发电水头/m		486/418
额定水头/m		446
距高比		4.79
总工期/月		68
首台机组发电工期/月		59
工程静态投资/亿元		52.14
单位千瓦静态投资/(元/kW)		4345

（18）甘肃省

为落实国家能源局有关推进抽水蓄能电站前期工作的要求，水电水利规划设计总院、甘肃省发展和改革委员会及国网新源控股有限公司委托西北院开展了甘肃省抽水蓄能电站选点规划工作，西北院于 2011 年 3 月提出了《甘肃省抽水蓄能电站选点规划报告（2011 年版）》。

随着经济社会迅速发展，甘肃省电力负荷快速增长，根据有关预测，2020 年，全社会用电量将达到 1360 亿 kW · h，最大用电负荷约 2200 万 kW。 结合能源资源禀赋，未来将大力开发风电、太阳能发电等新能源，优化开发水电、煤电等，尤其是酒泉风电基地建设规模大，远离负荷中心，需要在输电送端建设一定规模的抽水蓄能电站，保障风电送出系统的安全稳定运行，同时有效缓解受端电网的调峰压力。 电源结构优化研究成果表明，2020 年抽水蓄能电站的合理规模为 200 万 ~ 300 万 kW，配套酒泉风电基地。 甘肃负荷中心受端电网的调峰问题可充分利用甘肃、青海两省的水电（扩机）和煤电的调峰能力解决。

本轮选点规划根据甘肃省抽水蓄能电站合理布局要求，综合考虑水资源分布特点、地形地质条件、生态环境保护要求、工程建设情况等因素，筛选出条件相对较好的酒泉地区玉门、玉门东滩、肃北，张掖地区肃南、张掖、肃南山口、肃南向阳等 7 个站点作为甘肃省 2020 年水平年抽水蓄能电站比选站点。 从与风电基地开发及外送的协调、工程建设条件、生态环境影响、技术经济等方面综合分析，报告提出将玉门、肃南站点作为甘肃省 2020 年水平年抽水蓄能电站的推荐站点。

2012 年 6 月，水电总院会同甘肃省发展和改革委员会审查通过了《甘肃省抽水蓄能电站选点规划报告（2011 年版）》。 2013 年 1 月，国家能源局以国能新能〔2013〕20 号

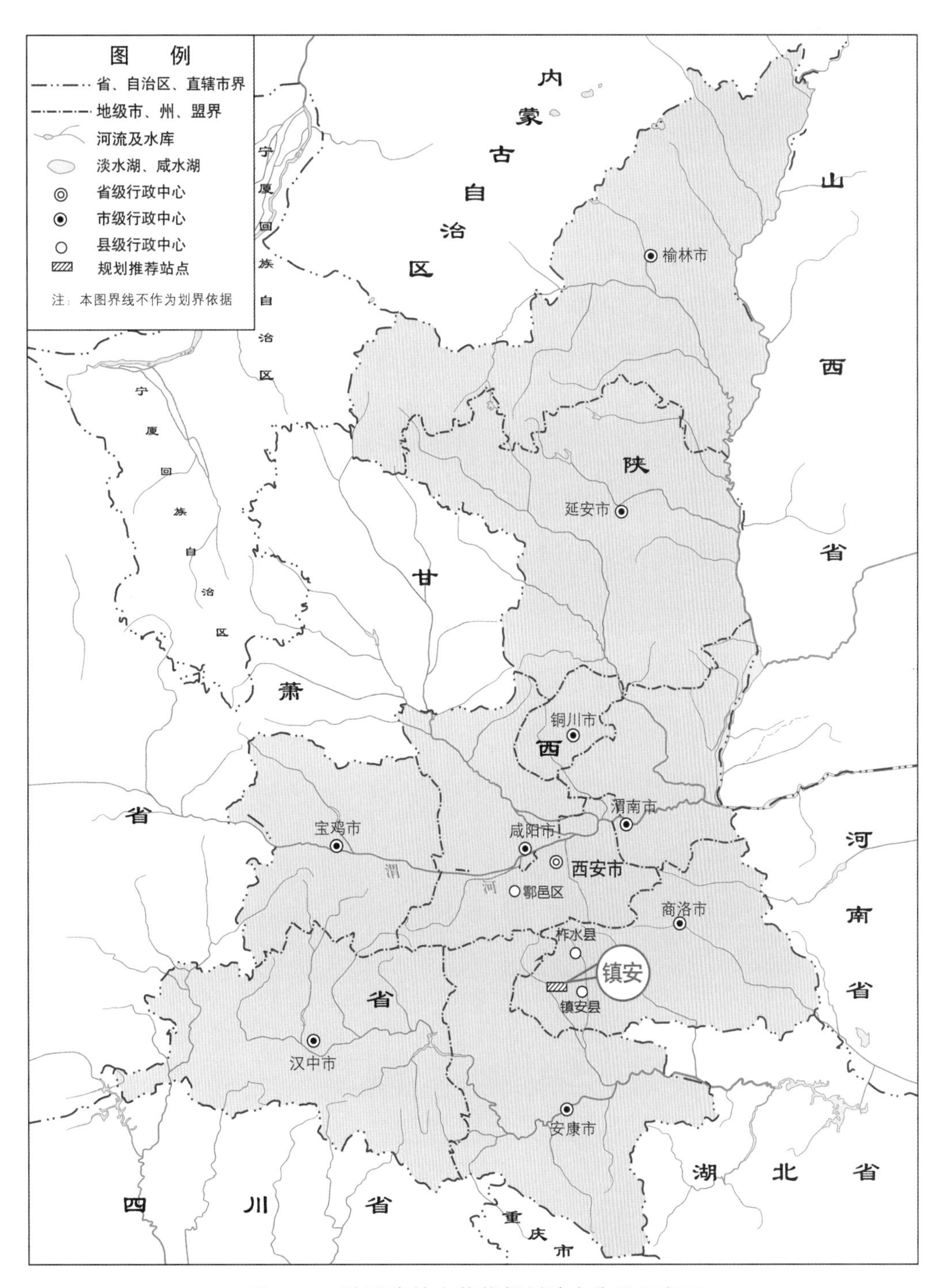

图 2.18 陕西省抽水蓄能规划站点位置示意图

文批复了甘肃省抽水蓄能电站选点规划，同意在初选酒泉地区玉门（昌马）、玉门东滩、肃北（柳沟峡），张掖地区肃南（大古山）、张掖（盘道山）、肃南山口、肃南向阳作为比选站点的基础上，确定昌马（120 万 kW）和大古山（120 万 kW）为甘肃省 2020 年新建抽水蓄能电站推荐站点。

甘肃省规划站点主要技术经济指标见表 2.20，规划站点位置如图 2.19 所示。

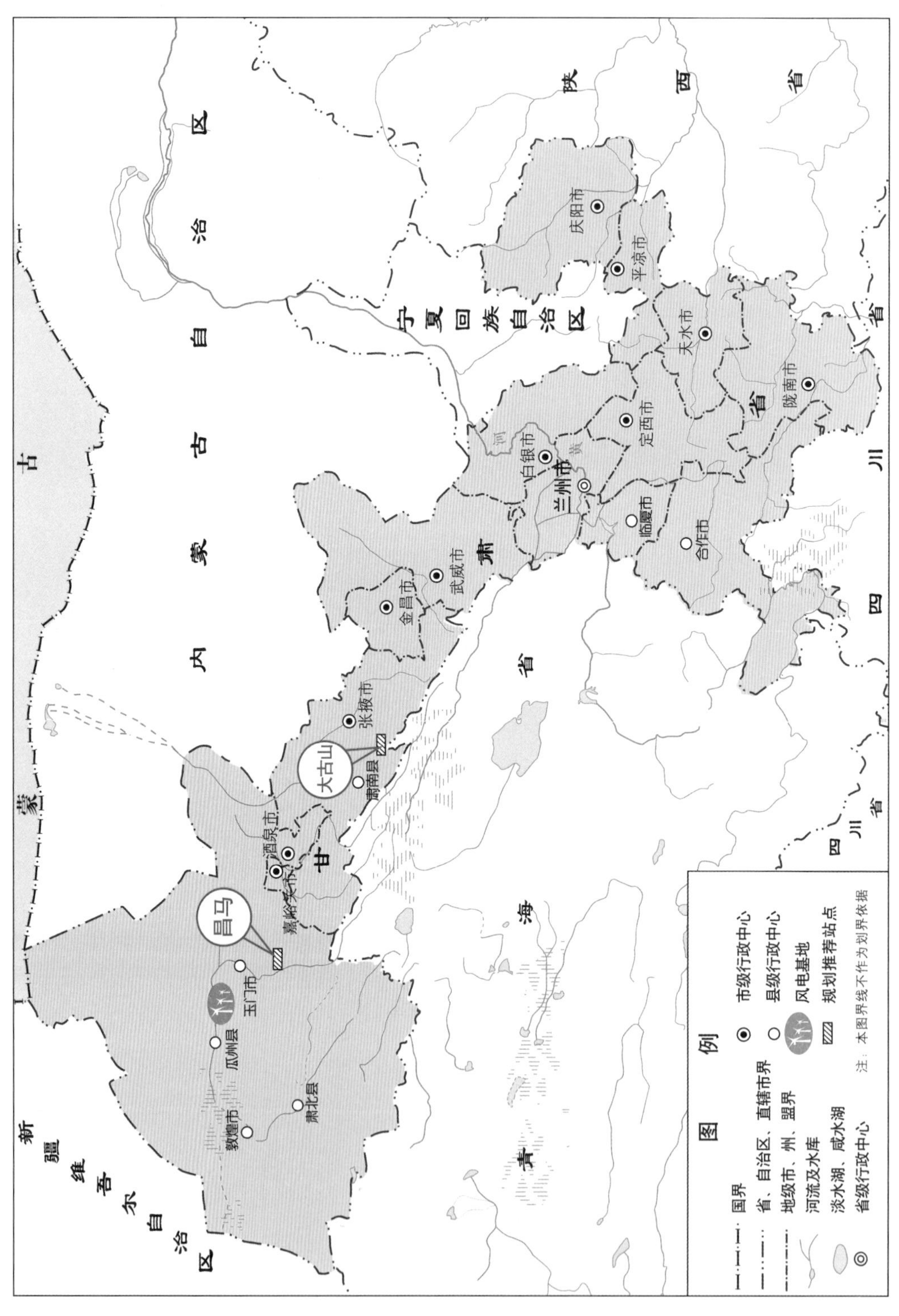

图 2.19 甘肃省抽水蓄能规划站点位置示意图

表 2.20 甘肃省规划站点主要技术经济指标表

站点名称		昌马	大古山
所在地		酒泉市玉门市	张掖市肃南县
上水库	流域面积/km^2	4.01	3.05
	正常蓄水位/m	2376	2683
	蓄能发电有效库容/万 m^3	727	532
	主坝坝型	混凝土面板堆石坝	混凝土面板堆石坝
	最大坝高/m	85	107.1
下水库	流域面积/km^2	13327	750
	年径流量/万 m^3	103000	10850
	正常蓄水位/m	1960	2109
	蓄能发电有效库容/万 m^3	728	534
	主坝坝型	混凝土面板堆石坝	沥青混凝土心墙堆石坝
	最大坝高/m	46	62
装机容量/万 kW		120	120
连续满发小时数/h		6	6
最大/最小发电水头/m		440/375	595/541
额定水头/m		403	560
距高比		8.35	6.44
总工期/月		67	69
首台机组发电工期/月		58	60
工程静态投资/亿元		65.37	63.36
单位千瓦静态投资/(元/kW)		5447	5280

（19）青海省

为推进青海省新能源大规模发展，保障青海电网安全稳定运行，做好青海省抽水蓄能电站规划建设工作，2016 年 3 月，青海省发展和改革委员会以青发改能源〔2016〕177 号文向国家能源局报送了《关于开展青海省抽水蓄能电站选点规划的请示》。2016 年 4 月，国家能源局以国能综新能〔2016〕240 号文复函同意开展青海省抽水蓄能电站选点规划工作。按照有关工作安排及要求，西北院承担了青海省抽水蓄能电站选点规划报告编制工作，于 2017 年 12 月提出了《青海省抽水蓄能电站选点规划报告》。

随着西部大开发战略的实施，青海进入加速发展的轨道，进一步带动电力需求增长。根据有关预测，2025 年青海省全社会需电量为 1088 亿 kW·h，最大负荷为 1532 万 kW。青海省内水能、太阳能、风能等可再生能源资源蕴藏丰富，且具备大规模开发条件，是国家重要的区域能源接续基地和清洁能源基地。未来新建电源主要为光伏、光热和风力发电，重点规划有海南藏族自治州和海西蒙古族藏族自治州两个千万千瓦级可再生能源基地，并配套建设特高压直流通道外送，规划外送电源规模超过 5000 万 kW。在充分利用好已有水电调峰资源的基础上，从保证可再生能源基地电力外送稳定性、提高外送电能保障能力、增

加新能源消纳等方面分析，青海省 2025 年抽水蓄能电站合理规模约为 240 万～360 万 kW。

本轮选点规划通过实地查勘，考虑需求规模与布局，从地形地质、水源条件、枢纽布置、施工交通、接入系统、环境影响、水库淹没等方面综合分析，选择贵南哇让、格尔木南山口、共和多隆、化隆上佳、尖扎古浪笛、乐都南泥沟、贵南龙羊峡 7 个站点作为青海省 2025 年抽水蓄能电站规划比选站点。 综合考虑需求规模及布局要求、工程建设条件及技术经济性，以及海南可再生能源基地外送配套需要等因素，选择贵南哇让站点作为青海省抽水蓄能电站规划站点。

2018 年 1 月，水电总院联合青海省发展和改革委员会、能源局和国家电网公司西北分部审查通过《青海省抽水蓄能电站选点规划报告》。 2019 年 1 月，国家能源局以国能函新能〔2019〕6 号文批复了青海省抽水蓄能电站选点规划，同意在初选贵南哇让、格尔木南山口、共和多隆、化隆上佳、尖扎古浪笛、乐都南泥沟、贵南龙羊峡站点作为比选站点的基础上，确定贵南哇让（240 万 kW）站点作为青海省 2025 年新建抽水蓄能电站推荐站点。

青海省规划站点主要技术经济指标见表 2.21，规划站点位置如图 2.20 所示。

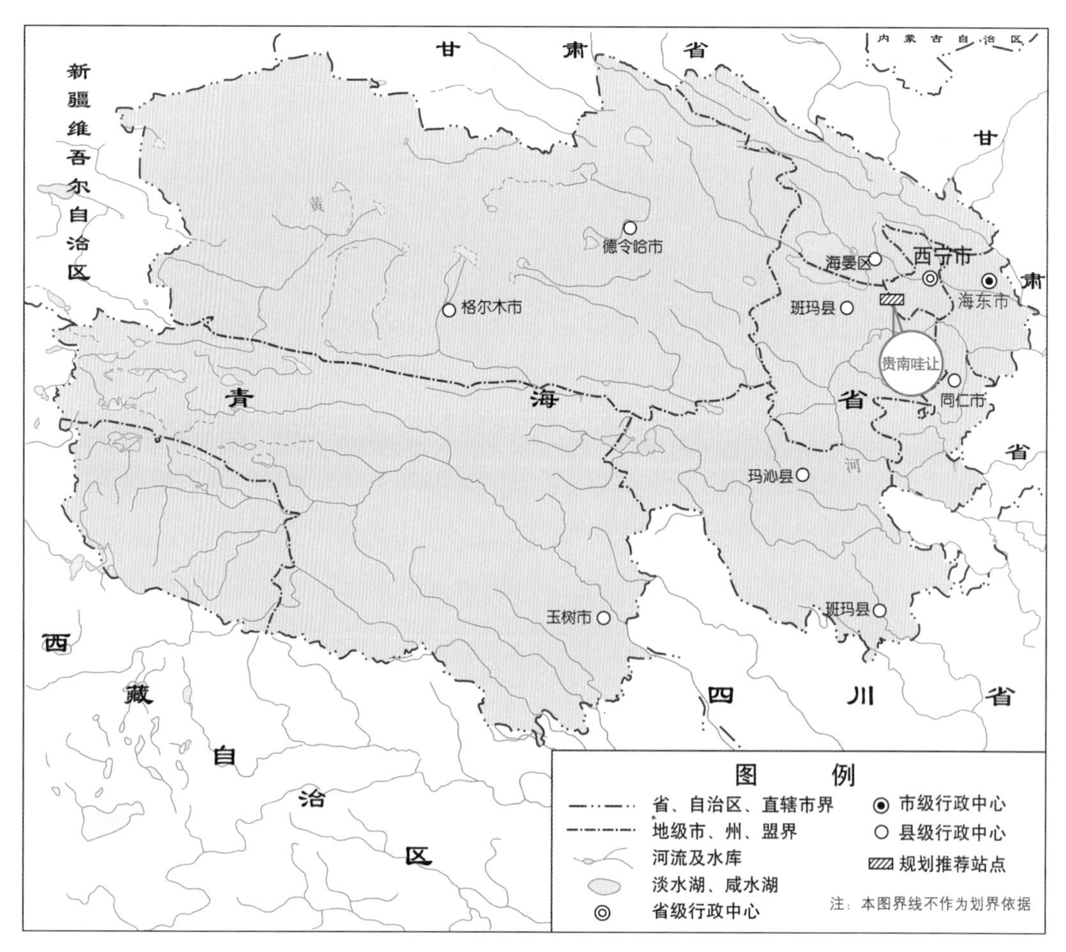

图 2.20　青海省抽水蓄能规划站点位置示意图

表 2.21　　青海省规划站点主要技术经济指标表

站点名称		贵南哇让
所在地		海南藏族自治州 贵南县
上水库	流域面积/km^2	—
	年径流量/万 m^3	忽略不计
	正常蓄水位/m	2905
	蓄能发电有效库容/万 m^3	1541
	主坝坝型	混凝土面板堆石坝
	最大坝高/m	48
下水库	流域面积/km^2	132160
	年径流量/万 m^3	2078222
	正常蓄水位/m	2452
	蓄能发电有效库容/万 m^3	15000
	主坝坝型	混凝土双曲拱坝
	最大坝高/m	248(已建)
装机容量/万 kW		240
连续满发小时数/h		6
额定水头/m		431.5
距高比		2.09
总工期/月		96
首台机组发电工期/月		75
工程静态投资/亿元		95.93
单位千瓦静态投资/(元/kW)		3997

（20）宁夏回族自治区

为满足电力发展需要，促进风能等新能源开发，落实国家能源局有关推进抽水蓄能电站前期工作的要求，水电水利规划设计总院、宁夏回族自治区发展和改革委员会、国网新源公司共同委托西北院开展了宁夏回族自治区抽水蓄能电站选点规划工作，西北院于 2013 年 7 月提出了《宁夏回族自治区抽水蓄能电站选点规划报告（2013 年版）》。

随着经济社会迅速发展，宁夏电力需求增长较快，且风能、太阳能资源丰富，发展迅速。根据有关预测，宁夏电网 2020 年、2025 年全社会用电量分别为 1040 亿 kW · h、1224 亿 kW · h，最高负荷分别为 1630 万 kW、1949 万 kW；风电装机容量分别达到 800 万 kW、1002.5 万 kW，光伏发电装机容量分别达到 300 万 kW、400 万 kW。电源结构优化研究成果表明，2020—2025 年宁夏电网抽水蓄能电站合理规模约 80 万 ~ 100 万 kW。

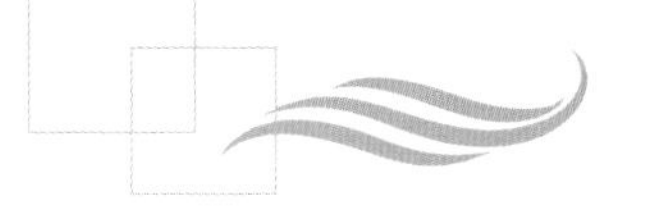

本轮选点规划根据宁夏电网负荷分布、新能源开发布局、地形与水源条件等，以宁夏中部、北部为重点开展全区抽水蓄能电站资源点普查工作，在 7 个可能站点中选取牛首山和跃进两个站点作为宁夏 2020 年水平年抽水蓄能电站比选站点。综合考虑电站规划布局、工程建设条件、水库淹没和环境影响、技术经济指标等因素，提出将牛首山站点作为宁夏 2020 年水平年抽水蓄能电站推荐站点。

2013 年 9 月，水电总院会同宁夏回族自治区发展和改革委员会审查通过了《宁夏回族自治区抽水蓄能电站选点规划报告（2013 年版）》。2013 年 12 月，国家能源局以国能新能〔2013〕519 号文批复了宁夏回族自治区抽水蓄能电站选点规划，同意在初选牛首山和跃进站点作为比选站点的基础上，确定牛首山（80 万 kW）站点为宁夏回族自治区 2020 年新建抽水蓄能电站推荐站点。

宁夏回族自治区规划站点主要技术经济指标见表 2.22，规划站点位置如图 2.21 所示。

表 2.22　　宁夏回族自治区规划站点主要技术经济指标表

站点名称		牛首山
所在地		吴忠市青铜峡市
上水库	流域面积/km^2	1.01
	正常蓄水位/m	1640
	蓄能发电有效库容/万 m^3	497
	主坝坝型	混凝土面板堆石坝
	最大坝高/m	62
下水库	流域面积/km^2	1.1
	年径流量/万 m^3	—
	正常蓄水位/m	1250
	蓄能发电有效库容/万 m^3	500
	主坝坝型	混凝土面板堆石坝
	最大坝高/m	40
装机容量/万 kW		80
连续满发小时数/h		5.5
最大/最小发电水头/m		413.2/352.7
额定水头/m		381
距高比		4.03
总工期/月		68
首台机组发电工期/月		57
工程静态投资/亿元		44.04
单位千瓦静态投资/(元/kW)		5505

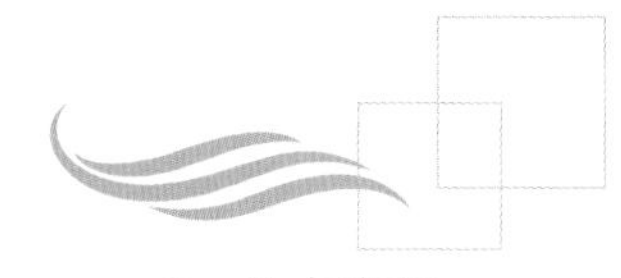

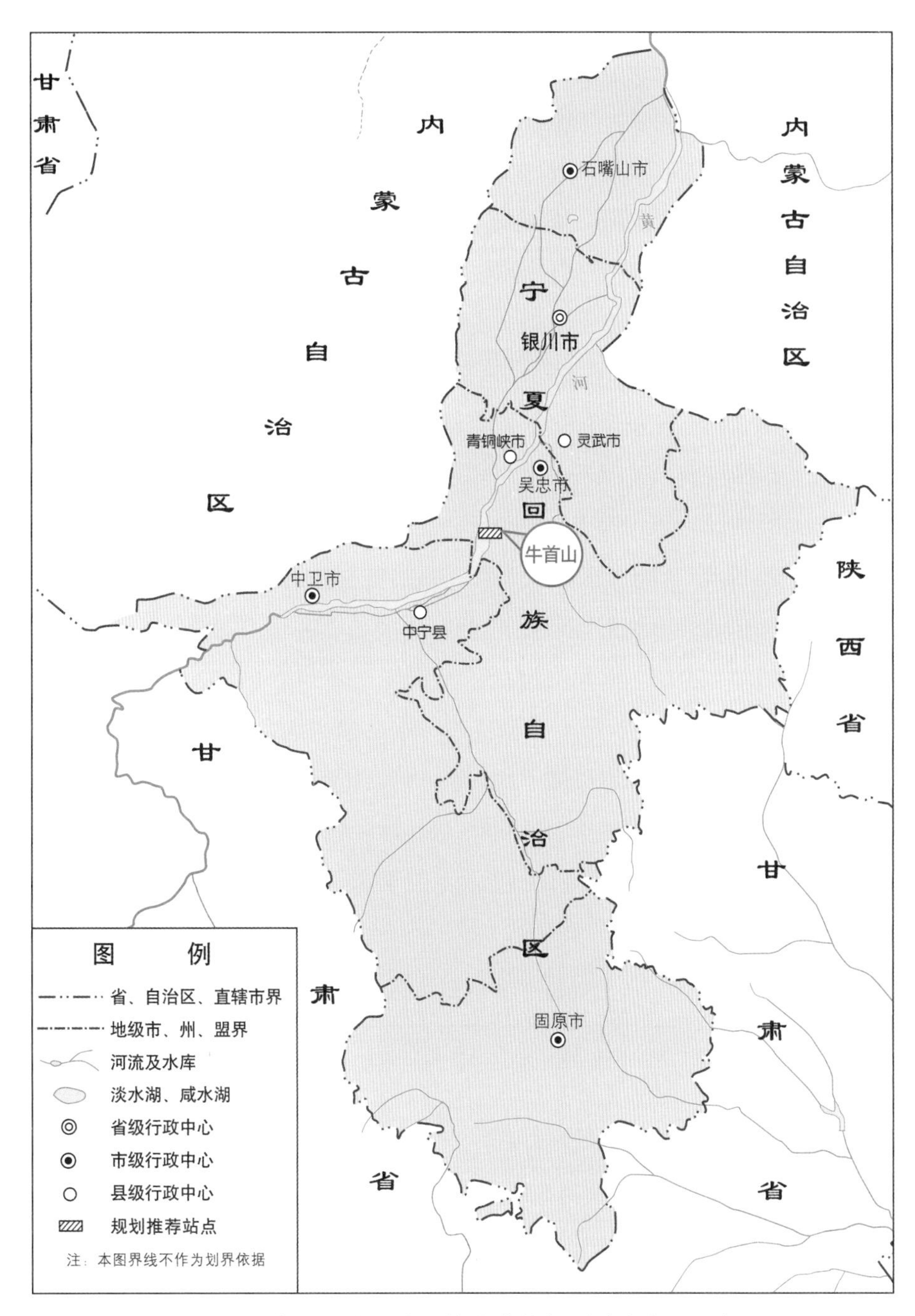

图 2.21　宁夏回族自治区抽水蓄能规划站点位置示意图

（21）新疆维吾尔自治区

为满足新疆维吾尔自治区电力发展需要，促进新疆风能资源的大规模开发，落实国家能源局有关推进抽水蓄能电站前期工作的要求，水电水利规划设计总院、新疆维吾尔自治区发展和改革委员会和国网新源公司委托西北院开展了新疆维吾尔自治区抽水蓄能电站选点规划工作，西北院于 2010 年 10 月提出了《新疆维吾尔自治区抽水蓄能电站选点规划报告（2010 年版）》。

随着新疆经济社会跨越式发展，用电需求增加和供电质量要求提高，电网调峰及保安问题将越来越突出。新疆风能资源十分丰富，风电的大规模开发和外送，对配套调峰电源建设提出新的要求。根据有关预测，新疆 2020 年全社会用电量约为 2700 亿 kW · h，相应最高负荷约为 4740 万 kW。新疆电网 2020 年抽水蓄能电站合理规模为 200 万～300 万 kW。

根据抽水蓄能电站的布局要求和新疆水资源特点，在普查的抽水蓄能电站资源站点中筛选出条件相对较好的乌鲁木齐区域的阜康、昌吉，哈密区域的哈密天山、哈密克尔、哈密榆树沟、哈密达坂，喀克区域的阿克陶、乌恰等 8 个站点作为新疆 2020 年水平年抽水蓄能电站比选站点。从乌鲁木齐区域、哈密区域、喀克区域对调峰和保安电源合理布局、风电开发及外送、站点建设条件、调节性能、环境影响、技术经济等方面综合分析，选择阜康、哈密天山站点分别作为乌鲁木齐区域、哈密区域 2020 年水平年抽水蓄能电站的推荐站点，阿克陶站点可作为喀克区域后备抽水蓄能电站站点。

2010 年 11 月，水电总院会同新疆维吾尔自治区发展和改革委员会审查通过了《新疆维吾尔自治区抽水蓄能电站选点规划报告（2010 年版）》。2012 年 2 月，国家能源局以国能新能〔2012〕49 号文批复了新疆维吾尔自治区抽水蓄能电站选点规划，同意在初选阜康、昌吉、哈密天山、哈密克尔、哈密榆树沟、哈密达坂、阿克陶、乌恰站点作为比选站点的基础上，确定阜康（120 万 kW）、哈密天山（120 万 kW）站点为新疆 2020 年新建抽水蓄能电站推荐站点，阿克陶（60 万 kW）站点作为后备站点。

新疆维吾尔自治区规划站点主要技术经济指标见表 2.23，规划站点位置如图 2.22 所示。

表 2.23　　新疆维吾尔自治区规划站点主要技术经济指标表

站点名称		阜康	哈密天山	阿克陶
所在地		阜康市	哈密市	克孜州阿克陶县
上水库	流域面积/km^2	8	4.85	8.93
	正常蓄水位/m	2280	2253	2640
	蓄能发电有效库容/万 m^3	687	658	363
	主坝坝型	混凝土面板堆石坝	混凝土面板堆石坝	混凝土面板堆石坝
	最大坝高/m	118	48	50
下水库	流域面积/km^2	146	335	9766.6
	年径流量/万 m^3	4380	3890	95900
	正常蓄水位/m	1800	1740	2140
	蓄能发电有效库容/万 m^3	722	621	349
	主坝坝型	混凝土面板堆石坝	混凝土面板堆石坝	挖库围堤
	最大坝高/m	90	61	11

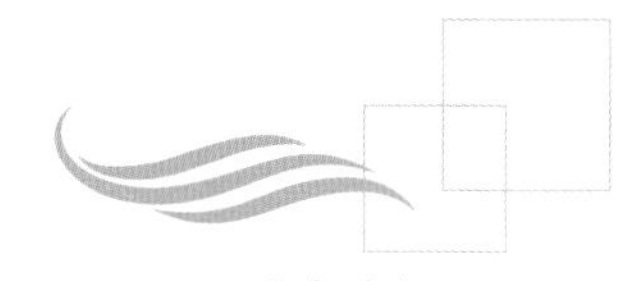

续表

站点名称	阜康	哈密天山	阿克陶
装机容量/万 kW	120	120	60
连续满发小时数/h	6	6	6
最大/最小发电水头/m	508/431.5	539/482	506/451
额定水头/m	465	500	478
距高比	4.0	5.9	2.2
总工期/月	70	73	57
首台机组发电工期/月	61	64	54
工程静态投资/亿元	51.57	52.55	29.77
单位千瓦静态投资/(元/kW)	4298	4379	4962

（22）广东省

为做好广东省抽水蓄能电站后续项目储备，使其有序开发建设，水电水利规划设计总院、广东省发展和改革委员会及中国南方电网有限责任公司，共同委托中南院、广东省水利电力勘测设计研究院和广东省电力设计研究院开展了广东省 2020 年抽水蓄能电站选点规划工作。三个设计院于 2010 年 4 月共同提出了《广东省抽水蓄能电站选点规划报告（2010 年版）》。

随着广东经济社会的快速发展，用电需求快速增加，系统峰谷差不断加大，根据有关预测，广东省 2020 年全社会用电量约为 7600 亿 kW · h，相应最高负荷约为 14000 万 kW，需新增装机容量约 1300 万 kW，电力发展空间较大。广东省已形成以火电为主，多种电源并存、积极吸收区外电力的多元化发展的电力格局，积极吸纳西电和大力发展核电在提供能源保障的同时，也增加了调峰压力，同时进一步加大系统峰谷差，调峰及电网安全稳定问题将日益突出。2020 年广东省合理的抽水蓄能装机规模约为 1150 万～1361 万 kW，需新增抽水蓄能电站容量约 300 万～400 万 kW。

本轮选点规划在以往抽水蓄能资源普查的基础上，在条件相对较好的抽水蓄能资源点中筛选出梅州（五华）、大洋、岑田、新会、新丰、天堂等 6 个站点作为广东省电网 2020 年水平年抽水蓄能电站比选站点。报告提出，鉴于新丰站点紧邻广州抽水蓄能电站，故可暂不作为本次的比选站点。从广东省电网对调峰电源需求、调峰电源合理布局、站点建设条件、调节性能、环境影响、技术经济等方面综合分析，选择梅州、新会站点作为广东省电网 2020 年新增抽水蓄能电站的推荐站点。

2010 年 5 月，水电总院会同广东省发展和改革委员会、能源局审查通过了《广东省抽水蓄能电站选点规划报告（2010 年版）》。2011 年 10 月，国家能源局以国能新能［2011］350 号文批复了广东省抽水蓄能电站选点规划，同意在初选梅州（五华）、大洋、

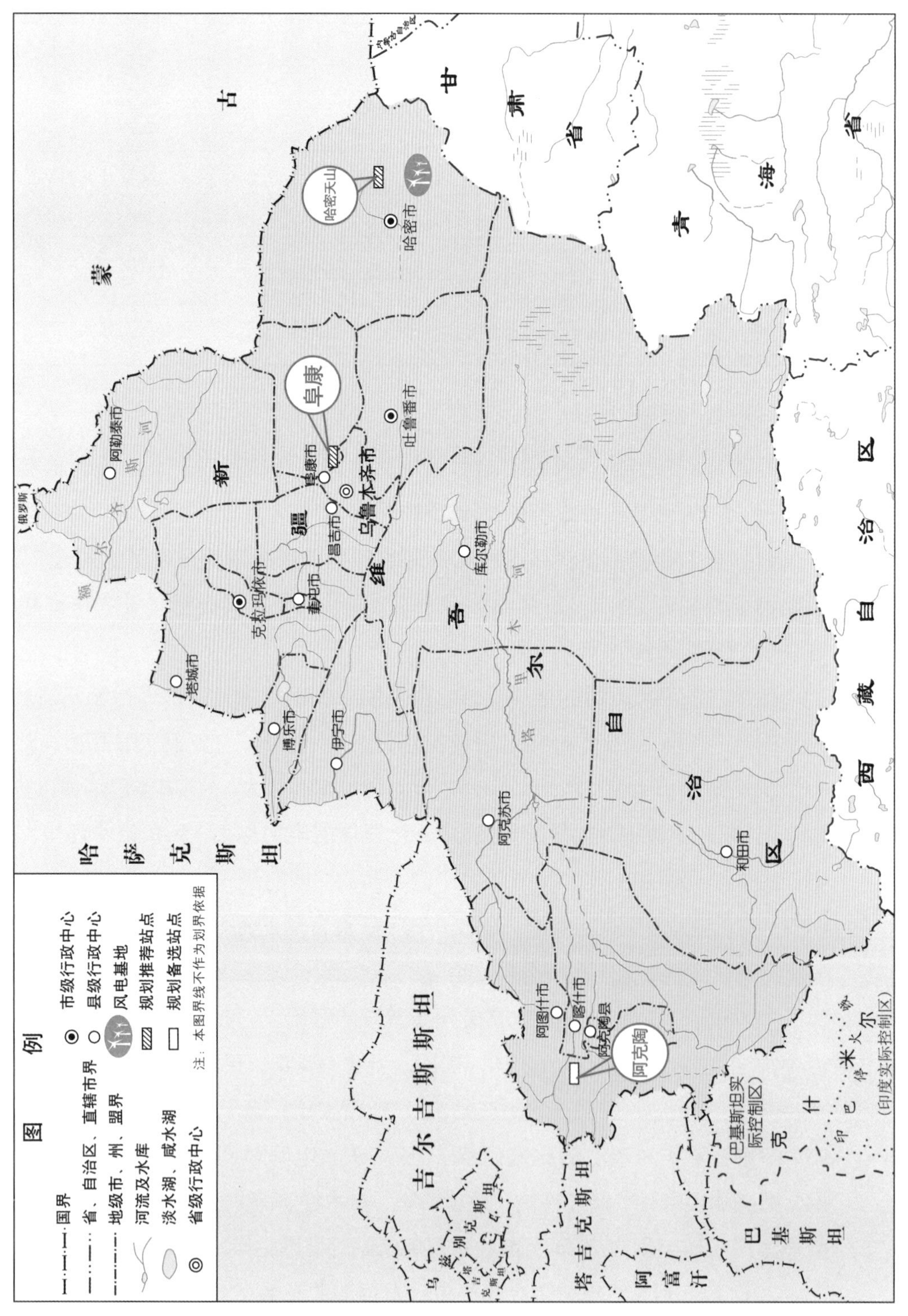

图 2.22 新疆维吾尔自治区抽水蓄能规划站点位置示意图

岑田、新会和天堂站点作为比选站点以及以往规划的阳江站点的基础上，确定梅州（规划装机 240 万 kW/一期 120 万 kW）、阳江（规划装机 240 万 kW/一期 120 万 kW）和新会（120 万 kW）站点作为广东电网 2020 年新建抽水蓄能电站的推荐站点。

广东省规划站点主要技术经济指标见表 2.24，规划站点位置如图 2.23 所示。

表 2.24　　广东省规划站点主要技术经济指标表

站点名称		梅州	阳江	新会
所在地		五华县	阳春市	江门市
上水库	流域面积/km²	4.35	7.54	2.9
	正常蓄水位/m	816	773.7	494.1
	蓄能发电有效库容/万 m³	3668	2211.8	1658
	主坝坝型	常态混凝土重力坝	碾压混凝土重力坝	混凝土面板堆石坝
	最大坝高/m	71	104.6	87
下水库	流域面积/km²	32.02	15.94	38.6(含上水库)
	年径流量/万 m³	3185	3218.88	7661.2(含上水库)
	正常蓄水位/m	413	103.7	38.6
	蓄能发电有效库容/万 m³	3612	2223.1	1861
	主坝坝型	面板堆石坝	黏土心墙堆石(渣)坝	加固原均质土坝
	最大坝高/m	73	55.9	42
装机容量/万 kW		240	240	120
连续满发小时数/h		14	14.3	14.3
最大/最小发电水头/m		431/365	698.7/641.3	475/402
额定水头/m		375	653	402
距高比		4.5	4.3	9.75
总工期/月		77	66	65
首台机组发电工期/月		63	40	53
工程静态投资/亿元		73.59	82.07	42.37
单位千瓦静态投资/(元/kW)		3066	3419	3531
价格水平年		2009 年	2012 年	2009 年

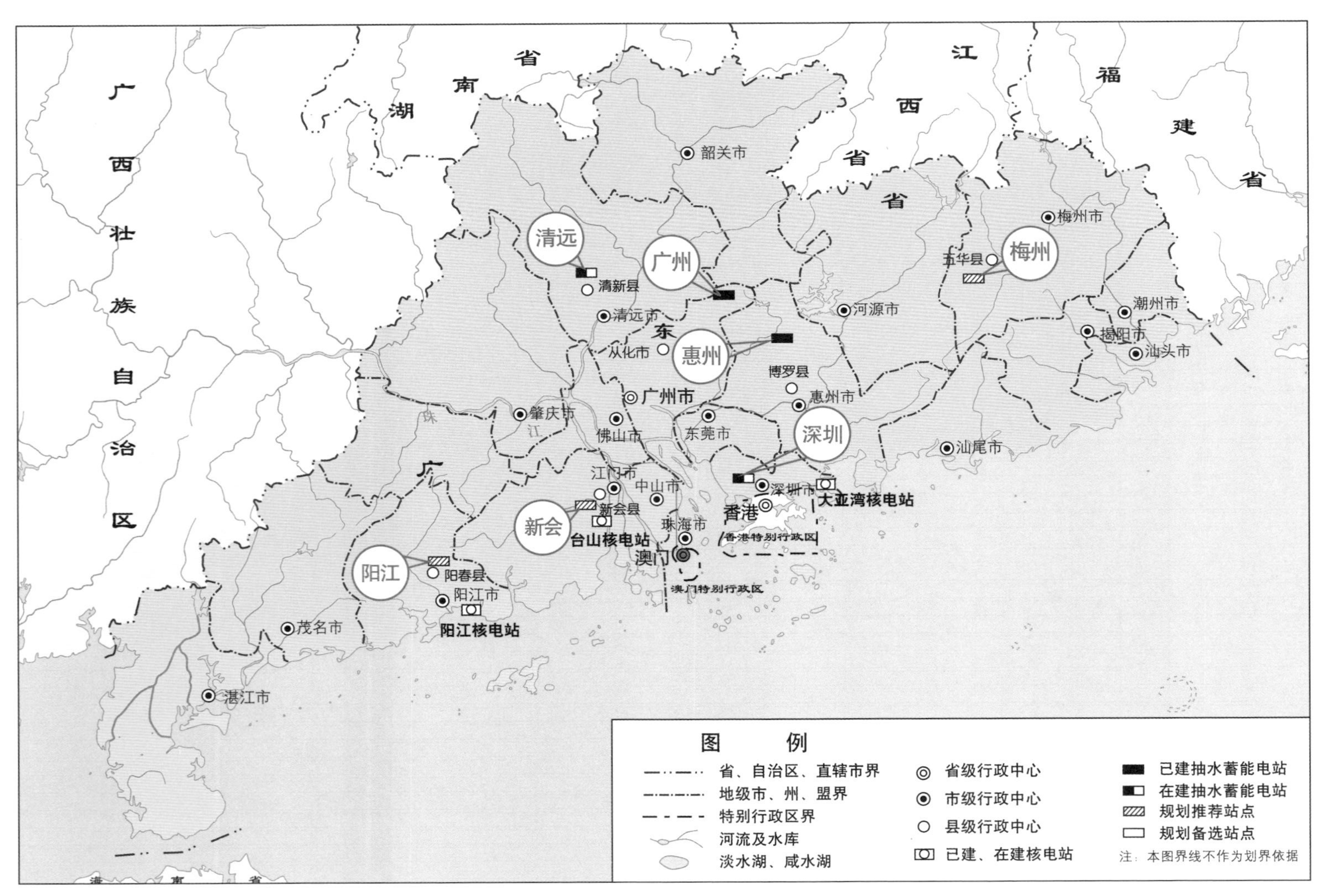

图 2.23 广东省抽水蓄能规划站点位置示意图

（23）广西壮族自治区

为更好地适应广西壮族自治区及南方电网电力系统安全稳定经济运行和新能源快速发展需要，推动抽水蓄能电站科学有序建设，2016 年 4 月，国家能源局批复同意开展广西壮族自治区抽水蓄能电站选点规划工作。根据批复意见与工作安排，由中南院牵头负责、联合广西电力设计研究院有限公司（以下简称“广西院”）开展选点规划工作，于 2017 年 7 月编制完成了《广西壮族自治区抽水蓄能电站选点规划报告（2017 版）》。

随着广西经济社会的快速发展，用电负荷和用电量快速增加，预测 2025 年广西全社会需电量 2400 亿 kW · h，最大负荷将达到 4330 万 kW，电力发展空间较大。广西区内化石能源储量少，水能资源丰富但开发程度较高，电源结构以火电、水电、核电为主。电网调峰手段有限，水电整体调节能力有限，随着未来核电、新能源投产和区外西电输入规模的进一步增加，电网调峰缺口与安全稳定运行问题将更加突出。广西电网 2025 年抽水蓄能电站合理规模为 94 万～134 万 kW。

本轮选点规划通过实地查勘，考虑地理位置和环境敏感因素、水库淹没限制条件，从地形地质、水源条件、枢纽布置、施工交通、接入系统等建设条件方面综合分析，选择南宁、武鸣、钦州、来宾、桂林、灌阳共 6 个站点作为广西壮族自治区 2025 年抽水蓄能电站规划比选站点。从抽水蓄能电站合理布局、站点建设条件、建设征地与环境影响、技术经济指标等方面综合分析，选择南宁站点作为广西电网 2025 年新建抽水蓄能电站规划推荐站点。

2017 年 7 月，水电总院联合广西壮族自治区发展和改革委员会、能源局和中国南方电网有限责任公司审查通过了《广西壮族自治区抽水蓄能电站选点规划报告》。2018 年 8 月，国家能源局以国能函新能〔2018〕98 号文批复了广西抽水蓄能电站选点规划，同意在初选南宁、武鸣、钦州、来宾、桂林、灌阳站点作为比选站点的基础上，确定南宁（120 万 kW）站点作为广西电网 2025 年新建抽水蓄能电站的推荐站点。

广西壮族自治区规划站点主要技术经济指标见表 2.25，规划站点位置如图 2.24 所示。

表 2.25　　广西壮族自治区规划站点主要技术经济指标表

站点名称		南宁
所在地		南宁市武鸣区
上水库	流域面积/km^2	0.828
	年径流量/万 m^3	51.34
	正常蓄水位/m	779
	有效库容/万 m^3	561
	主坝坝型	混凝土面板堆石坝
	最大坝高/m	96.00

续表

站点名称		南宁
下水库	流域面积/km²	7.67
	年径流量/万 m³	475.50
	正常蓄水位/m	301
	有效库容/万 m³	565
	主坝坝型	沥青心墙堆石坝
	最大坝高/m	69.50
装机容量/万 kW		120
连续满发小时数/h		5
额定水头/m		460
距高比		6.7
总工期/月		72
首台机组发电工期/月		60
工程静态投资/亿元		59.18
单位千瓦静态投资/(元/kW)		4932

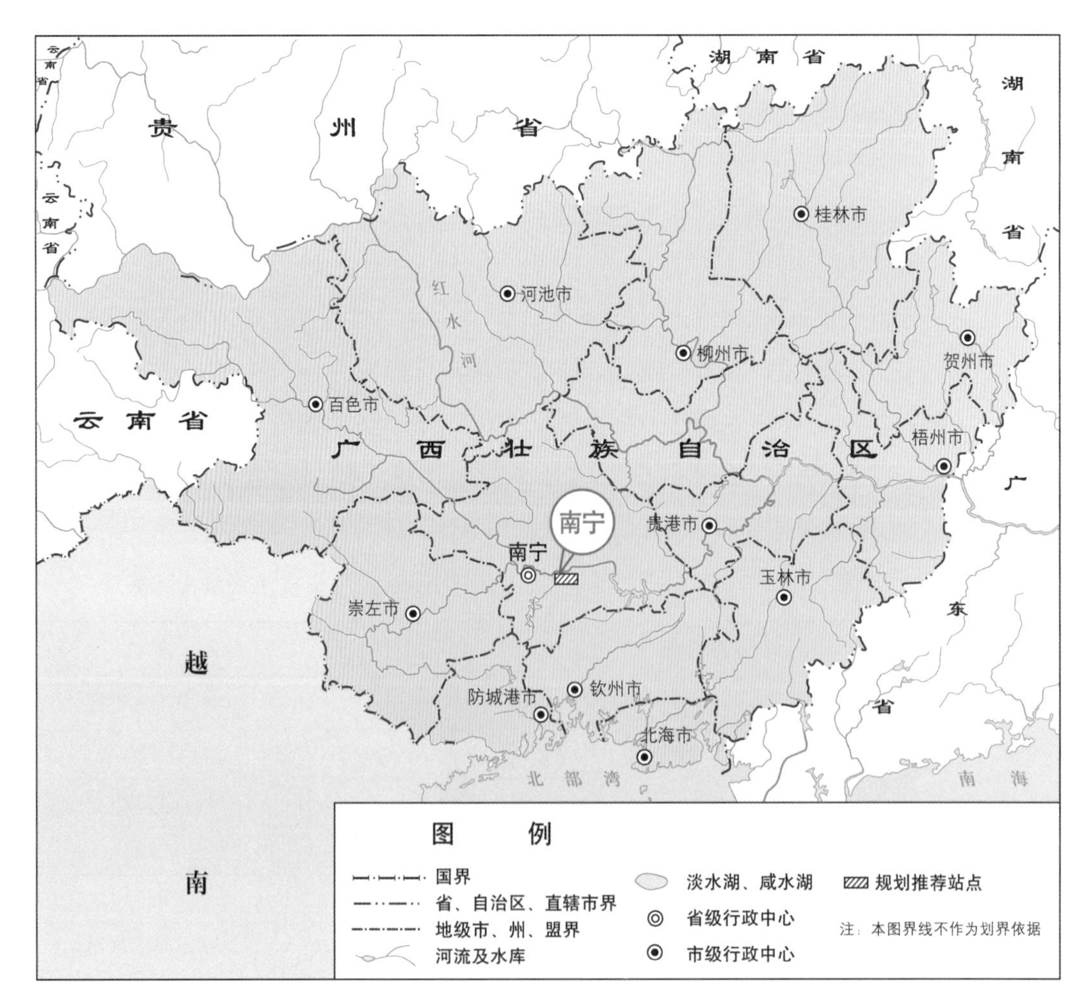

图 2.24 广西壮族自治区抽水蓄能规划站点位置示意图

（24）海南省

为全面掌握和了解海南省抽水蓄能电站资源分布状况，满足海南省经济社会及电力系统发展的需要，中南院对海南省抽水蓄能电站资源状况进行了深入研究，并按规程规范的要求全面开展了海南省抽水蓄能电站的选点规划工作，于 2010 年 7 月提出了《海南省抽水蓄能电站选点规划报告（2010 年版）》。

随着海南经济社会的快速发展，用电负荷和用电量快速增加，根据有关预测，海南省 2020 年统调用电量为 460 亿 kW · h，相应最高负荷为 850 万 kW，需新增装机容量约 435 万 kW，电力发展空间较大。 结合海南能源资源禀赋，发展核电等清洁能源和调峰性能优越的电源将是未来能源及电力发展的重要途径，抽水蓄能电站建设尤为迫切，海南省 2020 年抽水蓄能电站合理规模为 120 万 kW。

本轮选点规划在资源点普查基础上，通过实地查勘，经综合分析比较，从地形地质、水源、交通、接入系统等建设条件，并考虑水库淹没与环境影响等方面选择了三亚（羊林）、琼中（大丰）、琼中（风门岭）、保亭（同安岭）、昌江（石碌）5 个站点作为海南电网 2020 年水平年抽水蓄能电站比选站点。 琼中（大丰）站点工程建设条件可行，经济指标相对于三亚（羊林）差，但与其他站点相当。 从电网优化布局考虑，琼中（大丰）站点紧邻海南负荷中心及核电送出通道，优势较为明显。 三亚（羊林）站点在所有比选站点中建设条件最好，利用水头高，经济指标最优，环境、社会因素简单，位于海南负荷中心之一的三亚市。 综合考虑抽水蓄能电站合理布局、站点建设条件、建设征地与环境影响、技术经济指标等方面，选择琼中（大丰）、三亚（羊林）站点作为海南电网 2020 年水平新增抽水蓄能电站的推荐站点。

2010 年 7 月，水电总院会同海南省发展和改革委员会审查通过了《海南省抽水蓄能电站选点规划报告（2010 年版）》。 2011 年 5 月，国家能源局以国能新能〔2011〕155 号文批复了海南省抽水蓄能电站选点规划，同意在初选三亚（羊林）、琼中（大丰）、琼中（风门岭）、保亭（同安岭）和昌江（石碌）站点作为比选站点的基础上，确定琼中（大丰）（60 万 kW）和三亚（羊林）（60 万 kW）站点作为海南电网 2020 年新建抽水蓄能电站推荐站点。

海南省规划站点主要技术经济指标见表 2. 26，规划站点位置如图 2. 25 所示。

表 2. 26　　海南省规划站点主要技术经济指标表

站点名称		琼中(大丰)	三亚(羊林)
所在地		琼中县	三亚市
上水库	流域面积/km^2	5. 41	1. 189
	正常蓄水位/m	573	652
	蓄能发电有效库容/万 m^3	449	237. 8
	主坝坝型	混凝土面板堆石坝	混凝土面板堆石坝
	最大坝高/m	40. 5	47. 5

续表

站点名称		琼中(大丰)	三亚(羊林)
下水库	流域面积/km^2	17.51	10.1
	年径流量/万 m^3	2450	640
	正常蓄水位/m	254	88
	蓄能发电有效库容/万 m^3	442.6	252.2
	主坝坝型	混凝土面板堆石坝	混凝土重力坝
	最大坝高/m	67	37
装机容量/万 kW		60	60
连续满发小时数/h		5	5
最大/最小发电水头/m		333/300.3	577/536.7
额定水头/m		310	546
距高比		6.8	7.0
总工期/月		69	72
首台机组发电工期/月		48	51
工程静态投资/亿元		29.23	24.61
单位千瓦静态投资/(元/kW)		4872	4101

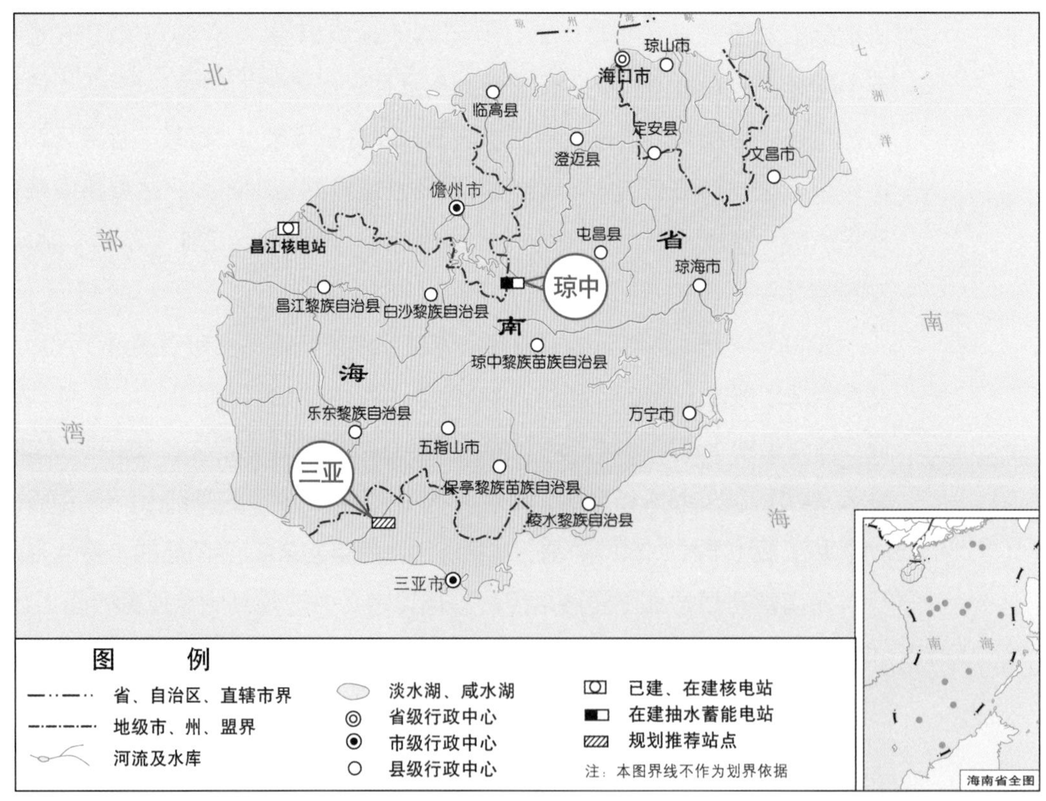

图 2.25　海南省抽水蓄能规划站点位置示意图

（25）贵州省

为做好贵州抽水蓄能电站规划建设工作，更好地适应贵州及南方电网电力系统安全经济运行和新能源快速发展需要，推动抽水蓄能电站科学有序建设，根据贵州省能源局的申

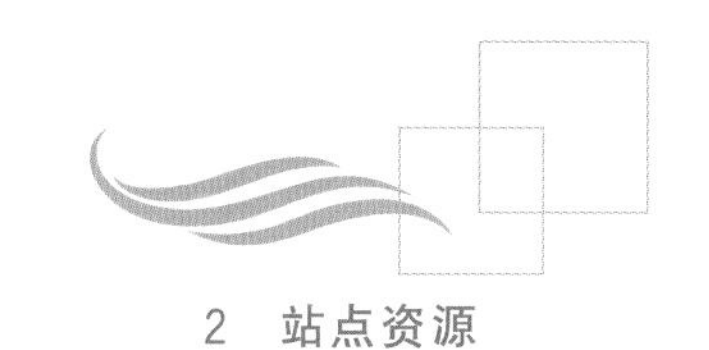

请，国家能源局于2016年4月以国能综新能〔2016〕215号文复函同意开展贵州省抽水蓄能电站选点规划工作。根据工作安排，由中南院牵头负责、联合贵阳勘测设计研究院有限公司开展选点规划工作，于2018年5月编制完成了《贵州省抽水蓄能电站选点规划报告》。

随着西部大开发等战略的实施，贵州经济社会快速发展，带动了电力需求增长，2025年、2030年贵州全社会需电量为2150亿kW·h和2500亿kW·h，最大负荷将达到3850万kW和4550万kW，具有一定电力市场空间。贵州省电源结构以火电、水电为主，水电整体调节性能好，是电网的主力调峰电源，但水电多承担防洪、航运等综合利用任务，调峰能力受到影响，随着未来水电比重下降，火电调峰任务将加剧；考虑风电等新能源投产规模增加，系统储能和安全稳定运行问题将愈发凸显，需要建设一定规模的抽水蓄能电站，2025年贵州抽水蓄能电站合理规模为120万～150万kW，2030年合理规模约为300万kW，应优先布局在贵阳附近。

本轮选点规划在资源点普查基础上，通过实地查勘，考虑需求规模与布局需要，从地形地质、枢纽布置、施工交通、接入系统、水库淹没、利用已建水库的基本条件等方面综合分析，选择修文石厂坝、福泉坪上、息烽南极顶、贵定黄丝、修文大树子、都匀楠木山6个站点作为贵州省抽水蓄能电站规划比选站点。结合抽水蓄能电站合理布局、站点建设条件、建设征地与环境影响、技术经济指标等方面综合分析，选择贵阳（修文石厂坝，拟装机120万kW）、黔南（贵定黄丝，拟装机120万kW）站点作为贵州省抽水蓄能电站规划站点。

2018年5月，水电总院联合贵州省发展和改革委员会、能源局和中国南方电网有限责任公司审查通过《贵州省抽水蓄能电站选点规划报告》。2019年2月，国家能源局以国能函新能〔2019〕25号文批复了贵州省抽水蓄能电站选点规划，同意在初选修文石厂坝、福泉坪上、息烽南极顶、贵定黄丝、修文大树子、都匀楠木山6个站点作为比选站点的基础上，确定贵阳（修文石厂坝，120万kW）、黔南（贵定黄丝，120万kW）为贵州电网2025年新建抽水蓄能电站推荐站点。

贵州省规划站点主要技术经济指标见表2.27，规划站点位置如图2.26所示。

表2.27　　贵州省规划站点主要技术经济指标表

站点名称		贵阳	黔南
所在地		贵阳市修文县	黔南布依族苗族自治州贵定县、福泉市
上水库	流域面积/km^2	0.34	0.49
	年径流量/万m^3	9.72	7.20
	正常蓄水位/m	1324	1615
	调节库容/万m^3	752	605
	主坝坝型	沥青混凝土面板堆石坝	沥青混凝土面板堆石坝
	最大坝高/m	50	41

续表

站点名称		贵阳	黔南
下水库	流域面积/km²	2792	5.02
	年径流量/万 m³	149000	286.70
	正常蓄水位/m	882.33	1065
	调节库容/万 m³	1080	652
	主坝坝型	混凝土拱坝(已建)	钢筋混凝土面板堆石坝
	最大坝高/m	62.3	85
装机容量/万 kW		120	120
连续满发小时数/h		6	6
额定水头/m		417	535
距高比		5.1	5.6
总工期/月		71	71
首台机组发电工期/月		62	62
工程静态投资/亿元		59.46	62.74
单位千瓦静态投资/(元/kW)		4955	5228

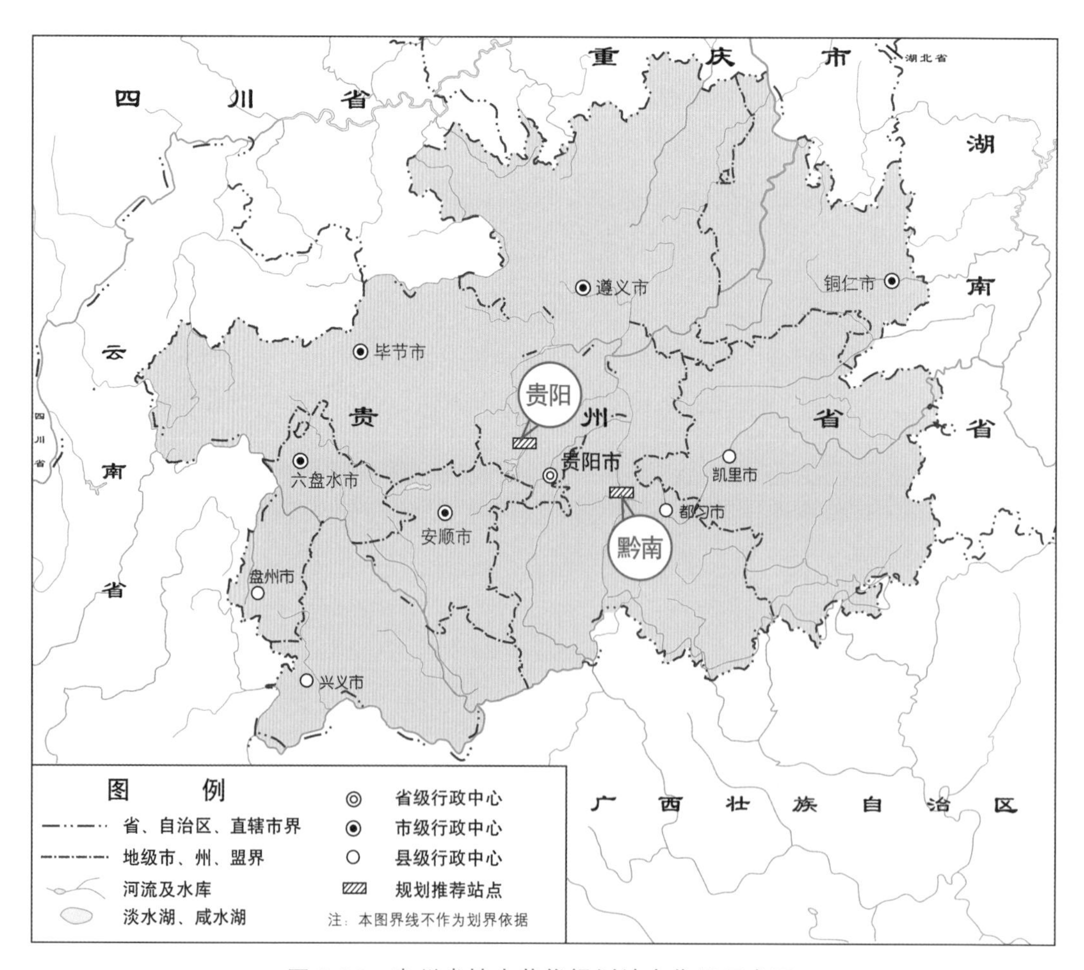

图 2.26　贵州省抽水蓄能规划站点位置示意图

2.1.4　海水抽水蓄能电站选点规划工作

海水抽水蓄能电站是以海水为介质的抽水蓄能电站，一般情况下，利用海洋作为下水库，在地形高差较大、站点地理位置与建设条件较优的海岸陆地或岛屿上修建上水库以及相应的输水发电系统等建筑物。海水抽水蓄能电站是抽水蓄能电站的一种新型式，相关研究具有前瞻性。

为落实国家适时启动海水抽水蓄能电站研究论证工作和适时开展试验示范工作等要求，国家能源局委托水电水利规划设计总院牵头组织有关单位，开展了全国海水抽水蓄能电站资源普查工作。

为了推动全国海水抽水蓄能电站资源站点前期储备和研究开发，水电水利规划设计总院于 2013 年 7 月至 2014 年 12 月组织开展了“全国沿海地区海水抽水蓄能资源开发潜力评价报告”课题研究工作，取得丰硕成果。在水电水利规划设计总院的统一组织下，国家电网公司、东方电气集团东方电机有限公司和中国电建集团华东勘测设计研究院有限公司重点研究了东部沿海地区；中国南方电网有限责任公司、哈尔滨电机厂有限责任公司和中国电建集团中南勘测设计研究院有限公司重点研究了南部沿海地区。课题组对全国海水抽水蓄能电站站址资源进行了调查，全面分析了建设关键技术和重大关键设备制造能力，提出了站址资源丰富、建设技术可行、积极推进示范项目等主要结论和建议。课题报告提出的沿海地区海水抽水蓄能资源总体分布特点及开发潜力情况，为开展全国性站址资源普查打下了坚实基础。

2015 年 4—11 月，中国电力建设股份有限公司组织中南院、华东院开展了海水抽水蓄能电站资源普查及选点规划编制工作。中南院牵头负责《全国海水抽水蓄能电站资源普查报告》编制工作；华东院牵头负责《全国海水抽水蓄能电站示范项目选点规划报告》编制工作。站点普查工作共普查地形图 379 张，选出 424 个初拟站点，普查范围约 37000km^2。针对初拟站点，考虑区域地质条件和环境影响因素，进一步筛选出 238 个普查站点。根据各普查站点水头、距高比、地形条件、交通条件、开发价值、需求现状及潜力等多方面考虑，从中筛选出条件较好的 26 个主要站点进行现场查勘、规划设计等工作。2015 年 9 月，水电总院组织召开全国海水抽水蓄能电站资源普查及示范项目选点规划报告中间成果讨论会议。2015 年 11 月，完成《全国海水抽水蓄能电站资源普查报告》和《全国海水抽水蓄能电站示范项目选点规划报告》。

2016 年 4—8 月，水电总院组织专家对广东江门上川岛、汕头南澳岛，浙江舟山桃花岛、舟山龙潭，福建宁德浮鹰岛 5 个站点进行现场查勘。2016 年 8 月，水电总院会同有关省发展和改革委员会、能源局对《全国海水抽水蓄能电站资源普查报告》进行审查，同年 12 月将审查意见和资源普查报告报送国家能源局。

2017 年 3 月，国家能源局以国能新能〔2017〕68 号文发布全国海水抽水蓄能电站资源普查成果。

普查范围涵盖除香港特别行政区、澳门特别行政区和台湾省外所有沿海省份，主要集中在东部沿海 5 省（辽宁、山东、江苏、浙江、福建）和南部沿海 3 省（自治区）（广东、广西、海南）的近海及所属岛屿区域。其余河北、天津、上海 3 省（直辖市）沿海地势平坦，不具备建设海水抽水蓄能电站基本地形条件。根据站点地形地貌、成库条件、距高比、水头、区域地质和环境影响等方面的要求，本次共普查出海水抽水蓄能资源站点 238 个（其中近海站点 174 个，岛屿站点 64 个），总装机容量为 4208.3 万 kW（其中近海为 3744.6 万 kW，岛屿为 463.7 万 kW）。从地域分布看，广东、浙江、福建 3 省海水抽水蓄能资源最为丰富，分别有 57 个、71 个、56 个资源站点，资源总量分别为 1146 万 kW、917.6 万 kW 和 1057.1 万 kW；辽宁、山东、海南 3 省资源站点分别有 10 个、17 个、19 个，资源量分别为 122.9 万 kW、234.6 万 kW、562 万 kW；江苏、广西资源站点相对较少。

在上述资源普查站点基础上，综合考虑地形条件、工程布置、节约淡水资源等多方面因素，结合现场查勘并经过技术经济比较，进一步筛选出建设条件相对较好的 8 个典型站点，分别为福建省宁德浮鹰岛（4.2 万 kW），广东省汕头南澳岛（5 万 kW）、珠海万山岛（2 万 kW）、江门上川岛（3 万 kW），以及浙江省舟山桃花岛（5 万 kW）、舟山龙潭（1 万 kW）、舟山青天湾（5 万 kW）和台州天灯盏（1 万 kW），下一步可从中选择试验示范项目。

2018 年，国家能源局以国能函新能〔2018〕48 号文批复同意将宁德浮鹰岛（4.2 万 kW）站点作为海水抽水蓄能电站试验示范项目站点。

2.1.5 主要省（自治区、直辖市）海水抽水蓄能电站资源普查工作

（1）辽宁省

1）普查范围

辽宁省的沿海城市主要有葫芦岛市、锦州市、盘锦市、营口市、大连市和丹东市，其中丹东市、锦州市和盘锦市沿海海岸，由于地势较平坦，没有发现符合要求的海水抽水蓄能站点，因此辽宁省海水抽水蓄能电站资源普查范围主要包括营口、葫芦岛和大连 3 市的沿海和海岛区域。

2）普查工作情况及主要成果

根据辽宁省沿海地区地形地貌特点，对辽宁省沿海地区及海洋岛屿具备抽水蓄能电站建设条件的区域，在 1：50000 地形图上进行全面普查。按抽水蓄能电站建设在地形、地貌、成库条件、水头、距高比等各方面的基本要求，共筛选出条件较好的 10 个站点作为资源站点（均为近海站点），资源总量为 1229MW，分布在葫芦岛市（2 个）和大连市（8 个），分别占辽宁省海水抽水蓄能资源站点的 20% 和 80%；资源量分别为 72MW

和 1157MW，分别占辽宁省海水抽水蓄能资源总量的 6% 和 94%。

从水头分布来看，辽宁省海水抽水蓄能资源站点平均毛水头为 100～200m 的资源站点有 4 个，占资源站点的 40%；平均毛水头小于等于 100m 的资源站点有 6 个，占资源站点的 60%。从抽水蓄能电站距高比分析，辽宁省海水抽水蓄能资源站点距高比小于 5 的站点有 3 个，距高比在 5～10 之间的站点有 7 个。从装机规模分析，辽宁省海水抽水蓄能装机规模小于 5 万 kW 的资源站点有 5 个，装机规模在 5 万～10 万 kW 之间的资源站点有 2 个，装机规模在 10 万～20 万 kW 之间的资源站点有 1 个，装机规模大于 20 万 kW 的资源站点有 2 个。

鉴于辽宁省海水抽水蓄能资源站点现阶段存在环境制约因素，近期开发存在困难，因此本阶段暂不推荐辽宁省海水抽水蓄能电站主要站点。

（2）山东省

1）普查范围

山东省的沿海城市主要有滨州市、东营市、潍坊市、烟台市、威海市、青岛市和日照市，沿海的滨州市、东营市和潍坊市地势较平坦，没有发现符合要求的抽水蓄能站点，因此山东省海水抽水蓄能电站资源普查范围主要包括日照、青岛、威海和烟台 4 市的沿海和海岛区域。

2）普查工作情况及主要成果

在站点普查原则的指导下，结合山东省沿海地区地形地貌特点，对山东省沿海地区及海洋岛屿具备抽水蓄能电站建设条件的区域，在 1：50000 地形图上进行全面普查。按抽水蓄能电站建设在地形、地貌、成库条件、水头、距高比等各方面的基本要求，共筛选出 17 个资源站点（其中近海站点 14 个，岛屿站点 3 个），资源总量为 2346MW（其中近海站点 2294MW，岛屿站点 52MW），主要分布在青岛市（6 个）、威海市（4 个）和烟台市（7 个），分别占山东省海水抽水蓄能资源站点的 35%、24% 和 41%；资源量分别为 1527MW、369MW 和 45 万 kW，分别占山东省海水抽水蓄能资源总量的 65%、16% 和 19%。

从水头分布来看，山东省大部分海水抽水蓄能资源站点的平均毛水头在 100～300m 之间。其中，平均毛水头为 200～300m 的站点有 2 个，占资源站点的 11.8%；平均毛水头为 100～200m 的站点有 6 个，占资源站点的 35.3%；平均毛水头小于等于 100m 的站点有 7 个，占资源站点的 41.2%。从抽水蓄能电站距高比分析，山东省海水抽水蓄能资源站点距高比小于 5 的站点有 9 个，距高比在 5～10 之间的站点有 8 个。从装机规模分析，山东省海水抽水蓄能装机规模小于 5 万 kW 的资源站点有 4 个，装机规模在 5 万～10 万 kW 之间的资源站点有 4 个，装机规模在 10 万～20 万 kW 之间的资源站点有 5 个，装机规模大于 20 万 kW 的资源站点有 4 个。

山东省近海资源站点主要分布在青岛市崂山区、威海市荣成市和烟台市福山区，海

岛站点主要分布在烟台市长岛县。从各市经济发展水平和电力需求来看，青岛、威海、烟台3市人均GDP和用电指标均位居山东省前列，电力需求旺盛。在普查资源站点基础上，重点结合地形条件、工程布置等方面进行筛选，对海岛，考虑尽量少占用淡水资源，以开挖为主；对近海地区，考虑利用现有地形条件，避免大规模开挖的原则，进一步从站点水头、距高比、地形条件、交通条件、开发价值、需求现状及潜力等多方面考虑，从中筛选出条件较好的站点作为主要站点。山东省筛选的主要站点为威海炮台东站点，其主要技术经济指标见表2.28。

表2.28　　山东省海水抽水蓄能主要站点主要技术经济指标表

站点名称		威海炮台东
所在地		威海市荣成市
上水库	正常蓄水位/m	150
	死水位/m	120
	调节库容/万 m^3	83
	最大坝高/m	62
装机容量/MW		40
连续满发小时数/h		6
最大/最小毛水头/m		150/120
平均毛水头/m		135
距高比		4.7

（3）江苏省

1）普查范围

江苏省海岸中北部为苏北黄淮平原，南部为长江冲积平原，海岸整体的地势低平，在建湖、射阳一带海拔仅为0～2m，其他沿海区域海拔为2～5m，其中，连云港市低山丘陵地区海拔为5～100m，局部大于200m。因此江苏省海水抽水蓄能资源站点主要集中在连云港市，主要普查范围为连云港市。

2）普查工作情况及主要成果

根据江苏省沿海地区地形地貌特点，对江苏省沿海地区及海洋岛屿具备抽水蓄能电站建设条件的区域，在1∶50000地形图上进行全面普查。按抽水蓄能电站建设在地形、地貌、成库条件、水头、距高比等各方面的基本要求，筛选出资源站点共3个，全部分布在连云港市。从技术参数指标分析，普查的江苏省3个海水抽水蓄能电站，水头相对较高、距高比较小，水库特征指标较好，筛选出的3个普查站点/资源站点（其中近海站点2个，岛屿站点1个）资源总量为651MW（其中近海资源588MW，岛屿资源63MW）。

江苏省连云港市3个站点的上水库枢纽工程量差别不大，一般坝高在40～60m，坝

长在 288～360m；平均毛水头以大龙顶站点相对较高，约 335m，镇海寺站点相对较低，约 175m；装机容量以黄窝站点相对较大，约 383MW，镇海寺站点最小，约 63MW；距高比以镇海寺站点最小，约 2.7，大龙顶站点最大，约 6.1。3 个站点下水库的海湾坡降均较缓，附近均有房屋等建筑物，下水库建设条件较差。

从连云港市经济发展水平和电力需求来看，连云港市人均 GDP 和用电指标均位居江苏省前列，电力需求旺盛。在普查资源站点基础上，重点结合地形条件、工程布置等方面进行筛选，海岛考虑尽量少占用淡水资源，以开挖为主；近海地区考虑利用现有地形条件，避免大规模开挖的原则，进一步从站点水头、距高比、地形条件、交通条件、开发价值、需求现状及潜力等多方面考虑，从中筛选出条件较好的站点作为主要站点。江苏省筛选的主要站点为连云港大龙顶站点，其主要技术经济指标见表 2.29。

表 2.29　　江苏省海水抽水蓄能主要站点主要技术经济指标表

站点名称		连云港大龙顶
所在地		连云港市连云区
上水库	正常蓄水位/m	350
	死水位/m	320
	调节库容/万 m^3	18
	最大坝高/m	47
装机容量/MW		213
连续满发小时数/h		6
最大/最小毛水头/m		350/320
平均毛水头/m		335
距高比		6.8

（4）浙江省

1）普查范围

浙江省的沿海城市主要有嘉兴市、杭州市、宁波市、台州市和温州市，舟山市为是以群岛建制的地级市。其中，嘉兴市和杭州市的海岸地势较平坦，沿海基本无海岛分布，不具备建设海水抽水蓄能电站的地形条件，因此，浙江省的主要普查范围为宁波市、台州市、温州市和舟山市。

2）普查工作情况及主要成果

根据浙江省沿海地区地形地貌特点，对浙江省沿海地区及海洋岛屿具备抽水蓄能电站建设条件的区域，在 1∶50000 地形图上进行全面普查。按抽水蓄能电站建设在地形、地貌、成库条件、水头、距高比等各方面的基本要求，筛选出资源站点共 71 个（其中近海站点 46 个，岛屿站点 25 个），资源总量为 9176MW，分布在舟山市（23 个）、宁波

市（22 个）、台州市（15 个）和温州市（11 个），分别占浙江省海水抽水蓄能资源站点的 32%、31%、21%和 15%；资源量分别为 2605MW、3546MW、1294MW 和 1731MW，分别占浙江省海水抽水蓄能资源总量的 28%、39%、14%和 19%。

浙江省大部分资源站点的平均毛水头在 100～300m 之间。其中，平均毛水头为 200～300m 的站点有 5 个，占资源站点的 7.0%；平均毛水头为 100～200m 的站点有 56 个，占资源站点的 78.9%；平均毛水头小于等于 100m 的站点有 10 个，占资源站点的 14.1%。

浙江省海水抽水蓄能站点资源较为丰富，其中宁波、温州等大部分区域陆地抽水蓄能资源也较为丰富且开发条件相对较好，总体上以建设陆地抽水蓄能电站为主。舟山群岛由于陆地抽水蓄能资源缺乏，且将大力开发风电、新能源项目，将规划建设舟山海上风电场，需配套建设一定规模的抽水蓄能电站。因此，浙江省内对于海水抽水蓄能的需求主要在舟山群岛。

在普查资源站点基础上，重点结合地形条件、工程布置等方面进行筛选，海岛考虑尽量少占用淡水资源，以开挖为主；近海地区考虑利用现有地形条件，避免大规模开挖的原则，进一步从站点水头、距高比、地形条件、交通条件、开发价值、需求现状及潜力等多方面考虑，从中筛选出条件较好的站点作为主要站点。浙江省筛选的主要站点共 5 个，分别是：舟山市桃花岛站点、龙潭站点、青天湾站点和小畚斗站点，台州市天灯盏站点，其主要技术经济指标见表 2.30。

表 2.30　　浙江省海水抽水蓄能主要站点主要技术经济指标表

站点名称		舟山桃花岛	舟山龙潭	舟山青天湾	舟山小畚斗	台州天灯盏
所在地		舟山市 普陀区	舟山市 普陀区	舟山市 普陀区	舟山市 岱山县	台州市 三门县
上水库	集水面积/km²	0.489	0.293	0.335	—	0.1
	正常蓄水位/m	155	92	100	140	96
	死水位/m	135	80	80	120	85
	调节库容/万 m³	92	25	133	116	29
	最大坝高/m	66.5	29.5	84.5	43	38.5
装机容量/MW		50	10	50	53	10
连续满发小时数/h		6	6	6	6	6
最大/最小毛水头/m		160/130	92/80	100/80	140/120	96/85
平均毛水头/m		145	86	90	130	91
距高比		3	3.8	4.3	3.3	4
总工期/月		48	30	48	—	30
工程静态投资/亿元		9.41	2.21	12.48	—	2.55
单位千瓦静态投资/(元/kW)		18814	22119	24968	—	25499

（5）福建省

1）普查范围

福建省的沿海城市主要有宁德市、福州市、莆田市、泉州市、厦门市和漳州市。其中，莆田市、泉州市、厦门市和漳州市不具备建设海水抽水蓄能电站的地形条件，因此，本次普查范围为福建省沿海的宁德市和福州市。

2）普查工作情况及主要成果

从福建省沿海地区地形地貌分析，福建省南部的泉州市和厦门市沿海海岸，由于地势较平坦，没有发现符合要求的海水抽水蓄能普查站点，福建省海水抽水蓄能站点主要分布在宁德市和福州市，从各市经济发展水平和电力需求来看，近年来，宁德市和福州市人均 GDP 和用电指标处于福建省各市前列。结合资源站点普查原则，通过对站点参数及建设条件的比较与分析，本次筛选出福建省海水抽水蓄能资源站点 56 个（其中近海站点 51 个，岛屿站点 5 个），资源总量为 10571MW（近海站点 10136MW，岛屿站点 435MW）。

从水头分布划分，福建省海水抽水蓄能电站平均毛水头在 300m 以上的资源站点有 20 个，占资源站点的 35.7%；平均毛水头为 200～300m 的资源站点有 21 个，占资源站点的 37.5%；平均毛水头为 100～200m 的站点有 9 个，占资源站点的 16.1%；平均毛水头小于等于 100m 的站点有 6 个，占资源站点的 10.7%。从抽水蓄能电站距高比分析，福建省海水抽水蓄能资源站点距高比小于 5 的站点有 34 个，距高比在 5～10 之间的资源站点有 22 个。从装机规模分析，福建省海水抽水蓄能装机规模小于 5 万 kW 的资源站点有 8 个，装机规模在 5 万～10 万 kW 之间的资源站点有 14 个，装机规模在 10 万～20 万 kW 之间的资源站点有 14 个，装机规模大于 20 万 kW 的资源站点有 20 个。

福建省水力资源较为丰富，其陆地和海水抽水蓄能资源条件均较好。根据能源发展战略需求，福建省正优化发展能源结构，积极发展核电，开发新能源和可再生能源，优化发展煤电，合理安排抽水蓄能电站建设。根据福建省水电发展“十三五”规划研究报告，福建省依托丰富的风电资源，有序推进省内陆上、海上风电的开发，规划风电场主要分布在宁德、福州、莆田、泉州和漳州地区。随着福建省沿海核电、海上风能、太阳能等新能源的开发，在沿海地区配套建设海水抽水蓄能电站可以优化电源结构，对于沿海及海岛地区构建安全、稳定、经济、清洁的能源供应体系具有重要作用，符合福建省能源发展战略。

在普查资源站点基础上，重点结合地形条件、工程布置等方面进行筛选，海岛考虑尽量少占用淡水资源，以开挖为主；近海地区考虑利用现有地形条件，避免大规模开挖的原则，进一步从站点水头、距高比、地形条件、交通条件、开发价值、需求现状及潜力等多方面考虑，从中筛选出条件较好的站点作为主要站点。福建省筛选的主要站点共 2 个，分别是福州口门站点和宁德浮鹰岛站点，其主要技术经济指标见表 2.31。

表 2.31　　福建省海水抽水蓄能主要站点主要技术经济指标表

站点名称		福州口门	宁德浮鹰岛
所在地区		福州市连江县	宁德市霞浦县
上水库	集水面积/km²	—	0.183
	正常蓄水位/m	350	149
	死水位/m	320	127
	调节库容/万 m³	490	88
	最大坝高/m	47.5	66.5
装机容量/MW		600	42
连续满发小时数/h		6	6
最大/最小毛水头/m		350/320	149/127
平均毛水头/m		335	138
距高比		5.0	4.9
总工期/月		—	42
工程静态投资/亿元		—	7.87
单位千瓦静态投资/(元/kW)		—	18745

（6）广东省

1）普查范围

广东省有 14 个沿海城市，主要包括潮州市、汕头市、揭阳市、汕尾市、惠州市、深圳市、东莞市、广州市、中山市、珠海市、江门市、阳江市、茂名市和湛江市，其中潮州市、揭阳市、东莞市、广州市、中山市以及湛江市沿海地区以河流冲积的滨海平原为主，部分为滨海台地，沿海基本无海岛分布或海岛地势平缓，不具备建设海水抽水蓄能电站的地形条件，因此广东省海水抽水蓄能电站的主要普查范围为汕头市、汕尾市、惠州市、深圳市、珠海市、江门市、阳江市和茂名市。

2）普查工作情况及主要成果

根据广东省沿海地区地形地貌特点，对广东省沿海地区及海洋岛屿具备抽水蓄能电站建设条件的区域，在 1：50000 地形图上进行全面普查。按抽水蓄能电站建设在地形、地貌、成库条件、水头、距高比等方面的基本要求，筛选出广东省海水抽水蓄能普查站点 57 个（其中近海站点 31 个、岛屿站点 26 个），资源总量为 1146 万 kW（其中近海站点 1015 万 kW，岛屿站点 131 万 kW），主要分布在江门（29 个）、珠海（12 个）、阳江（8 个）等地区，分别占广东省海水抽水蓄能资源站点的 51%、21%和 14%；资源量分别为 655 万 kW、86 万 kW 和 125 万 kW，分别占广东省海水抽水蓄能资源总量的 57%、7.5%和 11%。

广东省海水抽水蓄能电站 100～200m 水头段资源点有 30 个，200～300m 水头段资源

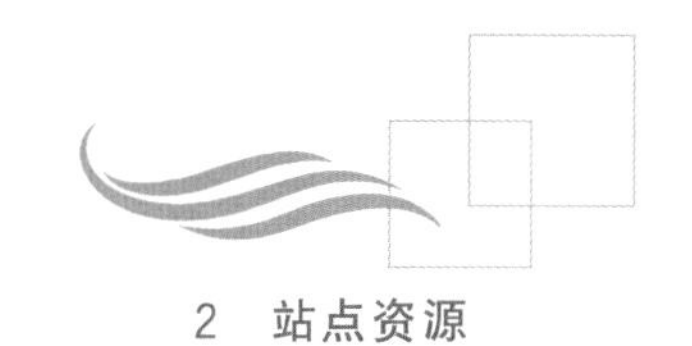

站点有 19 个，300m（含 300m）以上水头段资源站点有 8 个，可见，广东省海水蓄能资源站点主要集中在 100～200m 水头范围内，占 52.6%，200～300m 水头段资源站点占 33.4%，300m 以上水头段资源站点较少，仅占 14%。

在普查资源站点基础上，重点结合地形条件、工程布置等方面进行筛选，海岛考虑尽量少占用淡水资源，以开挖为主；近海地区考虑利用现有地形条件，避免大规模开挖的原则，进一步从站点水头、距高比、地形条件、交通条件、开发价值、需求现状及潜力等多方面考虑，从中筛选出条件较好的站点作为主要站点。广东省筛选的主要站点共 4 个，分别是：珠海万山岛站点、汕头南澳岛站点、江门上川岛站点和惠州三门岛站点，其主要技术经济指标见表 2.32。

表 2.32　广东省海水抽水蓄能主要站点主要技术经济指标表

站点名称		珠海万山岛	汕头南澳岛	江门上川岛	惠州三门岛
所在地		珠海市 万山区	汕头市 南澳县	江门市 台山市	惠州市 大亚湾区
上水库	集水面积/km²	0.08	0.11	0.10	0.04
	正常蓄水位/m	171.0	250.0	181.0	108.0
	死水位/m	160.0	236.0	170.0	97.0
	调节库容/万 m³	42.4	68.8	58.4	31.6
	最大坝高/m	19.7	23.0	23.7	17.0
装机容量/MW		20	50	30	10
连续满发小时数/h		8	8	8	8
最大/最小毛水头/m		171/155	250/229	181/164	109/94
平均毛水头/m		165	241	174	101
距高比		3.0	5.1	7.1	5.4
总工期/月		48	54	54	48
工程静态投资/万元		70575	112033	71610	53018
单位千瓦静态投资/(元/kW)		35288	22407	23870	53018

（7）广西壮族自治区

1）普查范围

广西有 3 个沿海城市，分别为北海市、防城港市、钦州市。全区大陆海岸线约 1478km，岛屿岸线长 531km，但海岸线高程分布绝大多数在 50m 以下；区内沿海岛屿多，但大部分岛屿小而分散，开发利用价值较低。广西区内海水抽水蓄能电站资源相对较贫乏，具备建设海水抽水蓄能电站的地形条件较少，因此，本次广西全区的主要普查

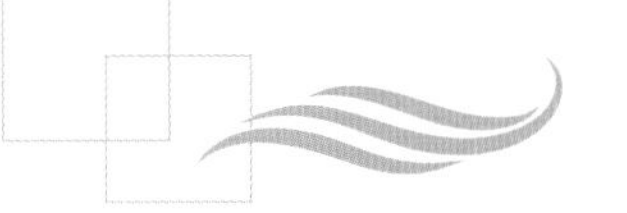

范围为北海市与防城港市。

2）普查工作情况及主要成果

根据区内沿海地区地形地貌特点，对广西沿海地区及海洋岛屿具备抽水蓄能电站建设条件的区域，在 1：50000 地形图上进行全面普查。按抽水蓄能电站建设在地形、地貌、成库条件、水头、距高比等各方面的基本要求，筛选出广西海水抽水蓄能普查站点 5 个（其中近海资源站点 3 个，岛屿资源站点 2 个），资源总量为 103 万 kW（其中近海站点 100 万 kW，岛屿站点 3 万 kW）。广西海水抽水蓄能资源站点主要分布在北海及防城港等地区，其中北海地区有资源站点 3 个，约占资源站点总个数的 60%，资源量为 23 万 kW，占资源总量 22.3%；防城港地区资源点 2 个，约占资源站点总个数的 40%，资源量为 80 万 kW，占资源总量 77.7%。

广西海水抽水蓄能资源站点可利用水头较低，高程分布范围在 50～120m，50～100m 水头段资源站点有 3 个，100～200m 水头段资源站点有 2 个。

在普查资源站点基础上，重点结合地形条件、工程布置等方面进行筛选，海岛考虑尽量少占用淡水资源，以开挖为主；近海地区考虑利用现有地形条件，避免大规模开挖的原则。进一步从站点水头、距高比、地形条件、交通条件、开发价值、需求现状及潜力等多方面考虑，筛选出条件较好的站点作为主要站点。广西壮族自治区筛选的主要站点为北海市涠洲岛滴水村站点，其主要技术经济指标见表 2.33。

表 2.33　广西壮族自治区海水抽水蓄能主要站点主要技术经济指标表

站点名称		涠洲岛滴水村
所在地		北海市涠洲岛
上水库	集水面积/km^2	0.05
	正常蓄水位/m	50
	死水位/m	40
	调节库容/万 m^3	130
	库盆防渗型式	全库盆
	挡水高度/m	17
装机容量/MW		20
连续满发小时数/h		8
最大/最小毛水头/m		50/37
平均毛水头/m		43.8
距高比		4.0
总工期/月		54
工程静态投资/万元		72323
单位千瓦静态投资/(元/kW)		36162

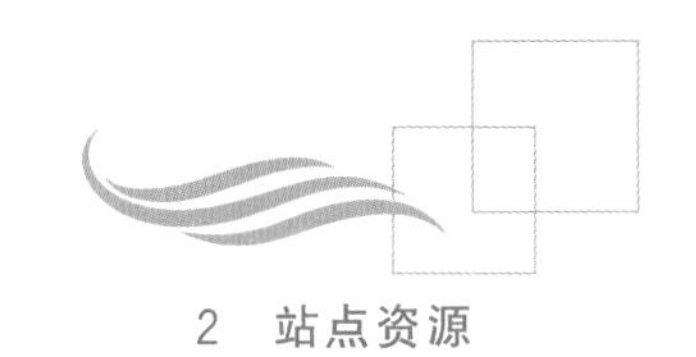

（8）海南省

1）普查范围

海南省沿海有 12 个县（市），主要包括文昌市、琼海市、万宁市、陵水黎族自治县、三亚市、乐东黎族自治县、东方市、昌江黎族自治县、儋州市、临高县、澄迈县和海口市。乐东黎族自治县、东方市、昌江黎族自治县、儋州市、临高县、澄迈县和海口市沿海岸线及岛屿地势平缓，不具备建设海水抽水蓄能电站的地形条件。三沙市位于中国南海，下辖西沙群岛、南沙群岛、中沙群岛的岛礁及其海域。海南省的主要普查范围为文昌市、琼海市、万宁市、陵水黎族自治县和三亚市。

2）普查工作情况及主要成果

根据海南省沿海地区地形地貌特点，对海南省沿海地区及海洋岛屿具备抽水蓄能电站建设条件的区域，在 1：50000 地形图上进行全面普查。按抽水蓄能电站建设在地形、地貌、成库条件、水头、距高比等各方面的基本要求，筛选出海南省海水抽水蓄能普查站点 19 个（其中近海资源站点 17 个、岛屿资源站点 2 个），资源总量为 562 万 kW（其中近海站点 555 万 kW，岛屿站点 7 万 kW）。海南省海水抽水蓄能资源站点分布在文昌市、琼海市、万宁市、陵水黎族自治县和三亚市等地区。全省共 19 个资源站点，其中三亚地区有 7 个，约占资源站点总数的 36.8%；文昌市有 5 个，占资源站点总数的 26.3%；文昌市和陵水黎族自治县有 3 个，占资源站点总数的 15.8%；珠海地区有 1 个，占资源站点总数的 5.3%。

海南省海水蓄能资源站点 100～200m 水头段有 13 个，200～300m 水头段有 4 个，300m（含 300m）以上水头段有 2 个。资源站点主要集中在 100～200m 水头范围内，其中：100～200m 水头段资源站点占 68.4%；200～300m 水头段资源站点占 21.1%；300m 以上水头段资源站点较少，仅占 10.5%。

在普查资源站点基础上，重点结合地形条件、工程布置等方面进行筛选，海岛考虑尽量少占用淡水资源，以开挖为主；近海地区考虑利用现有地形条件，避免大规模开挖的原则，进一步从站点水头、距高比、地形条件、交通条件、开发价值、需求现状及潜力等多方面考虑，筛选出条件较好的站点作为主要站点。海南省筛选的主要站点 3 个，分别是：三亚市西岛站点、陵水黎族自治县井口园站点和六量山站点。

考虑到海南省常规抽水蓄能资源丰富，且与海水抽水蓄能电站相比，常规抽水蓄能电站具有明显的经济及技术优势，海南省建设海水抽水蓄能电站，对增强海岛供电可靠性，增强海岛地区的电力保障能力，进一步维护国家海岛领土安全，具有一定的战略意义。结合海南省地方政府对建设海水抽水蓄能电站的倾向性意见，考虑到目前三沙市经济建设对电力能源需求迫切，本次仅选择西沙永乐群岛作为海南省海水抽水蓄能电站主要资源站点。

2.2 中长期规划

2.2.1 资源普查

2020 年 9 月，中国提出“2030 年前碳达峰、2060 年前碳中和”的发展目标，能源绿色低碳转型发展势在必行，构建以新能源为主体的新型电力系统对大规模发展抽水蓄能提出了迫切要求。2020 年 12 月，在国家能源局的领导下，各省（自治区、直辖市）能源局组织开展了新一轮抽水蓄能中长期规划资源站点普查工作。综合考虑地理位置、地形地质、水源条件、水库淹没、环境影响、工程技术及初步经济性等因素，全国共普查筛选出资源站点 1529 个，普查站点资源总装机规模达 16.04 亿 kW（含已建、在建及规划选点），在全国绝大部分省（自治区、直辖市）均有分布，其中西藏、贵州、广东、浙江等普查站点资源较多。

从区域电网分布来看，南方、西北、华中等区域分布相对较多，从省（自治区、直辖市）分布来看，贵州、河北、广东、吉林和湖北等省资源较多，如图 2.27 所示。

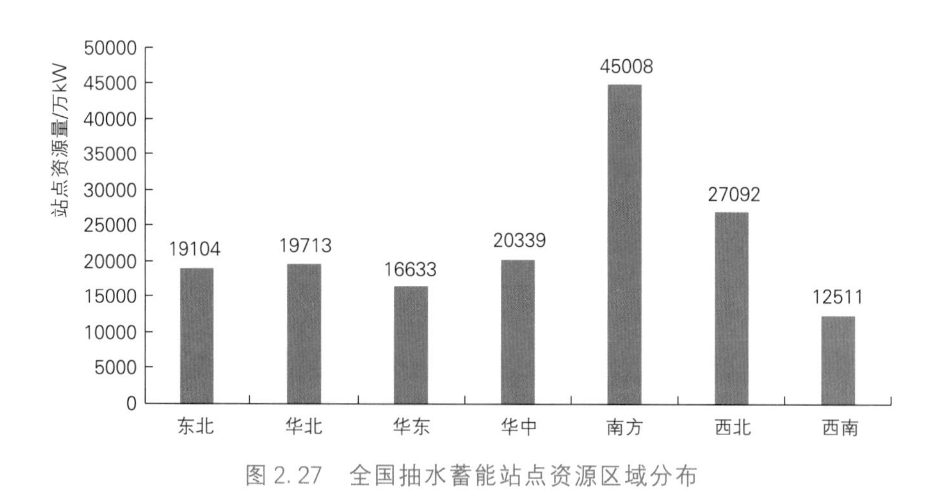

图 2.27　全国抽水蓄能站点资源区域分布

2.2.2 纳规项目

2021 年 9 月，国家能源局发布《抽水蓄能中长期发展规划（2021—2035 年）》，在抽水蓄能资源站点普查基础上，建立了抽水蓄能中长期发展项目库。对满足规划阶段深度要求、条件成熟、不涉及生态保护红线等环境制约因素的项目，按照应纳尽纳的原则，作为重点实施项目，总装机规模为 4.21 亿 kW。对满足规划阶段深度要求，但可能涉及生态保护红线等环境制约因素的项目，作为规划储备项目，总装机规模为 3.05 亿 kW。

规划储备项目待落实相关条件、做好与生态保护红线等环境制约因素避让和衔接后，可滚动调整进入重点实施项目库，从而进行下一步实施。全国抽水蓄能中长期发展规划重点实施项目分布图（2021 版）见附图 1。

综合考虑历次选点规划和中长期规划，截至 2021 年年底，全国已纳入规划的抽水蓄能站点资源总量约为 8.14 亿 kW，其中 9792 万 kW 项目已经实施。全国已纳入规划的抽水蓄能站点资源量见图 2.28，其中：东北、华北、华东、华中、南方、西南、西北电网的资源量分别为 10500 万 kW、8000 万 kW、10500 万 kW、12500 万 kW、9700 万 kW、14300 万 kW、15900 万 kW。全国抽水蓄能站点资源量分布如图 2.28 所示。

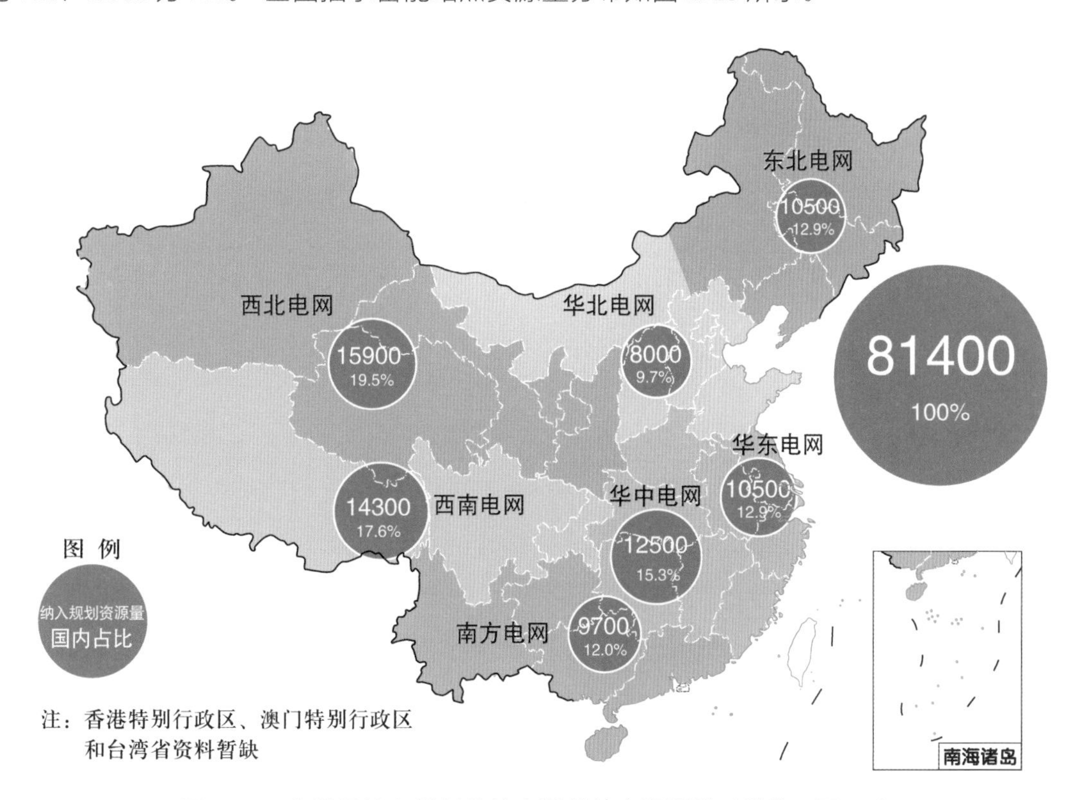

图 2.28 全国已纳入规划的抽水蓄能站点资源量（单位：万 kW）

3 发展现状

3.1 全国发展概况

随着中国经济社会的快速发展，抽水蓄能建设步伐不断加快，项目数量大幅增加，装机规模显著增长，分布区域不断扩展，相继建设投运了泰安、惠州、仙居、丰宁、阳江、长龙山、敦化等一批具有世界先进水平的标志性抽水蓄能电站。电站设计、施工、机组设备制造与电站运行管理水平不断提升，基本形成较为完备的涵盖标准制定、规划设计、工程建设、装备制造、运行管理的全产业链发展体系和专业化发展模式。

3.1.1 项目建设情况

（1）已建（在运）情况

2021 年，安徽绩溪（30 万 kW）、吉林敦化（105 万 kW）、浙江长龙山（105 万 kW）、黑龙江荒沟（30 万 kW）、山东沂蒙（60 万 kW）、广东梅州（30 万 kW）、广东阳江（40 万 kW）、河北丰宁（60 万 kW）、福建周宁（30 万 kW）等抽水蓄能电站部分机组投产发电，新增投产装机规模 490 万 kW，为近三年新高。

截至 2021 年年底，中国已建抽水蓄能电站总装机规模达到 3639 万 kW，居世界首位。其中，华北、东北、华东、华中、南方、西南区域电网装机规模分别为 667 万 kW、285 万 kW、1321 万 kW、499 万 kW、858 万 kW、9 万 kW，华东区域电网抽水蓄能装机规模最大，其次是南方和华北区域电网。全国已建（在运）抽水蓄能电站情况见表 3.1。

表 3.1　截至 2021 年年底全国已建(在运)抽水蓄能电站情况表　单位：万 kW

序号	区域电网	省(自治区、直辖市)	电站名称	在运装机容量	机组构成	主要投资方	投产年份
1	华北	北京	十三陵	80	4×20	国网公司	1997
2		河北	潘家口	27	3×9	国网公司	1992
3			张河湾	100	4×25	国网公司	2009
4			丰宁	60	6×30	国网公司	2021
5		山东	泰安	100	4×25	国网公司	2007
6			沂蒙	60	4×30	国网公司	2021
7		山西	西龙池	120	4×30	国网公司	2010
8		内蒙古	呼和浩特	120	4×30	内蒙古电力公司	2015

续表

序号	区域电网	省(自治区、直辖市)	电站名称	在运装机容量	机组构成	主要投资方	投产年份
9	东北	黑龙江	荒沟	30	4×30	国网公司	2021
10		吉林	白山	30	2×15	国网公司	2006
11			敦化	105	4×35	国网公司	2021
12		辽宁	蒲石河	120	4×30	国网公司	2011
13	华东	浙江	溪口	8	2×4	宁波溪口抽水蓄能电站有限公司	1998
14			天荒坪	180	6×30	国网公司	2000
15			桐柏	120	4×30	国网公司	2006
16			仙居	150	4×37.5	国网公司	2016
17			长龙山	105	6×35	三峡集团	2021
18		江苏	沙河	10	2×5	江苏国信	2002
19			宜兴	100	4×25	国网公司	2008
20			溧阳	150	6×25	江苏国信	2017
21		福建	仙游	120	4×30	国网公司	2013
22			周宁	30	4×30	华电集团	2021
23		安徽	响洪甸	8	2×4	国网公司	2000
24			琅琊山	60	4×15	国网公司	2007
25			响水涧	100	4×25	国网公司	2012
26			绩溪	180	6×30	国网公司	2019
27	华中	河南	回龙	12	2×6	国网公司	2005
28			宝泉	120	4×30	国网公司	2011
29		江西	洪屏	120	4×30	国网公司	2016
30		湖北	天堂	7	2×3.5	湖北民源电力实业	2001
31			白莲河	120	4×30	国网公司	2010
32		湖南	黑麋峰	120	4×30	国网公司	2010
33	南方	广东	广州	240	8×30	南网公司	一期 1994 二期 2000
34			惠州	240	8×30	南网公司	2011
35			清远	128	4×32	南网公司	2016
36			深圳	120	4×30	南网公司	2017
37			梅州一期	30	4×30	南网公司	2021
38			阳江一期	40	3×40	南网公司	2021
39		海南	琼中	60	3×20	南网公司	2017

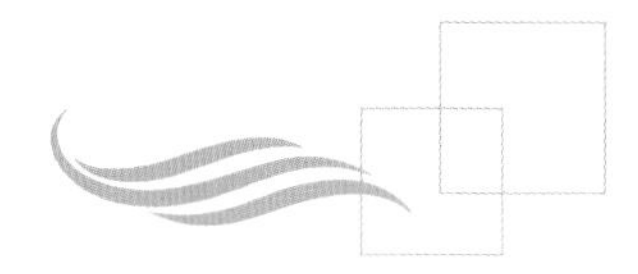

续表

序号	区域电网	省(自治区、直辖市)	电站名称	在运装机容量	机组构成	主要投资方	投产年份
40	西南	西藏	羊卓雍湖	9	4×2.25	国网公司	1997
全国总计				3639			

注 1. 北京十三陵、河北潘家口抽水蓄能电站统一服务于京津及冀北电网。
2. 浙江天荒坪抽水蓄能电站总装机规模 180 万 kW，服务浙江本省规模 50 万 kW，服务其他省（直辖市）130 万 kW，其中安徽 20 万 kW、上海 60 万 kW、江苏 50 万 kW。
3. 浙江桐柏抽水蓄能电站总装机规模 120 万 kW，服务浙江本省规模 54 万 kW，服务其他省（直辖市）66 万 kW，其中上海 49 万 kW、江苏 17 万 kW。
4. 安徽琅琊山抽水蓄能电站总装机规模 60 万 kW，服务安徽本省规模 30 万 kW，服务上海调峰 30 万 kW。
5. 安徽响水涧抽水蓄能电站总装机规模 100 万 kW，服务安徽本省规模 50 万 kW，服务上海调峰 50 万 kW。

从省区分布来看，全国已建抽水蓄能装机主要集中在广东、浙江等 19 个省（自治区、直辖市），其中装机容量超过 200 万 kW 的省份依次为广东（798 万 kW）、浙江（563 万 kW）、安徽（348 万 kW）、江苏（260 万 kW），如图 3.1 和图 3.2 所示。

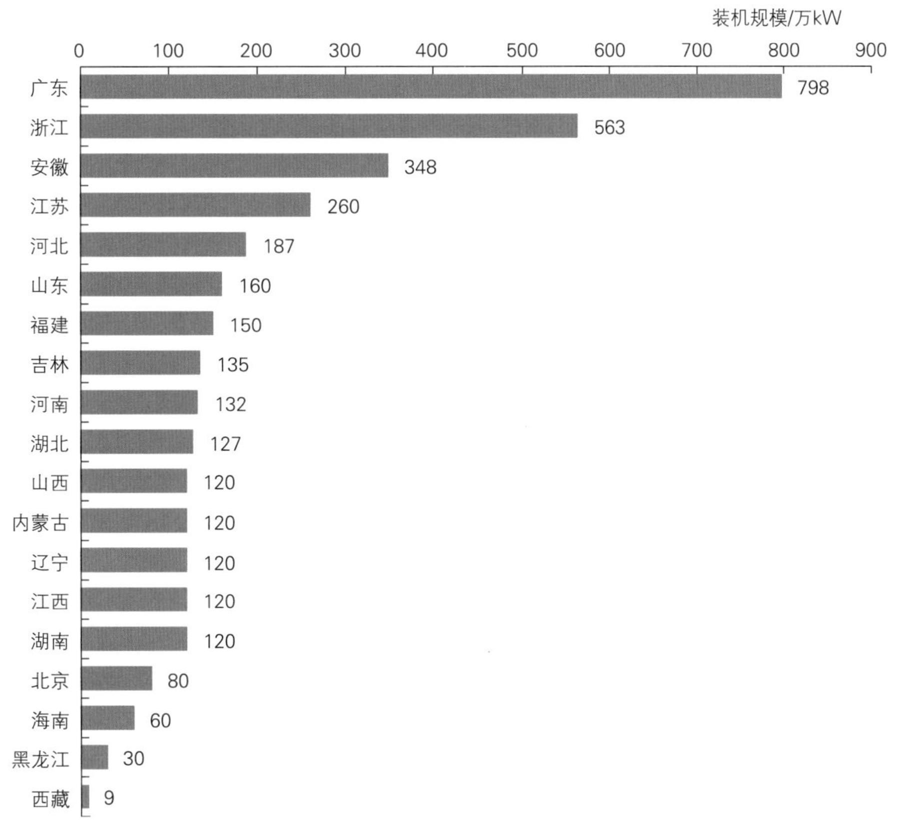

图 3.1 2021 年各省（自治区、直辖市）抽水蓄能电站装机情况

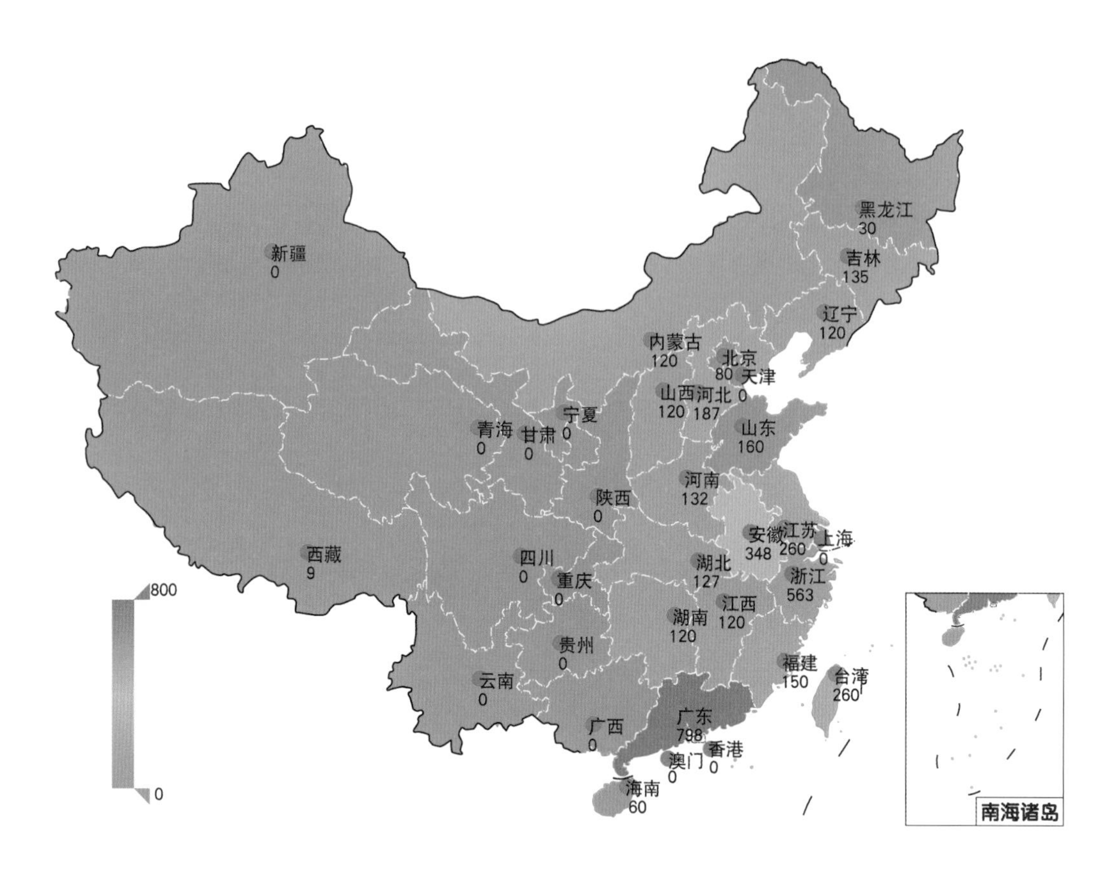

图 3.2　2021 年各省（自治区、直辖市）抽水蓄能电站装机分布情况（单位：万 kW）

（2）核准（在建）情况

2021 年新核准抽水蓄能电站 11 座，分别为黑龙江尚志（120 万 kW）、浙江泰顺（120 万 kW）、浙江天台（170 万 kW）、江西奉新（120 万 kW）、河南鲁山（120 万 kW）、湖北平坦原（140 万 kW）、重庆栗子湾（140 万 kW）、广西南宁（120 万 kW）、宁夏牛首山（100 万 kW）、广州梅州二期（120 万 kW）、辽宁庄河（100 万 kW）等抽水蓄能电站，总装机规模 1370 万 kW，是历年来核准规模最多的一年。

截至 2021 年年底，中国抽水蓄能电站核准在建总规模为 6153 万 kW，华北、东北、华东、西北、华中、南方和西南区域电网装机规模分别为 1490 万 kW、765 万 kW、1868 万 kW、480 万 kW、880 万 kW、410 万 kW 和 260 万 kW，华东电网在建规模最大，其次为华北电网，如图 3.3 和表 3.2 所示。

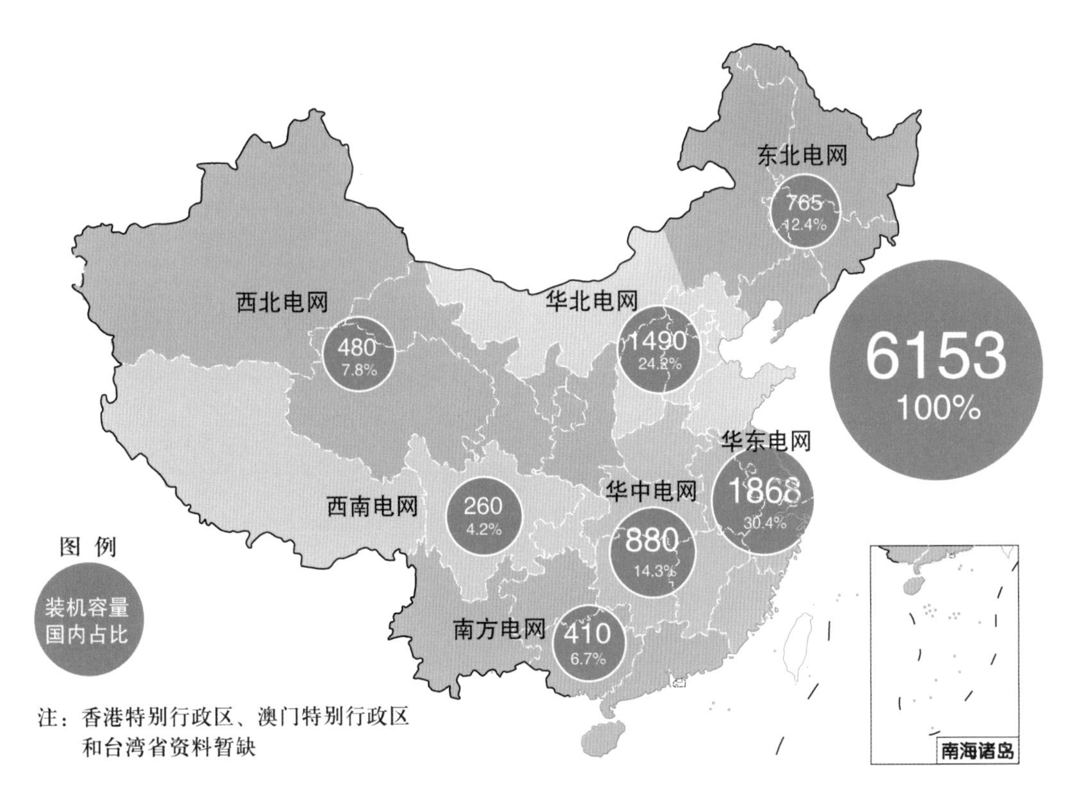

图 3.3 中国在建抽水蓄能电站分布情况（单位：万 kW）

表 3.2 截至 2021 年年底中国核准在建抽水蓄能电站情况表 单位：万 kW

序号	区域电网	省（自治区、直辖市）	电站名称	在建装机容量	机组构成	主要投资方	核准年份
1	华北	河北	丰宁一期	120	6×30	国网公司	2012
			丰宁二期	180	6×30	国网公司	2015
2			易县	120	4×30	国网公司	2017
3			抚宁	120	4×30	国网公司	2018
4			尚义	140	4×35	尚义华灏	2019
5		山东	文登	180	6×30	国网公司	2014
6			沂蒙	60	4×30	国网公司	2014
7			潍坊	120	4×30	国网公司	2018
8			泰安二期	180	6×30	国网公司	2019
9		山西	垣曲	120	4×30	国网公司	2019
10			浑源	150	4×37.5	国网公司	2020

续表

序号	区域电网	省（自治区、直辖市）	电站名称	在建装机容量	机组构成	主要投资方	核准年份
11	东北	黑龙江	荒沟	90	4×30	国网公司	2012
12			尚志	120	4×30	国网公司	2021
13		吉林	敦化	35	4×35	国网公司	2012
14			蛟河	120	4×30	国网公司	2018
15		辽宁	清原	180	6×30	国网公司	2016
16			庄河	100	4×25	国网公司	2021
17		内蒙古	芝瑞	120	4×30	国网公司	2017
18	华东	浙江	长龙山	105	6×35	三峡集团	2015
19			宁海	140	4×35	国网公司	2017
20			缙云	180	6×30	国网公司	2017
21			衢江	120	4×30	国网公司	2018
22			磐安	120	4×30	国网公司	2019
23			泰顺	120	4×30	国网公司	2021
24			天台	170	4×42.5	三峡集团	2021
25		江苏	句容	135	6×22.5	国网公司	2016
26		安徽	金寨	120	4×30	国网公司	2014
27			桐城	128	4×32	国网公司	2019
28		福建	厦门	140	4×35	国网公司	2016
29			永泰	120	4×30	福建永泰闽投	2016
30			周宁	90	4×30	华电集团	2016
31			云霄	180	6×30	中核集团	2020
32	西北	陕西	镇安	140	4×35	国网公司	2016
33		宁夏	牛首山	100	4×25	国网公司	2021
34		新疆	阜康	120	4×30	国网公司	2016
35			哈密	120	4×30	国网公司	2018
36	华中	江西	奉新	120	4×30	国网公司	2021
37		河南	天池	120	4×30	国网公司	2014
38			洛宁	140	4×35	国网公司	2017
39			五岳	100	4×25	中核集团	2018
40			鲁山	120	4×30	豫能控股	2021
41		湖北	平坦原	140	4×35	三峡集团	2021
42		湖南	平江	140	4×35	国网公司	2017

续表

序号	区域电网	省（自治区、直辖市）	电站名称	在建装机容量	机组构成	主要投资方	核准年份
43	南方	广东	梅州一期	90	4×30	南网公司	2015
44			梅州二期	120	4×30	南网公司	2021
45			阳江一期	80	3×40	南网公司	2015
46		广西	南宁	120	3×40	南网公司	2021
47	西南	重庆	蟠龙	120	4×30	国网公司	2014
48			栗子湾	140	4×35	国网公司	2021
全国总计				6153			

3.1.2 技术水平情况

2021 年，一批标志性工程相继核准开工或建成投产，中国抽水蓄能电站工程技术水平显著提升，特别是大容量、高水头、国产化机组制造水平方面。河北丰宁电站投产发电，实现了世界装机容量最大的抽水蓄能电站的自主设计和建设，创造了中国抽水蓄能发展史上多个纪录。单机 40 万 kW 的广东阳江抽水蓄能电站是目前中国单机容量最大、净水头最高、埋深最大的抽水蓄能电站，综合技术难度和技术水平为全国最高，阳江抽水蓄能电站的投产发电标志着 40 万 kW 级抽水蓄能电站机组设备实现自主国产化。浙江长龙山抽水蓄能电站实现了自主研发单机容量 35 万 kW、750m 水头段抽水蓄能转轮技术。阳江、敦化、长龙山 3 座抽水蓄能电站额定水头分别达到 653m、655m、712m，3 座抽水蓄能电站成功投运标志着中国完全实现了 700m 级超高水头抽水蓄能机组的自主研发和装备制造，达到国际领先水平。

2021 年 12 月，天台抽水蓄能电站核准批复并于近期正式开工，其额定水头 724m 为世界最高，单机容量位居全国抽水蓄能电站之首，上下引水斜井长度 483.4m 居全国第一，电站开工建设将进一步推进中国抽水蓄能电站工程技术水平创新与跃升发展。

3.1.3 管理政策情况

2021 年 4 月，国家发展改革委印发了《关于进一步完善抽水蓄能价格形成机制的意见》（发改价格〔2021〕633 号），明确抽水蓄能实施两部制电价，容量电价体现项目建设成本和合理收益，纳入输配电价回收；电量电价体现抽水、发电等运行期成本，以竞争性方式形成。

2021 年，国家能源局组织开展抽水蓄能电站综合监测体系研究，编制完成《抽水蓄能电站综合监测技术导则（征求意见稿）》，提出抽水蓄能电站综合监测指标体系和

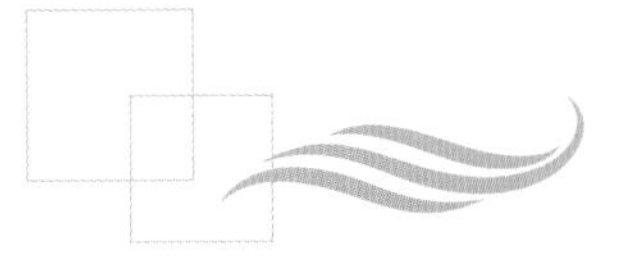

相关标准，旨在对已建抽水蓄能电站的调度运行状态进行综合监测、统计分析，从而实现对抽水蓄能电站功能作用发挥综合评价。截至 2021 年年底，依托已建流域水电综合监测平台，已基本完成全国抽水蓄能电站综合监测平台的建设工作，开展了十三陵、潘家口、泰山、蒲石河等抽水蓄能电站进行试点监测数据接入工作。

3.1.4 总体运行情况

当前我国已建、在建抽水蓄能电站功能定位以服务电力系统为主，明确服务于特定电源及新能源基地的抽水蓄能目前尚无投产及核准先例。随着新能源大规模发展和并网增加，在运抽水蓄能机组对电力系统运行安全保障作用日益凸显，运行强度创近年来新高。全国主要已全部投运抽水蓄能电站平均综合利用小时数约 2640h，抽水启动次数 42540 台次，发电启动次数 40000 台次，抽水发电次数同比增加超约 15%，平均启动成功率超过 99.7%，为保障电力系统安全稳定运行发挥显著的效益。

3.2 各区域发展概况

3.2.1 华北区域

2021 年，河北丰宁一期新投产 2 台机组、规模 60 万 kW，山东沂蒙新投产 2 台机组、规模 60 万 kW。截至 2021 年年底，华北区域抽水蓄能电站已建在运规模 667 万 kW，核准在建规模 1490 万 kW，见表 3.3。

表 3.3　华北区域抽水蓄能发展情况　单位：万 kW

省份	新增投产	新增核准	已建在运	核准在建
北京	0	0	80	0
河北	60	0	187	680
山西	0	0	120	270
内蒙古(蒙西)	0	0	120	0
山东	60	0	160	540
合计	120	0	667	1490

3.2.2 东北区域

2021 年，黑龙江荒沟新投产 1 台机组、规模 30 万 kW，吉林敦化新投产 3 台机组、规模 105 万 kW。黑龙江尚志抽水蓄能电站（120 万 kW）、辽宁庄河抽水蓄能电站（100 万 kW）获得核准，总装机规模 220 万 kW。截至 2021 年年底，东北区域抽水蓄能电站已

建在运规模 285 万 kW，核准在建规模 765 万 kW，见表 3.4。

表 3.4　　东北区域抽水蓄能发展情况　　单位：万 kW

省份	新增投产	新增核准	已建在运	核准在建
辽宁	0	100	120	280
吉林	105	0	135	155
黑龙江	30	120	30	210
内蒙古(蒙东)	0	0	0	120
合计	135	220	285	765

3.2.3　华东区域

2021 年，浙江长龙山新投产 3 台机组、规模 105 万 kW，福建周宁新投产 1 台机组、规模 30 万 kW。 浙江泰顺抽水蓄能电站（120 万 kW）、天台抽水蓄能电站（170 万 kW）获得核准，总装机规模 290 万 kW。 截至 2021 年年底，华东区域抽水蓄能电站已建在运规模 1321 万 kW，核准在建规模 1868 万 kW，见表 3.5。

表 3.5　　华东区域抽水蓄能发展情况　　单位：万 kW

省份	新增投产	新增核准	已建在运	核准在建
江苏	0	0	260	135
浙江	105	290	563	955
安徽	0	0	348	248
福建	30	0	150	530
合计	135	290	1321	1868

3.2.4　华中区域

2021 年，华中区域无新增投产电站或机组，江西奉新（120 万 kW）、河南鲁山（120 万 kW）、湖北平坦原（140 万 kW）等 3 座抽水蓄能电站获得核准，总装机规模 380 万 kW。 截至 2021 年年底，华中区域抽水蓄能电站已建在运装机规模 499 万 kW，核准在建装机规模 880 万 kW，见表 3.6。

表 3.6　　华中区域抽水蓄能发展情况　　单位：万 kW

省份	新增投产	新增核准	已建在运	核准在建
江西	0	120	120	120
河南	0	120	132	480
湖北	0	140	127	140
湖南	0	0	120	140
合计	0	380	499	880

3.2.5 西北区域

截至 2021 年年底，西北区域无新增投产和在运抽水蓄能电站，宁夏牛首山抽水蓄能电站（100 万 kW）获得核准。截至 2021 年年底，西北区域核准在建规模 480 万 kW，见表 3.7。

表 3.7 西北区域抽水蓄能发展情况 单位：万 kW

省份	新增投产	新增核准	已建在运	核准在建
陕西	0	0	0	140
宁夏	0	100	0	100
新疆	0	0	0	240
合计	0	100	0	480

3.2.6 南方区域

2021 年，广东梅州一期、阳江一期抽水蓄能电站各分别投产 1 台机组，规模分别为 30 万 kW、40 万 kW，广东梅州二期抽水蓄能电站（120 万 kW）、广西南宁抽水蓄能电站（120 万 kW）获得核准，总装机规模 240 万 kW。截至 2021 年年底，南方区域抽水蓄能电站已建在运规模 858 万 kW，核准在建规模 410 万 kW，见表 3.8。

表 3.8 南方区域抽水蓄能发展情况 单位：万 kW

省份	新增投产	新增核准	已建在运	核准在建
广东	70	240	798	290
广西	0	0	0	120
海南	0	0	60	0
合计	70	240	858	410

3.2.7 西南区域

2021 年，西南区域无新投产抽水蓄能电站，重庆栗子湾抽水蓄能电站（140 万 kW）获得核准。截至 2021 年年底，西南区域抽水蓄能电站已建规模 9 万 kW，为羊卓雍湖抽水蓄能电站，核准在建规模 260 万 kW，全部集中在重庆市，见表 3.9。

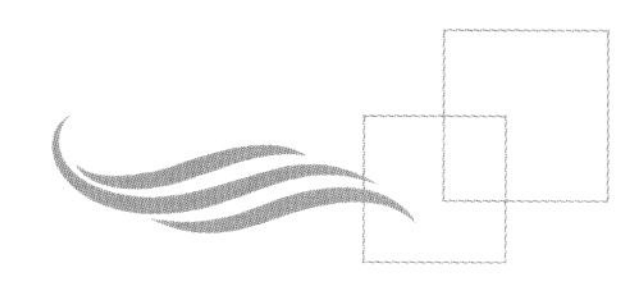

表 3.9　　西南区域抽水蓄能发展情况　　单位：万 kW

省份	新增投产	新增核准	已建在运	核准在建
重庆	0	140	0	260
西藏	0	0	9	0
合计	0	140	9	260

4 建设管理体系

抽水蓄能建设管理体系主要包括发展规划制定、开发组织管理、勘察设计工作、项目核准、建设管理和运行管理等内容。

抽水蓄能电站建设管理体系是一项影响范围大、涉及面广的系统工程，特别是大型抽水蓄能电站的建设和运行管理，涉及中央政府到地方政府，项目开发业主到设计施工单位，金融机构到电网公司等众多参与方，各方都在其中发挥了重要且不可或缺的作用，其中以政府、项目业主、勘测设计单位、建设施工单位和电网公司最为重要。

4.1 发展规划

发展规划是指导抽水蓄能发展的重要指南，也是制定规划实施方案和抽水蓄能项目核准的依据。

4.1.1 制定发展规划

国家能源主管部门负责制定抽水蓄能发展规划。2021 年 9 月，国家能源局印发《抽水蓄能中长期发展规划（2021—2035 年）》（以下简称《规划》）。《规划》明确了抽水蓄能发展的指导思想、基本原则、发展目标和重点任务。

《规划》以项目是否涉及生态红线为原则，提出重点实施项目库和储备项目库，重点实施项目不涉及生态红线，拟在 2035 年前重点推进开工。

4.1.2 制定实施方案

省级能源主管部门负责制定规划实施方案。2021 年 11 月，国家能源局印发《关于做好〈抽水蓄能中长期发展规划（2021—2035 年）〉实施工作的通知》（国能综通新能〔2021〕101 号），明确要求各省（自治区、直辖市）能源主管部门制定《规划》实施方案，提出本地区抽水蓄能发展中长期总体目标、重点任务和项目布局，以及分阶段发展目标、项目布局和相应保障措施等；提出本地区抽水蓄能项目核准工作计划，将五年发展目标分解落实到年度，提出每一年度抽水蓄能的发展目标、重点任务、项目核准时序、保障措施等，加快核准进度。

4.1.3 调整规划

根据《关于做好〈抽水蓄能中长期发展规划（2021—2035 年）〉实施工作的通知》（国能综通新能〔2021〕101 号），要求各省（自治区、直辖市）能源主管部门加强研究论证，结合本地区新能源发展和电力系统需求等，提出《规划》调整建议，包括重点实施项目建设时序调整建议、储备项目调整为重点实施项目的建议、新增纳入

《规划》项目的建议等。其中储备项目调整为重点实施项目，须提供相关省级主管部门出具的该项目不涉及生态保护红线等环境限制因素的文件；新增纳入《规划》项目需在现场查勘基础上，提出项目初步分析报告。其中建议纳入重点实施项目需同时提供省级主管部门出具的该项目不涉及生态保护红线等环境限制因素的文件。国家能源局根据调整建议情况及时滚动调整《规划》。

4.2 开发组织

抽水蓄能项目业主是抽水蓄能项目建设运行管理的主体，处于工程建设管理的核心地位，主要负责推进前期工作、组织电站建设、保障安全运行等任务。随着国家电力体制机制改革的不断深入，抽水蓄能项目投资主体经历了由单一投资主体向多元化投资主体的转变过程。

4.2.1 电网企业负责的阶段（2004—2013 年）

2004 年，国家发展改革委《关于抽水蓄能电站建设管理有关问题的通知》（发改能源〔2004〕71 号），提出抽水蓄能电站原则上由电网经营企业建设和管理。2011 年，国家能源局印发《关于进一步做好抽水蓄能电站建设的通知》（国能新能〔2011〕242 号），进一步明确原则上由电网经营企业有序开发、全资建设抽水蓄能电站，建设运行成本纳入电网运行费用；杜绝电网企业与发电企业（或潜在的发电企业）合资建设抽水蓄能电站项目；严格审核发电企业投资建设抽水蓄能电站项目。

4.2.2 投资主体多元化的阶段（2014 年至今）

2014 年，国务院印发《关于创新重点领域投融资机制鼓励社会投资的指导意见》（国发〔2014〕60 号），提出鼓励社会资本参与电力建设。在做好生态环境保护、移民安置和确保工程安全的前提下，通过业主招标等方式，鼓励社会资本投资常规水电站和抽水蓄能电站。

2015 年，国家能源局印发《关于鼓励社会资本投资水电站的指导意见》（国能新能〔2015〕8 号），明确鼓励和积极支持社会资本投资常规水电站和抽水蓄能电站的原则，鼓励通过市场方式配置和确定项目开发主体；未明确开发主体的抽水蓄能电站，可通过市场方式选择投资者。2021 年，国家能源局印发《抽水蓄能中长期发展规划（2021—2035 年）》，提出进一步完善相关政策，稳妥推进以招标、市场竞价等方式确定抽水蓄能电站项目投资主体，鼓励社会资本投资建设抽水蓄能。

4.3 勘察设计工作

根据国家能源局《关于印发水电工程勘察设计管理办法和水电工程设计变更管理办法的通知》(国能新能〔2011〕361号),水电工程勘察设计是指依据水电工程建设要求,查明、分析和评价工程场地地质条件,分析论证技术、经济、资源和环境相关情况,确定工程设计方案,编制勘察设计文件的活动。水电工程勘察设计阶段分为发展(选点)规划、预可行性研究、可行性研究、招标设计及施工详图设计等5个阶段。抽水蓄能勘察设计工作按照水电工程勘察设计阶段执行。

4.3.1 勘察设计单位

根据国家能源局《关于印发水电工程勘察设计管理办法和水电工程设计变更管理办法的通知》(国能新能〔2011〕361号)文件要求,从事勘察设计活动的单位应具有国家规定的相应资质:从事大型水电工程勘察设计应具有工程勘察和工程设计甲级资质(水力发电);承担坝高200m及以上水电工程和地震基本烈度Ⅷ度及以上高坝水电工程的勘察设计单位应具有大(1)型水电工程勘察设计业绩。抽水蓄能电站装机规模一般都在30万kW以上,属于大型水电工程。勘察设计单位的选择按照上述文件要求执行。

目前,中国抽水蓄能建设项目的勘察设计工作主要包括中国电建集团所属的北京、中南、华东、西北等勘测设计研究院有限公司,广东省水利电力勘测设计研究院有限公司,中水东北勘测设计研究有限责任公司等单位,同时中国电建集团成都、贵阳、昆明等勘测设计研究院有限公司,长江设计集团有限公司,中水北方勘测设计研究有限责任公司等单位也承担了部分抽水蓄能电站建设项目的勘测设计任务。勘察设计单位介绍见表4.1。

表4.1 勘察设计单位介绍

序号	单位名称	基本情况	典型项目
1	中国电建集团北京勘测设计研究院有限公司	始建于1953年,拥有工程勘察、设计、监理综合资质甲级等20余项国家甲级资质。是国内最早从事抽水蓄能研究的技术单位,设计了中国第一座抽水蓄能电站——河北岗南混合式抽水蓄能电站。正式员工1180人,其中正高级职称318人,副高级职称392人,中级职称319人;电力勘测设计大师4人,电力行业杰出青年专家2人,享受政府特殊津贴的专家5人;各类注册执业资格证书400余个	岗南、密云、十三陵、琅琊山、张河湾、西龙池、呼和浩特、敦化、丰宁、沂蒙、文登、清原、芝瑞、易县、抚宁、尚义、潍坊、浑源、庄河、尚志、乌海等工程

续表

序号	单位名称	基本情况	典型项目
2	中国电建集团中南勘测设计研究院有限公司	始建于1949年，拥有全国勘察、设计、咨询、监理等“四综甲”资质资信。名列中国工程设计企业60强、中国承包商80强企业。先后培养了2位中国工程院院士，现有1位国家级工程勘察设计大师，2位百千万人才工程国家级人选，15位享受国务院政府特殊津贴的专家，2位湖南省工程勘察设计大师，5位电力勘测设计大师，拥有各类注册执业资格证书员工1400余人次	白莲河、平坦原、天堂、黑麋峰、平江、天池、洛宁、五岳、鲁山、蟠龙、栗子湾、建全、梅州、南宁、溧阳、琼中等工程
3	中国电建集团华东勘测设计研究院有限公司	1954年建院，名列中国勘察设计综合实力百强单位、中国工程设计企业60强、中国承包商80强、中国监理行业十大品牌企业。为国家大型综合性甲级勘测设计研究单位，现有员工近5000人，拥有各类高级专业技术人员1000余人，持有国家各类注册执业资格证书2000余人次	天荒坪、桐柏、泰安、宜兴、宝泉、响水涧、仙游、仙居、洪屏、绩溪、句容、厦门、永泰、周宁、长龙山、金寨、缙云、宁海、衢江、磐安、泰安二期、奉新、天台、泰顺等工程
4	中国电建集团西北勘测设计研究院有限公司	成立于1950年，持有工程勘察、设计、监理、咨询资信评价等“四综甲”资质资信，拥有水利水电工程、电力工程、市政公用工程施工总承包一级资质。由国家及行业40余名“高、精、尖”人才领衔的1100余人高级专业技术人员团队，成为西北院4000多名高素质人才队伍中以科技赋能推动公司高质量发展的核心力量	镇安、阜康、哈密、牛首山、富平、皇城、新星、龙羊峡储能等工程
5	广东省水利电力勘测设计研究院有限公司	始建于1956年春，是国家第一批认定的高新技术企业，全国水利水电勘测设计行业信用AAA＋级企业，第一家通过“三标一体化”认证企业。具备雄厚的水利水电工程勘察、设计实力，全院在职职工1127人，其中教授级高级工程师53人，高级职称422人，中级职称220人；国家注册类工程师资格近200余人，有6人享受政府特殊津贴，在国内外享有较高的声誉	广州、惠州、清远、深圳、阳江、桐城、云霄等工程

续表

序号	单位名称	基 本 情 况	典型项目
6	中水东北勘测设计研究有限责任公司	公司前身为水利部东北勘测设计研究院，是水利部所属大型骨干国有勘察设计单位。拥有水利、电力、建筑、环境工程设计及工程勘察、监理、咨询等甲级资质。公司在册员工 1061 人，其中教授级高级工程师 101 人，高级工程师 342 人，工程师 192 人；各类注册工程师 264 人；国家级“百千万人才工程”1 人，享受政府特殊津贴专家 2 人	蒲石河、荒沟、垣曲等工程

4.3.2 预可行性研究

抽水蓄能电站预可行性研究工作执行《水电工程预可行性研究报告编制规程》（NB/T 10337—2019）。预可行性研究报告编制应根据国民经济和社会发展中长期规划，按照国家产业政策和有关建设投资方针，在国家已经审批的抽水蓄能电站发展规划（选点规划）的基础上提出开发目标和任务，通过对拟建设的项目进行初步论证，明确提出项目建设的必要性，基本确定项目规模和上、下水库库址。主要目的是以相对较小的代价，把水文、地质、环保、移民等方面可能制约工程建设的主要因素识别出来，避免前期一次投入过大但项目因技术问题最后无法建设给国家和企业带来较大的损失。

根据国家发展改革委、建设部《关于印发〈水利、水电、电力建设项目前期工作工程勘察收费暂行规定〉的通知》（发改价格〔2006〕1352 号）等文件，并结合正在开展前期工作的项目，预可行性研究阶段勘察设计费约为可行性研究阶段勘察设计费的 5%～10%。

4.3.3 可行性研究

抽水蓄能项目可行性研究工作执行《水电工程可行性研究报告编制规程》（DL/T 5020—2007），可行性研究报告应在遵循国家有关政策、法规，在预可行性研究报告的基础上进行编制。对项目建设的必要性、可行性、建设条件等进行充分论证，并对项目的建设方案进行全面比较，作出项目建设在技术上是否可行、在经济上是否合理的科学结论，应遵循安全可靠技术可行、结合实际、注重效益的原则。按照行业惯例，通常以水电工程可行性研究报告作为项目申请报告编制的主要依据，同时作为项目最终决策和进行招标设计的依据。

不同阶段主要技术要求见表 4.2。

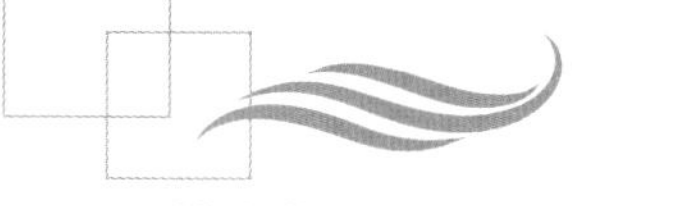

表 4.2　　不同阶段主要技术要求

序号	项目	预可行性研究	可行性研究
1	工程规模	初选水库正常蓄水位和电站装机容量	选定水库正常蓄水位和电站装机容量
2	地质勘探	初步查明并分析各比较库址和厂址方案的主要地质条件。对影响工程方案成立的重大地质问题作出初步评价	查明水库工程地质条件，进行坝址、坝线及枢纽布置工程地质条件比较；查明选定方案各建筑物区的工程地质条件，提出相应的评价意见和结论
3	建设方案	基本明确上、下水库库址，初选代表性坝址和厂址。 初步比较拟定代表性坝型、枢纽布置及主要建筑物型式	选定工程建设场址、坝（闸）址、厂（站）址等。确定工程总体布置方式，确定主要建筑物的轴线、线路、结构型式和布置方式、控制尺寸高程和工程量
4	建设征地	初拟建设征地范围，初步调查建设征地实物指标，提出移民安置初步规划，估算建设征地移民安置补偿费用	确定建设征地范围，全面调查建设征地范围内的实物指标，提出建设征地和移民安置规划设计，编制补偿费用概算
5	环境保护	查明工程建设环境敏感制约因素，初步评价工程建设对环境的影响，从环境角度论证工程建设的可行性	提出环境保护和水土保持措施设计；提出环境监测和水土保持规划、环境监测规划和环境管理规定
6	工程投资	估算工程投资	编制可行性研究设计概算

4.3.4　招标设计

招标设计是在批准可行性研究报告的基础上，将确定的工程设计方案进一步具体化，详细定出总体布置和各建筑物的轮廓尺寸、标高、材料类型、工艺要求和技术要求等。其设计深度要求做到可以根据招标设计图较准确地计算出各种建筑材料如水泥、砂石料、木材、钢材等的规格、品种和数量，混凝土浇筑、土石方填筑和各类开挖、回填的工程量，各类机械、电气和永久设备的安装工程量等，以满足招标及签订合同的需要。勘察设计单位应以审定的可行性研究报告为依据开展招标设计，复核、深化和细化设计方案，满足招标文件编制的要求。

4.3.5　施工图设计

施工图设计是按初步设计所确定的设计原则、结构方案和控制尺寸，完成对各建筑物进行结构和细部构造设计；最后确定地基处理方案，进行处理措施设计；确定施工总体布置及施工方法，编制施工进度计划和施工预算等；提出整个工程分项分部的施工、制造、安装详图。

勘察设计单位负责编制施工详图阶段设计文件，满足工程施工要求。施工图设计文件应对涉及工程质量和施工安全的重点部位注明有关安全质量方面的提示信息，对防范工程安全质量风险提出指导意见。

4.4　项目核准

依据国务院《关于发布政府核准的投资项目目录（2016 年本）的通知》（国发〔2016〕72 号），抽水蓄能有关核准规定如下：

1）企业投资建设本目录内的固定资产投资项目，须按照规定报送有关项目核准机关核准。

2）法律、行政法规和国家制定的发展规划、产业政策、总量控制目标、技术政策、准入标准、用地政策、环保政策、用海用岛政策、信贷政策等是企业开展项目前期工作的重要依据，是项目核准机关和国土资源、环境保护、城乡规划、海洋管理、行业管理等部门以及金融机构对项目进行审查的依据。

3）由地方政府核准的项目，各省级政府可以根据本地实际情况，按照下放层级与承接能力相匹配的原则，具体划分地方各级政府管理权限，制定本行政区域内统一的政府核准投资项目目录。基层政府承接能力要作为政府管理权限划分的重要因素，不宜简单地“一放到底”。对于涉及本地区重大规划布局、重要资源开发配置的项目，应充分发挥省级部门在政策把握、技术力量等方面的优势，由省级政府核准，原则上不下放到地市级政府、一律不得下放到县级及以下政府。

4）抽水蓄能电站由省级政府按照国家制定的相关规划核准。

4.4.1　核准前置条件

根据《企业投资项目核准和备案管理办法》（国家发改委 2017 年第 2 号令），项目单位在报送项目申请报告时，应当根据国家法律法规的规定附具以下文件：

1）城乡规划行政主管部门出具的选址意见书（仅指以划拨方式提供国有土地使用权

的项目）。

2）国土资源（海洋）行政主管部门出具的用地（用海）预审意见（国土资源主管部门明确可以不进行用地预审的情形除外）。

3）法律、行政法规规定需要办理的其他相关手续。

4.4.2 项目申请报告

《企业投资项目核准和备案管理办法》中提出，项目申请报告应当主要包括以下内容：

1）项目单位情况。

2）拟建项目情况，包括项目名称、建设地点、建设规模、建设内容等。

3）项目资源利用情况分析以及对生态环境的影响分析。

4）项目对经济和社会的影响分析。

此外，《企业投资项目核准和备案管理办法》对项目核准基本程序也进行了详细的规定。

4.4.3 项目开工条件

根据各相关部门出台的文件，项目单位应在开工前依法办理的主要相关手续如下：

1）项目核准单位出具的核准批复文件。

2）水行政主管部门出具的水工程建设规划同意书、水土保持方案批复意见、水资源论证及取水许可申请批文。

3）环境保护行政主管部门出具的项目环境影响评价批复意见。

4）地震部门对地震安全性评价报告的审核意见。

5）国家安全监管部门关于项目安全预评价报告的备案文件。

6）项目所在地人民政府或其有关部门指定的评估主体出具的社会稳定风险评估报告的意见。

7）省人民政府或其授权的省级移民管理机构关于项目建设征地移民安置规划大纲的批复及移民安置规划设计报告的审核意见。

8）电网公司接入系统评审意见。

9）其他根据相关法律、法规要求的相关文件。

抽水蓄能电站项目核准工作流程如图 4.1 所示。

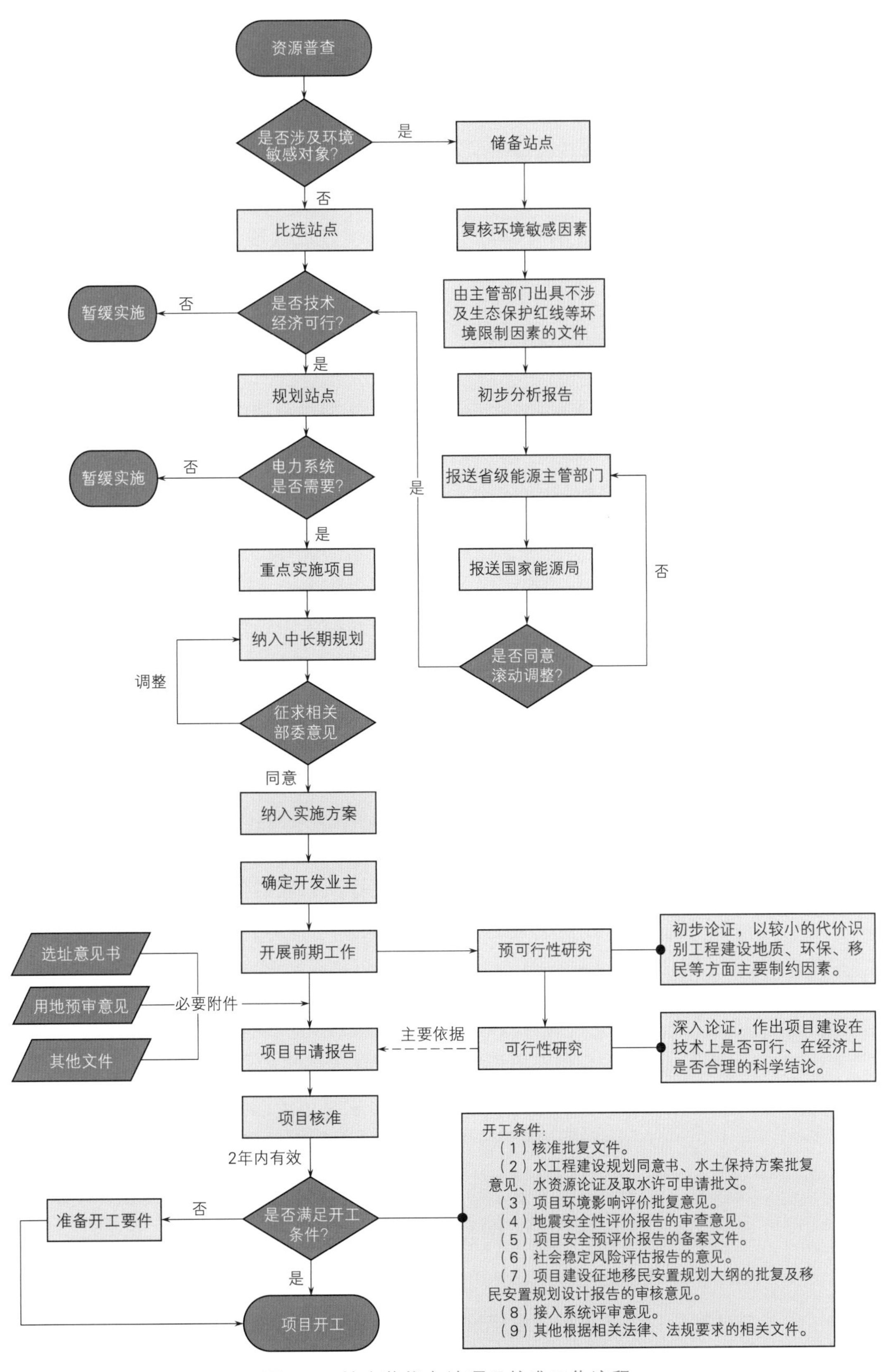

图 4.1 抽水蓄能电站项目核准工作流程

4.5 建设管理

经过多年的发展，水电工程项目建设管理已经形成了以国家宏观调控为指导，项目法人责任制为核心，招标投标制和建设监理制为支撑，合同管理制为依据的成熟体系。按照现行政策，抽水蓄能项目适用于水电建设管理、验收管理、安全鉴定和质量验收的相关规定。

4.5.1 建设管理责任

2011 年，国家能源局印发的《关于加强水电建设管理的通知》（国能新能〔2011〕156 号）是中国抽水蓄能电站建设管理的主要依据。文件主要内容包括加强项目前期设计工作、高度重视工程建设质量、认真做好移民安置工作等，明确提出建设管理所涉及内容的相关责任方。

建设质量责任：建设单位对工程建设质量负总责，承担建设质量管理主体责任。

勘察设计质量责任：勘察设计单位对设计产品质量负责，对勘察设计质量负责。

建设监理责任：监理单位按照有关法律法规、技术标准和设计文件要求，认真开展工程建设监理工作，对工程建设质量负监理责任。

施工质量责任：施工单位是工程建设的实施主体，对建设工程的施工质量负责。

4.5.2 质量监督和安全鉴定

2013 年，国家能源局印发《水电工程质量监督管理规定和水电工程安全鉴定管理办法》（国能新能〔2013〕104 号，以下简称为《办法》）。

（1）质量监督

《办法》规定国家能源局负责全国水电工程质量监督管理工作，省级人民政府能源主管部门按规定权限负责或参与本行政区域内水电工程质量监督管理工作。

国家能源局委托水电工程质量监督总站负责国家核准（审批）水电工程质量监督具体工作。水电工程质量监督实行分级、属地管理。省级人民政府能源主管部门根据工作需要，可成立省级水电工程质量监督机构或委托水电工程质量监督总站（分站），负责本行政区域内地方核准（审批）水电工程质量监督具体工作。

国家能源局委托水电水利规划设计总院组建总站。分站是总站的派出机构，根据总站的授权负责区域内国家核准（审批）水电工程质量监督管理工作；大型水电项目、流域开发水电项目可设立项目站或流域站（统称项目站），一般由分站经总站批准组建。根据工程实际情况，总站可直接组建项目站。

（2）安全鉴定

《办法》规定国家能源局负责全国水电工程安全鉴定工作的管理、指导和监督。省级人民政府能源主管部门按规定权限负责和参与本行政区域内水电工程安全鉴定工作的管理、指导和监督。水电工程安全鉴定工作，由项目法人委托有资格的单位承担。特别重要项目的安全鉴定单位可由国家能源局直接指定。

承担国家核准（审批）的水电工程安全鉴定单位的资格管理，由国家能源局作出规定。承担地方核准（审批）的水电工程安全鉴定单位的资格管理，由省级人民政府能源主管部门作出规定。

目前，中国从事安全鉴定工作的单位主要有中国水利水电建设工程咨询有限公司、中国水利水电科学研究院两家单位。其中中国水利水电建设工程咨询有限公司技术力量雄厚，在规划、地质、水工、施工、金属结构、机电、安全监测等相关专业都配置有较为强大的技术力量，工程经验丰富，占据了85%以上大中型水电项目安全鉴定的市场份额。

4.5.3 验收管理

2015年，国家能源局印发《水电工程验收管理办法》（2015年修订版）（国能新能〔2015〕426号），指出水电工程验收包括阶段验收和竣工验收两个阶段。其中，阶段验收分为工程截流验收、蓄水验收和水轮发电机组启动验收。截流验收和蓄水验收前应进行建设征地移民安置专项验收；工程竣工验收在枢纽工程、建设征地移民安置、环境保护、水土保持、消防、劳动安全与工业卫生、工程决算和工程档案专项验收的基础上进行。

国家能源局负责水电工程验收的监督管理工作。省级人民政府能源主管部门负责本行政区域内水电工程验收的管理、指导、协调和监督。跨省（自治区、直辖市）水电工程验收工作由项目所涉及省（自治区、直辖市）的省级人民政府能源主管部门共同负责。各级能源主管部门按规定权限负责和参与本行政区域内水电工程验收的管理、指导、协调和监督。

抽水蓄能的验收管理按照《水电工程验收管理办法》（2015年修订版）执行。

4.6 运行管理

抽水蓄能电站建成投产后，将由建设期转入运行期，运行管理担负着运行期安全和调度的重要功能，涵盖了运行准备管理（包括电力生产准备、并网运行、上网电价制定

及电力销售）、调度运行管理、运行期安全管理、电力市场监督管理四方面内容。

目前，抽水蓄能电站运行管理的主要依据是国家能源局《关于加强抽水蓄能电站运行管理工作的通知》（国能新能〔2013〕243 号）和《关于印发抽水蓄能电站调度运行导则的通知》（国能新能〔2013〕318 号），主要规定了运行方式安排原则、水库调度管理、机组调度管理、机组检修与消缺、调度运行评价与监督等方面的内容。

5 前期工作进展

5.1 预可行性研究阶段

截至 2021 年年底，《规划》重点实施项目中，正在开展预可行性研究工作的项目共有 123 个，装机容量合计 14951.5 万 kW。

从区域分布来看，华东区域 21 个项目进入预可行性研究阶段，项目规模占全国的 15.2%；华北区域 5 个项目进入预可行性研究阶段，项目规模占全国的 3.5%；华中区域 18 个项目进入预可行性研究阶段，项目规模占全国的 12.2%；东北区域 17 个项目进入预可行性研究阶段，项目规模占全国的 14.6%；西北区域 33 个项目进入预可行性研究阶段，项目规模占全国的 30.4%；西南区域 10 个项目进入预可行性研究阶段，项目规模占全国的 8.7%；南方区域 19 个项目进入预可行性研究阶段，项目规模占全国的 15.4%。预可行性研究阶段项目规模分布如图 5.1 所示。

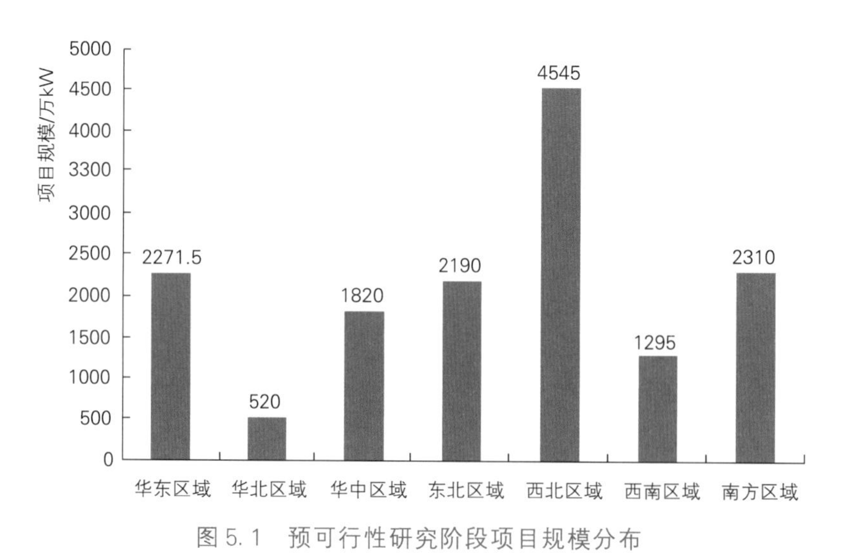

图 5.1 预可行性研究阶段项目规模分布

从投资主体来看，正在开展预可行性研究工作的项目涉及投资主体 60 余家，多元化趋势非常明显，基本形成三足鼎立、多强并争、新兴主体参与的格局。已确定投资主体的项目中，国网新源控股有限公司、南方电网调峰调频发电有限公司、中国长江三峡集团有限公司等三家投资主体涉及 41 个项目，装机容量合计 5385 万 kW，占 36.0%；中央能源、投资类企业涉及 53 个项目，装机容量合计 6319.8 万 kW，占 42.3%；地方能源、投资类国企涉及 7 个项目，装机容量合计 760 万 kW，占 5.1%。

5.2 可行性研究阶段

截至 2021 年年底，《规划》重点实施项目中，正在开展可行性研究工作的项目共有

40 个，装机容量合计 5508 万 kW。其中，正在开展三大专题工作的项目共 31 个，装机容量合计 4288 万 kW；通过三大专题审查的项目共 9 个，装机容量合计 1220 万 kW。可行性研究阶段项目进展如图 5.2 所示。经综合分析研判，4750 万 kW 项目规模具备 2022 年核准的前期工作条件。

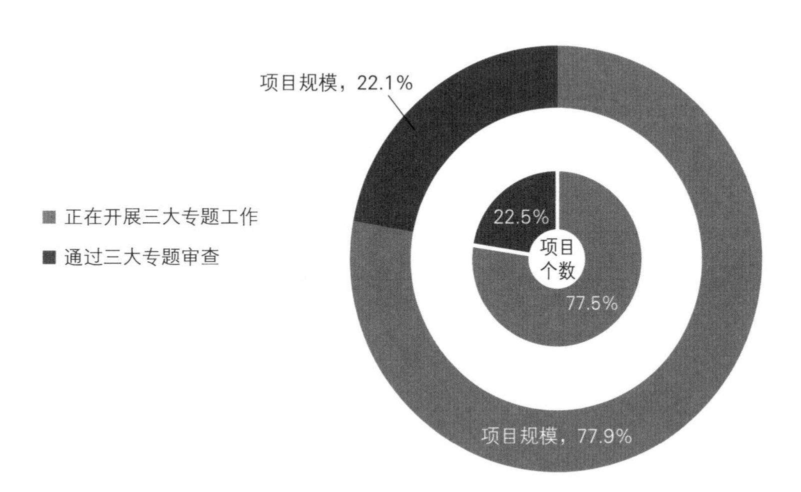

图 5.2　可行性研究阶段项目进展

从区域分布来看，华东区域 7 个项目进入可行性研究阶段，项目规模占全国的 15.4%。其中，正在开展三大专题工作的项目 5 个，通过三大专题审查的项目 2 个。

华北区域 4 个项目进入可行性研究阶段，装机容量合计 500 万 kW，项目规模占全国的 9.1%。其中，正在开展三大专题工作的项目 3 个，通过三大专题审查的项目 1 个。

华中区域共有 12 个项目进入可行性研究阶段，项目规模占全国的 35.0%。其中，正在开展三大专题工作的项目 11 个，通过三大专题审查的项目 1 个。

东北区域共有 3 个项目进入可行性研究阶段，项目规模占全国的 6.5%，均在开展三大专题工作。

西北区域共有 5 个项目进入可行性研究阶段，项目规模占全国的 13.4%，均在开展三大专题工作。

西南区域共有 2 个项目进入可行性研究阶段，项目规模占全国的 4.4%，均在开展三大专题工作。

南方区域共有 7 个项目进入可行性研究阶段，项目规模占全国的 16.2%。其中，正在开展三大专题工作的项目 2 个，通过三大专题审查的项目 5 个。

可行性研究阶段项目规模分布如图 5.3 所示。

从投资主体来看，正在开展可行性研究工作的项目涉及投资主体近 20 家，传统电网类投资主体仍占据主导地位。其中，国网新源控股有限公司、南方电网调峰调频发电有限公司等电网类投资主体涉及 18 个项目，装机容量合计 2600 万 kW，占 47.2%；中国长

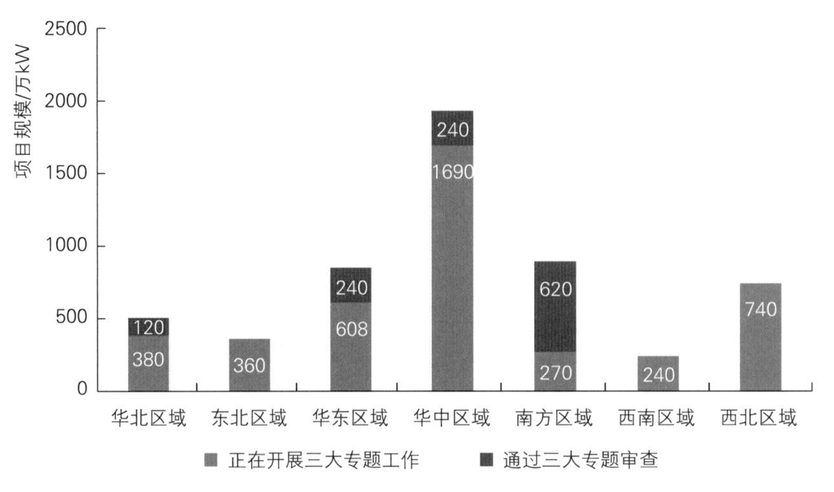

图 5.3 可行性研究阶段项目规模分布

江三峡集团有限公司涉及 6 个项目，装机容量合计 840 万 kW，占 15.3%；中央能源、投资类企业涉及 6 个项目，装机容量合计 588 万 kW，占 10.7%；地方能源、投资类国企涉及 6 个项目，装机容量合计 890 万 kW，占 16.2%；新兴投资主体涉及 4 个项目，装机容量合计 590 万 kW，占 10.7%。

6 投资建设概况

6.1 项目造价

6.1.1 核准抽水蓄能电站造价水平

2021 年，全国核准抽水蓄能电站 11 项，总装机容量 1370 万 kW，平均单位千万静态总投资 5365 元/kW，平均单位动态总投资 6478 元/kW。 核准抽水蓄能电站造价水平（概算）见表 6. 1。

表 6. 1　　2021 年核准抽水蓄能电站造价水平(概算)

序号	省份	项目名称	装机容量/万 kW	单位静态总投资/(元/kW)	单位动态总投资/(元/kW)
1	黑龙江	尚　志	120	5809	6965
2	浙江	泰　顺	120	4888	5945
3	浙江	天　台	170	5263	6319
4	江西	奉　新	120	5298	6366
5	河南	鲁　山	120	5590	6675
6	湖北	平坦原	140	5495	6720
7	重庆	栗子湾	140	5828	7260
8	广西	南　宁	120	5476	6613
9	宁夏	牛首山	100	6364	7847
10	辽宁	庄　河	100	5689	6798
11	广东	梅州二期	120	3483	3930
平　均				5365	6478

抽水蓄能电站工程建设条件个体差异明显，造价水平与工程建设条件和装机规模密切相关。 一般情况下，抽水蓄能电站单位造价随装机规模增加而显著降低，且西北、西南地区因工程地质条件差，单位造价水平相对国内其他区域偏高，如牛首山电站（7847 元/kW）、栗子湾电站（7260 元/kW）；华东、华中地区电站建设条件相对较优；泰顺抽水蓄能电站下水库利用已有水库、梅州二期抽水蓄能电站利用一期现有建筑物等布置方式，大幅节约工程投资，因此其单位造价相对较低。

受工程建设条件下滑、物价水平上涨、抽水蓄能机组制造产能有限、环境保护和建设征地移民安置补偿标准逐年提高等因素影响，预测未来抽水蓄能电站工程造价水平将呈持续攀升态势。

6.1.2 预可行性研究阶段抽水蓄能电站造价水平

2021 年，完成预可行性研究工作的抽水蓄能项目有 14 个，总装机容量 1900 万 kW，

平均静态投资为5425元/kW，动态投资为6631元/kW。预可研审定的抽水蓄能电站的具体造价水平（估算）见表6.2。

表6.2　　2021年预可研审定抽水蓄能电站造价水平

序号	省份	项目名称	装机容量/万kW	单位静态总投资/(元/kW)	单位动态总投资/(元/kW)
1	青海	哇让	240	4305	5488
2	广东	肇庆	120	5785	6978
3	河北	灵寿	140	5440	6667
4	河北	邢台	120	5782	6972
5	安徽	石台	120	5092	6120
6	河南	嵩县	180	5104	6334
7	浙江	松阳	120	5474	6690
8	广东	中洞	120	5378	6529
9	重庆	菜籽坝	120	5758	7013
10	安徽	岳西	120	5023	6072
11	广东	云浮	120	5158	6244
12	辽宁	兴城	120	5387	6541
13	陕西	富平	140	6262	7647
14	重庆	建全	120	5999	7544
	平　均			5425	6631

2021年完成预可行研究的抽水蓄能电站项目平均单位动态投资较同期核准项目增加151元/kW。受物价水平上涨、环境保护和建设征地移民安置补偿标准逐年提高等因素影响，在装机规模不变的情况下，上述各项电站的工程造价水在可研阶段将有所上涨。

6.1.3 抽水蓄能投资构成及变化趋势

以“十三五”投产的抽水蓄能电站为例，其工程造价各部分投资占比见表6.3。

表6.3　　抽水蓄能电站工程造价各部分投资占比

序号	项目名称	投资所占比例/%	序号	项目名称	投资所占比例/%
1	施工辅助工程	5.49	6	建设征地移民安置补偿费用	3.49
2	建筑工程	25.43	7	独立费用	11.93
3	环境保护和水土保持工程	1.43	8	预备费	8.31
4	机电设备及安装工程	26.07	9	建设期利息	14.09
5	金属结构设备及安装工程	3.77	10	工程总投资	100

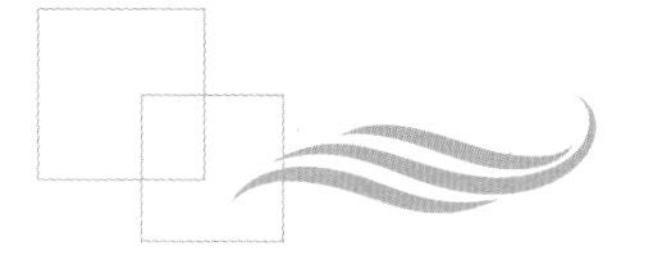

工程造价投资占比上，抽水蓄能电站的投资占比第一位为机电设备及安装工程，占比约 26%；第二位为建筑工程，占比约 25%；第三位为建设期利息，占比约 14%。

对于已投产的抽水蓄能电站，2016—2021 年的平均概算单位造价为 5196 元/kW，其概算单位造价变化趋势见图 6.1。

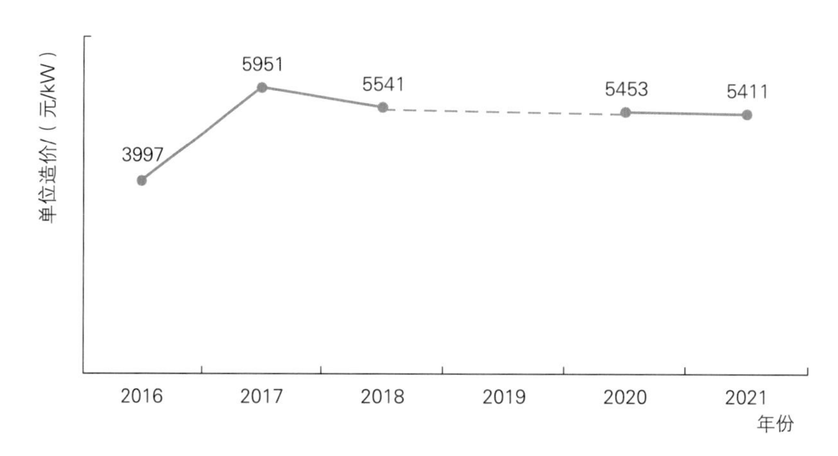

图 6.1　2011—2020 年期间投产抽水蓄能电站单位造价变化趋势

（注：2019 年无电站投产）

自“十三五”以来，抽水蓄能电站单位造价水平相对平稳，2016 年因江西洪屏、浙江仙居电站建设条件较好，单位造价较低；2017 年因江苏溧阳电站建设条件较差，单位造价较高。

6.2　建设实施概况

6.2.1　2021 年投资完成情况

2021 年，我国主要抽水蓄能投资企业完成抽水蓄能电站投资 873.65 亿元，分电网区域来看，东北、华北、华东、华中、西北、西南、南方电网区域 2021 年度投资完成占比分别为 13.26%、15.98%、36.34%、9.43%、8.11%、2.48%和 14.39%，与开工和在建项目的建设进度基本一致。

6.2.2　已开工项目建设进度

截至 2021 年年底，主要已开工抽水蓄能电站项目整体进展顺利，项目基本按照施工进度有序建设实施。 主要已开工电站建设进展见表 6.4。

表 6.4　　截至 2021 年年底主要核准在建抽水蓄能电站建设进展

序号	区域电网	省份	电站名称	形　象　进　度
1	华北	河北	丰宁	1 号、10 号机组已投入商业运作
2			易县	正在进行大坝填筑和地下厂房开挖
3			抚宁	正在进行通风洞开挖等筹建期工程施工
4			尚义	正在进行进厂交通洞、安全洞、尾水隧洞 2 号施工支洞等工程施工
5		山东	文登	正在进行机电安装
6			沂蒙	1 号、2 号机组已投入商业运作
7			潍坊	通风洞开挖支护完成
8			泰安二期	正在进行通风洞开挖等筹建期工程施工
9		山西	垣曲	正在进行通风洞开挖等筹建期工程施工
10			浑源	正在进行筹建期洞室及道路工程施工
11	东北	黑龙江	荒沟	1 号机组已投入商业运作
12			尚志	正在筹建
13		吉林	敦化	1～3 号机组已投入商业运作
14			蛟河	正在筹建
15		辽宁	清原	正在进行机电安装
16			庄河	正在筹建
17		内蒙古	芝瑞	正在进行大坝填筑和地下厂房开挖
18	华东	浙江	长龙山	3 台机投产
19			宁海	正在进行大坝填筑和地下厂房开挖
20			缙云	正在进行大坝填筑和地下厂房开挖
21			衢江	正在筹建
22			磐安	正在进行通风洞开挖等筹建期工程施工
23			泰顺	正在筹建
24			天台	正在筹建
25		江苏	句容	正在进行上水库大坝填筑和地下厂房开挖
26		安徽	金寨	正在进行机电安装
27			桐城	正在进行通风洞开挖等筹建期工程施工
28		福建	厦门	正在进行机电安装
29			永泰	主体工程开工
30			周宁	两台机并网
31			云霄	主体工程开工

续表

序号	区域电网	省份	电站名称	形 象 进 度
32	西北	陕西	镇安	正在进行机电安装
33		宁夏	牛首山	正在筹建
34		新疆	阜康	正在进行机电安装
35			哈密	正在进行通风洞开挖等筹建期工程施工
36	华中	江西	奉新	正在筹建
37		河南	天池	正在进行机电安装
38			洛宁	正在进行大坝填筑和地下厂房开挖
39			五岳	主体工程开工
40			鲁山	正在筹建
41		湖北	平坦原	正在筹建
42		湖南	平江	正在进行大坝填筑和地下厂房开挖
43	南方	广东	梅州一期	首台机组已投运
44			梅州二期	已核准
45			阳江一期	首台机组移交
46		广西	南宁	正在筹建
47	西南	重庆	蟠龙	正在进行机电安装
48			栗子湾	正在筹建

7 运行概况

7.1 全国概况

2021 年度，全国主要已全容量投运抽水蓄能电站在促进电力系统安全稳定运行功能效益显著，且随着新能源并网逐年增加，已投运机组整体运行强度为近年来新高。从主要运行数据来看，全国主要已全容量投运抽水蓄能电站平均综合利用小时数约为 2640.7h，电站抽水启动次数 42540 台次，发电启动次数 40006 台次，抽水发电次数同比增加超约 15%，平均启动成功率超过 99.7%。同时电站承担网内大量调相，以及部分紧急启动等任务。总体分析，抽水蓄能电站为我国能源电力系统转型升级、提质增效，促进建设新能源为主体的新型电力系统中发挥了重要的作用。

7.1.1 保障电力可靠供应

国网新源公司各抽水蓄能电站在电力保障任务中严格执行所属调度指令，机组随调随启。寒潮季节，所有在役抽水蓄能机组全部满发满抽运行；盛夏季节，抽水蓄能抽发电量同比增加 33%；9—10 月电力供应紧张期间，东北地区蒲石河抽水蓄能电站机组发电启动次数同比增加 45%。因系统紧急需要，各抽水蓄能电站全年自动开机或切机 8 台次。南网双调公司各抽水蓄能电站 2021 年度共参与系统调相任务 7182 次，有效保障系统电压的稳定。抽水蓄能电站有效保障电力系统安全稳定运行和可靠供电。

7.1.2 促进可再生能源消纳

为缓解电力系统供需平衡与动态调节的压力，地处“三北”地区的抽水蓄能电站呈现出启停更加频繁、午间抽水时间变长、机组无计划启动增多等运行特点。华北地区抽水蓄能电站全年抽发启动次数同比增加 36%以上，综合利用小时数增幅超过 30%。为更好平抑风电波动、促进次日光伏消纳，山东、山西两省的抽水蓄能电站出现夜间发电、白天抽水的“倒挂”现象，有效满足新能源装机大省消纳需求。

广东电网为西电东送南通道的主要受端，为减少弃水西电夏季基本维持高负载输送，输送电力约占夏季广东高峰负荷的 30%，为最大程度吸纳西部清洁水电，汛期抽水蓄能电站与其他电源共同作为主力调峰电源；新型电力系统中，作为主要能源的新能源具有随机性强、波动性大和可信出力低的特点，需要抽水蓄能在保证出力平稳的同时，承担部分“腰荷”的供电。随着系统中风电规模的不断提高，在负荷快速波动变化时，需要抽水蓄能机组配合其他机组 AGC 快速停机开泵进行辅助调频。

7.1.3 提升电力系统安全稳定运行能力

在 9—10 月电力供应紧张期间，华东地区 9 家抽水蓄能电站积极响应电网要求，按

调度指令频繁参与大电网调频工作，维持华东电网频率的稳定。福建仙游抽水蓄能电站机组运行时投入自动电压控制功能常态化参与福建电网电压调节；湖南黑麋峰抽水蓄能电站一流道 2 台机组抽水调相、一流道 2 台机组发电运行创新运行方式，有效响应湖南电网动态电压稳定需求和常规电源备用容量释放需求。

广州、惠州抽水蓄能电站在全网统调负荷仅为全年最高负荷的 20% 左右的春节期间共抽水 14 台次进行调相，有效保障了系统电压的稳定。广州、惠州、清远、深圳抽水蓄能电站均已配置了黑启动电源，在发生停电事故后，能够自启动并带动全网恢复供电。例如，广州抽水蓄能电站成功开展了机组黑启动试验和孤网运行稳定性等试验，试验证明电厂黑启动系统安全、可靠、快速，能逐步充电至周边 500kV 变电站或与其他黑启动成功的区域电网相并联，完成 500kV 电网的重建。此外，在保电、新机组投产试验、直流系统带负荷调试等特殊运行方式下也是电网调控的重要手段。主要已全部投运抽水蓄能电站 2021 年度运行情况见表 7.1。

表 7.1　　主要已全部投运抽水蓄能电站 2021 年度运行情况

序号	电站名称	综合利用小时数/h	抽水次数/次	发电次数/次
1	蒲石河	3485.77	2060	2251
2	白山	576.64	241	101
3	敦化	3530.25	412	505
4	十三陵	3750.84	1999	1981
5	潘家口	3366.74	1474	1391
6	张河湾	1577.72	1315	1156
7	西龙池	1521.46	1256	1228
8	泰安	2162.45	2611	2903
9	天荒坪	3388.41	1898	2645
10	桐柏	3112.33	1325	1783
11	宜兴	2309.34	926	1488
12	琅琊山	2880.49	1304	1231
13	仙居	3464.03	1533	2009
14	响水涧	3372.61	1553	1433
15	绩溪	2705.86	1875	1745
16	仙游	4228.88	1618	2599
17	响洪甸	2110.05	443	463
18	回龙	3455.38	1079	1093
19	宝泉	2554.52	1205	1191
20	白莲河	1465.29	632	657

续表

序号	电站名称	综合利用小时数/h	抽水次数/次	发电次数/次
21	黑麋峰	2942.18	1266	1884
22	洪屏一期	2631.53	1052	1208
23	广州	1964.21	3683	1945
24	惠州	2476.29	5338	2533
25	清远	2689.83	2356	1238
26	深圳	2886.96	1662	1027
27	海口	689.96	424	318
全　国		2640.7415	42540	40006

7.2　各区域概况

分电网区域来看，2021 年度中国主要已全部投运的抽水蓄能电站在不同的系统需求中，可以较好地满足电站设计的开发功能定位，同时为新能源消纳、核电安全稳定，促进系统整体低碳经济运行发挥较好的作用。

东北区域 2021 年月发电量均大幅高于同期，有效缓解东北电网电力供应压力。特别是 2021 年东北受电煤短缺影响电力供应形势最为紧张，蒲石河抽水蓄能电站、白山抽水蓄能电站全年机组发电启动次数同比分别增加 29.67%、38.36%，敦化抽水蓄能电站机组投产后始终保持高强度运行。

华北电网区域由华北分部直调的十三陵抽水蓄能电站、潘家口抽水蓄能电站全年均维持高运行强度水平。省调的电站受所在省份资源禀赋、网架结构及调节需求影响，反映出不同的运行特点：如山西电网是送端电网且新能源以风电为主，每年冬季大风期西龙池抽水蓄能电站运行强度高；山东电网新能源装机容量全国第一，对抽水蓄能的调用方式已经打破常规。

华东区域抽水蓄能调用计划性较强，机组启停及出力基本按照调度下发的 96 点计划曲线执行，各电站按照调度指令和计划要求，机组运行强度均处于较高水平。

华中区域 2021 年抽水蓄能的临时调节需求明显增加，导致频繁修改抽水蓄能计划曲线。区域内抽水蓄能电站有效发挥调峰、调频、调相等调节作用，助力华中电网安全稳定运行。

南方区域系统大量接受区外电力，在电力系统调峰困难时期按“低谷抽水、以抽定发”的定位运行，系统调峰缓和时期按“紧急事故备用”的定位以备用状态运行。部分抽水蓄能电站还可发挥配合主网断面调控的作用。为最大程度吸纳西部清洁水电，汛期

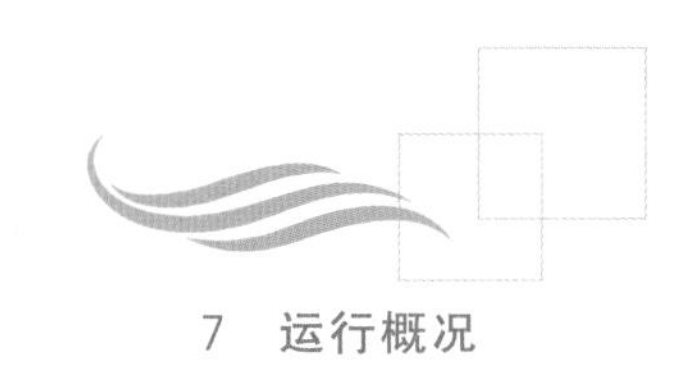

抽水蓄能电站与其他电源共同作为主力调峰电源；随着系统中风电规模的不断提高，在负荷快速波动变化时，抽水蓄能机组配合其他机组 AGC 快速停机抽水进行辅助调频。南方电网区域抽水蓄能电站典型日调度运行模式如图 7.1 所示。

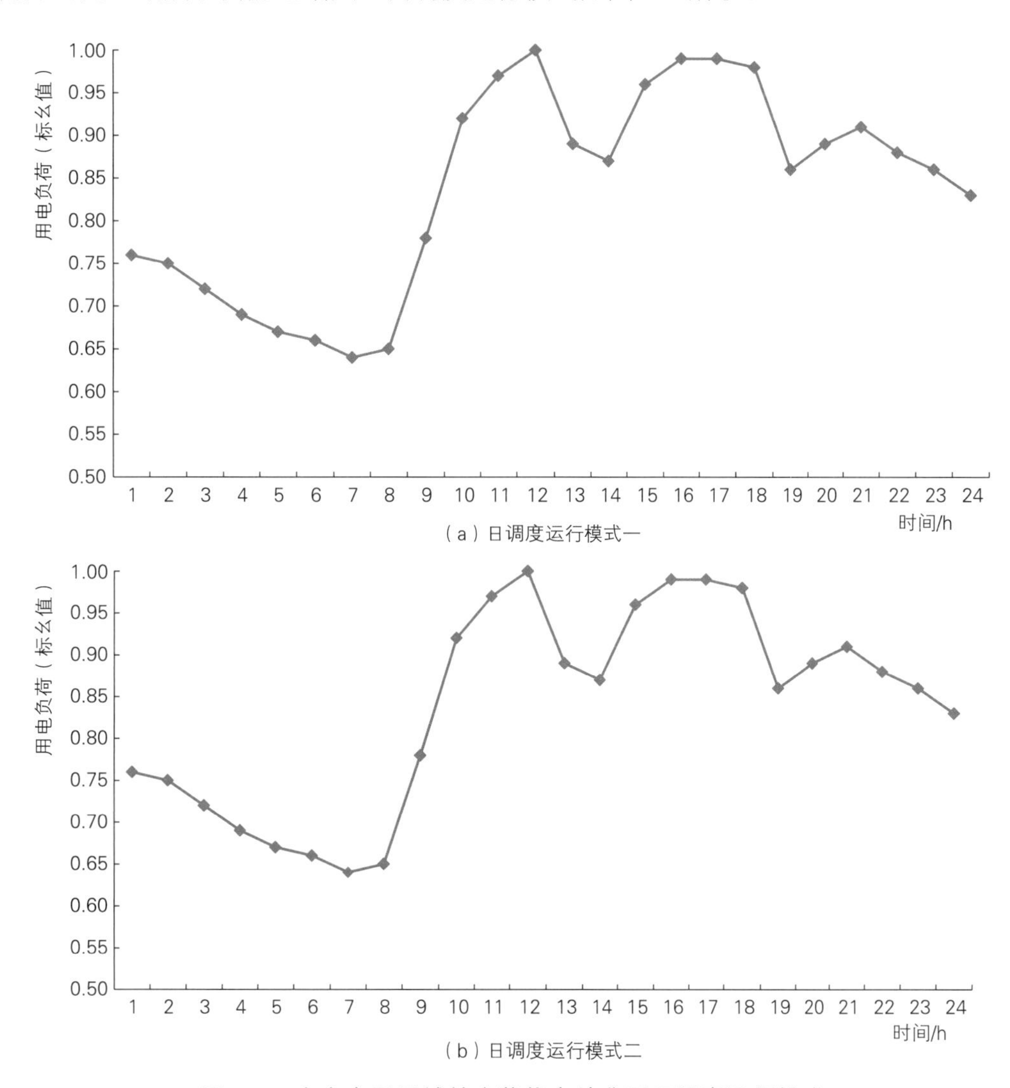

图 7.1　南方电网区域抽水蓄能电站典型日调度运行模式

部分电网区域内抽水蓄能电站 2021 年度运行情况见表 7.2。

表 7.2　部分电网区域内抽水蓄能电站 2021 年度运行情况

序号	电网区域	综合利用小时数/h	抽水次数/次	发电次数/次
1	东北	3008.62	2881	2728
2	华北	2221.4	8834	8805
3	华东	3203.35	15396	12475
4	华中	2424.16	6033	5234
5	南方	2141.45	13463	7061

7.3 典型案例分析

7.3.1 电网安全保障

2021 年国网新源公司各抽水蓄能电站共发生电力系统安控装置或频率协控装置动作 8 次；全年共计 63 台次抽水蓄能机组响应电网临时调用指令，参与电网紧急事故支撑。南网双调公司各抽水蓄能电站共年内开展应急启动 48 次，应急启动 77 台次。

7.3.2 迎峰度夏

2021 年迎峰度夏期间，国网新源公司抽水蓄能电站抽发电量均增加 33% 以上，抽发台次均增加 30% 左右，西龙池抽水蓄能电站、张河湾抽水蓄能电站综合利用小时数和台均启动次数同比增幅超过 100%，6 家抽水蓄能电站台均启动次数创各自单位新高，各抽水蓄能电站在高温、极端天气、火电出力受限、水电来水偏枯等严峻形势下，为保障电网安全稳定运行、促进新能源消纳、提升电力系统性能发挥了重要作用。

8 工程建设技术

8.1 发展概况

通过大量的工程实践，特别是近 20 年的快速发展，中国抽水蓄能电站建设已基本涵盖了各种复杂的工程条件，取得了举世瞩目的成就，实现了从学习借鉴到自主创新发展的跨越式进步，建成了一批技术先进、特点鲜明的抽水蓄能电站工程，如高达 756m、世界最大发电水头、高压钢管最高 *HD* 值 4800m^2 的长龙山抽水蓄能电站，沥青混凝土防渗面板设计冻断温度（－45℃）世界最低的呼和浩特抽水蓄能电站，在以Ⅳ类围岩为主地质条件下、跨度 25m、高度 55.3m、长度 220m 大型地下厂房的溧阳抽水蓄能电站。在坝工、库盆防渗、高水头压力管道、复杂地下洞室群以及施工技术等方面达到了世界领先水平或者先进水平。

8.2 主要技术进展

8.2.1 坝工技术

抽水蓄能电站上、下水库采用的坝型主要为土石坝和混凝土重力坝，其中土石坝在国内已建和在建工程中约占 83%。抽水蓄能电站大坝坝型统计见表 8.1。

表 8.1　　　　抽水蓄能电站大坝坝型统计表

序号	类　型	上水库大坝		下水库大坝	
		数量	比例/%	数量	比例/%
1	混凝土面板坝	39	60.9	28	54.9
2	沥青混凝土面板坝	13	20.3	2	3.9
3	碾压混凝土重力坝	5	7.8	12	23.5
4	混凝土重力坝	1	1.6	1	2.0
5	沥青混凝土心墙坝	3	4.7	3	5.9
6	黏土心墙坝	3	4.7	3	5.9
7	均质土坝	0	0	2	3.9
合　计		64	100	51	100

注　表中数据截至 2021 年。

土石坝中混凝土面板坝应用最为广泛，上水库约占 61%，下水库约占 55%。其中已建工程溧阳抽水蓄能电站上水库坝高最高，为 165m。

沥青混凝土面板坝上水库占20.3%，主要应用于全库盆防渗工程。西龙池抽水蓄能电站下水库大坝97.4m，为中国已建最高沥青混凝土面板坝；在建最高为句容抽水蓄能电站上水库大坝，坝高183.5m。

碾压混凝土重力坝和混凝土重力坝多应用在下水库，在下水库大坝中约占25%，一般是在泄洪流量较大、岸边溢洪道难以布置时采用。周宁抽水蓄能电站下水库大坝坝高108m，为中国抽水蓄能电站碾压混凝土第一高坝。

根据工程区填筑料源、施工条件及工艺要求等情况，沥青心墙坝和黏土心墙坝也有应用，采用沥青心墙坝的有敦化抽水蓄能电站、阳江抽水蓄能电站等；惠州抽水蓄能电站副坝、宜兴抽水蓄能电站下水库大坝等采用黏土心墙坝。

8.2.2 防渗技术

抽水蓄能电站水库必须采用全库盆防渗时，应优先研究确定库盆防渗方案，大坝防渗形式应与库盆防渗形式统筹考虑，尽量避免或减少不同防渗形式、材料间的接缝处理，提高库盆防渗的可靠性。库底采用高回填的全库盆防渗，需研究“岸坡+库底”的复合防渗形式，使库底防渗结构更好适应高回填产生的大变形或不均匀变形。

抽水蓄能电站库盆防渗技术近年来逐渐趋于成熟，并取得较大发展。对中国已建和在建的73个工程进行统计，18个工程上水库为全库盆防渗，其中沥青混凝土全库盆防渗11个，混凝土面板全库盆防渗3个，全库盆复合防渗4个；下水库全库盆防渗2个，其中西龙池抽水蓄能电站采用混凝土面板+沥青混凝土面板防渗，句容抽水蓄能电站采用库岸钢筋混凝土面板+库底土工膜防渗。另外，泰安抽水蓄能电站上水库、琅琊山抽水蓄能电站上水库和洪屏抽水蓄能电站上水库库底进行了部分防渗。

沥青混凝土面板防渗适应地基不均匀变形能力强、防渗整体性能好。目前中国已经全面掌握了现代沥青混凝土面板防渗设计和施工技术，改性沥青技术解决严寒地区沥青混凝土面板低温抗裂技术水平处于国际先进水平，典型工程为呼和浩特抽水蓄能电站（见图8.1和图8.2）。

混凝土面板防渗技术成熟、应用广泛，但其适应基础不均匀变形能力较差，永久分缝多，温控要求高，防裂控制难度大。但在受地形条件限制、采用沥青混凝土防渗不经济时，可以选择混凝土面板防渗。

抽水蓄能电站水库采用土工膜和黏土铺盖防渗的工程实例较少，已建成工程中，泰安、溧阳2座抽水蓄能电站的上水库库底采用土工膜防渗，宝泉、琅琊山、洪屏3座抽水蓄能电站上水库库底采用黏土铺盖防渗。

图 8.1　呼和浩特抽水蓄能电站上、下水库全景

图 8.2　冬天里的呼和浩特抽水蓄能电站上水库

8.2.3　进/出水口和超高水头压力管道技术

抽水蓄能电站输水系统具有双向水流、水力过渡过程复杂，压力管道水头高的特点。

抽水蓄能电站进/出水口体型有侧式和竖井式等型式。中国抽水蓄能电站工程大多采用侧式，已形成了一套较为完善的抽水蓄能进/出水口水力设计准则和典型体型设计参数，水力学数值模拟技术已普遍应用于进/出水口水力特性研究中，并与物理模型试验相互验证。

超高水头压力管道建设技术取得大量原创性突破。早期高压管道钢衬和钢岔管高强钢板全部采用进口。呼和浩特抽水蓄能电站采用国产高强钢板，790MPa 级钢板最大厚度达到 66mm。目前，高水头压力管道钢板衬砌广泛采用的 500MPa 级、600MPa 级、800MPa 级高强钢已全部实现国产化，1000MPa 级高强钢板也在应用研究中。

地下埋藏式内加强月牙肋钢岔管设计技术日趋完善。长龙山抽水蓄能电站钢岔管 *HD* 值已达 4800m^2，为世界第一（见图 8.3）。十三陵抽水蓄能电站钢岔管设计承担全部

图 8.3　高压岔管水压试验（设计最大内水压力水头为 1200m，*HD* 值高达 4800m²）

内水压力。西龙池、张河湾抽水蓄能电站钢岔管设计开始采用围岩分担部分内水压力。洪屏抽水蓄能电站钢岔管设计内水压力围岩分担率达 30.7%。

结合围岩地质条件，高压管道混凝土衬砌应用经验不断累积。中国第一个采用混凝土衬砌高压管道的工程为广州抽水蓄能一期工程，天荒坪抽水蓄能混凝土衬砌高压管道设计水头达 887m，已建的广东清远抽水蓄能钢筋混凝土衬砌压力管道的最大 *HD* 值已达 6780m²。混凝土衬砌高压管道普遍采用高压固结灌浆技术，最大灌浆压力达到 9MPa。

8.2.4　地下厂房建设技术

地下厂房是抽水蓄能电站最主要的厂房型式。中国大于 30 万 kW 已建、在建大型抽水蓄能电站均采用地下厂房，溪口和沙河 2 个中型电站采用半地下厂房；地面厂房均为中小型的混合式蓄能电站，如潘家口、天堂、羊卓雍湖、岗南、密云等工程。目前，正在进行前期设计的玉门抽水蓄能电站已推荐采用地面厂房方案。

基于大量常规电站和抽水蓄能电站地下工程的实际经验，中国抽水蓄能电站地下厂房洞室群设计技术处于世界先进水平。丰宁抽水蓄能电站已建成世界最大的抽水蓄能电站地下厂房和地下洞室群，地下厂房、主变洞尺寸分别达到（长度×跨度×高度）414.0m×25.0m×54.5m、450.5m×21.0m×22.5m（见图 8.4 和图 8.5）。抽水蓄能电站地下主厂房、主变洞、尾闸室大多平行布置，主厂房的主机间、安装场和副厂房多呈“一”字形，安装场一般布置在端部，少数电站因地质条件原因或机组台数较多布置在中部，如十三陵、西龙池、丰宁等工程。主变压器绝大多数布置在地下，仅有响洪甸、溪口和沙河 3 个中型抽水蓄能电站布置在地面。琅琊山抽水蓄能电站地下厂房地质条件较差，采用变压器布置在主机间两端的方案。

图 8.4　丰宁抽水蓄能电站地下厂房场景 1

图 8.5　丰宁抽水蓄能电站地下厂房场景 2

抽水蓄能电站一般选址于地质条件较好的区域，地下厂房地质条件较好，但也不乏个别工程遭遇特殊地质问题，围岩条件较差，如宜兴、溧阳、蟠龙等抽水蓄能电站。地下洞室普遍采用喷锚柔性支护 + 局部刚性衬砌，开挖与支护进行动态设计，洞室围岩稳定均得以保证。

地下厂房内主要结构设计技术成熟。厂房桥机均采用岩壁吊车梁方案，运行状态基本良好，但根据监测资料，岩壁吊车梁受拉锚杆、梁体内钢筋应力受桥机荷载影响增长不大，其设计理论、方法等还需进一步完善。根据工程特点采用直埋、打压、垫层等蜗壳埋入方式。蜗壳外围混凝土结构均处于安全状态。

厂房结构振动及减振减噪技术已有大量工程实践经验积累。中国早期几座大型抽水蓄能电站投产后，因机组振动产生的厂房结构振动较为突出。随着国产机组水力学设计技术的进步，经振源（机组振动）特性、结构振动监测资料分析、结构动力特性、减振措

施等方面的研究，目前普遍采取利用围岩加强对厂房结构的约束，提高机墩、蜗壳外包混凝土、楼板等的结构刚度，楼板采用现浇厚板结构或中厚板加肋形梁结构，选择合理的机组段分缝方案等措施，国产高水头、大容量机组的振动问题已得到明显改善，厂房振动问题已不突出。但在利用水头和单机容量方面进行技术突破时，厂房结构设计应预先考虑必要的抗振措施，如浙江天台抽水蓄能电站水轮机额定水头为724m，单机额定容量425MW，为减轻高水头、大容量机组运行可能出现的厂房结构振动，经专题研究，采用了蜗壳、机墩、风罩等结构上游紧贴洞室围岩布置、加强风罩等关键部位刚度、一机一缝等设计措施。

8.2.5 建设管理与施工技术

依托常规水电站建设管理与施工技术的发展，同时也得益于抽水蓄能电站大量工程实践，抽水蓄能电站建设管理与施工水平不断提升，近年来在绿色施工、关键装备研发应用、智能建造方面进行了许多有益的探索，部分施工技术已达到或领先国际水平。

（1）筑坝施工技术日趋成熟

土石坝在抽水蓄能电站中应用较多，尤其混凝土面板坝及心墙坝，其施工技术较为成熟，沥青混凝土面板坝国内起步较晚。目前也已全面掌握普通石油沥青和改性沥青混凝土面板施工技术，包括配合比设计与试验、混合料制备、运输、摊铺及碾压全过程。

（2）高压岔管施工技术取得新进展

钢岔管早期大多是在工厂制作，整体运输至工地安装，目前由于钢岔管尺寸制约，较多采用现场拼装。呼和浩特抽水蓄能电站和仙居抽水蓄能电站的钢岔管采用国产790MPa钢板，在工厂车间加工瓦片，在工地车间拼装焊接；溧阳抽水蓄能电站钢岔管采用进口800MPa钢板，因尺寸较大无法整体运到洞内，采用在工厂车间加工瓦片，在洞内现场进行拼装焊接和水压试验。

混凝土岔管高压固结灌浆施工技术也开展了有益尝试并取得宝贵经验，其中，广州抽水蓄能电站最大灌浆压力为6.5MPa、天荒坪抽水蓄能电站为9.0MPa、惠州和深圳抽水蓄能电站为7.5MPa；阳江抽水蓄能电站近期在完成最大灌浆压力8.0～10.0MPa的生产性试验后，已完成混凝土岔管高压固结灌浆施工并投运。

（3）复杂地质条件下的地下厂房洞室群开挖支护技术已有大量成功实践

地下厂房施工通常是抽水蓄能电站的关键线路，大部分采用地下厂房的抽水蓄能电站工程，其主体工程施工期从主厂房顶拱开挖开始，至首台机组投产发电，一般在48～60个月。地下厂房普遍采用自上而下分层爆破开挖等施工技术，根据地下厂房地质条件的差异，其开挖支护工程工期一般在18～36个月；开挖支护完成至首台机投产发电一般在24～36个月。

溧阳抽水蓄能电站地下厂房地质条件十分复杂，施工中克服了各类结构面及蚀变岩脉普遍发育、岩体完整性差、地下水丰富等工程地质难题，顺利实现了复杂地质条件大型地下洞室群开挖和支护施工，实际开挖支护工期达 33 个月（见图 8.6～图 8.8）。为探索机械化施工技术，文登抽水蓄能电站主厂房顶拱以下开挖层前期采用了绳锯和盘锯等无爆破机械切割工艺。

图 8.6　溧阳抽水蓄能电站地下厂房开挖场景 1

图 8.7　溧阳抽水蓄能电站地下厂房开挖场景 2

图 8.8　溧阳抽水蓄能电站地下厂房发电机层

（4）斜井竖井施工技术与装备不断创新

长斜井与深竖井的导井施工方法以爬罐和反井钻机为主，一般情况下，爬罐导井平均日进尺在 2m 左右，反井钻机导井日进尺可在 8～12m，效率较爬罐导井明显改善，且因爬罐施工作业条件差，近几年斜井和竖井的导井施工逐步以反井钻机为主，但有些工程斜井段较长，反井钻机的偏斜精度控制困难，也采用上段反井钻机、下段爬罐施工的

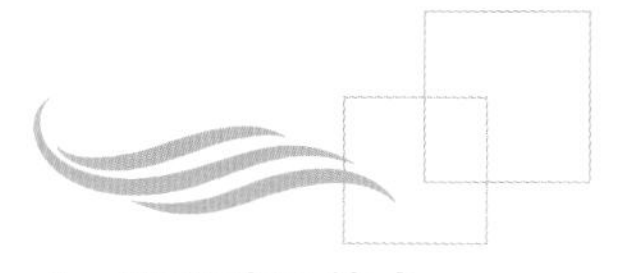

分段导井方案，比如绩溪抽水蓄能电站。 在工程实践中，敦化抽水蓄能电站 381m 上斜井和 426m 2 号引水系统下斜井采用爬罐施工导井；深圳抽水蓄能电站 380.3m 斜井和阳江抽水蓄能电站 382m 竖井采用反井钻机施工导井。 针对长斜井反井钻机施工技术难题，敦化抽水蓄能电站 2 号引水系统上斜井采用定向钻打导孔、反井钻机打导井相结合的施工技术，有效解决了长斜井导井造孔精度问题。

（5）机械化智能化建设成绩斐然，TBM 在隧洞施工方面取得可喜突破

TBM 应用于隧洞施工在工程质量、安全、进度、环保、文明施工等方面具有显著优势，TBM 在抽水蓄能电站中应用中开展了部分工作，现阶段主要围绕小断面排水廊道、辅助交通洞室、斜/竖井三个方向开展研究试点及应用。 TBM 在文登抽水蓄能电站引水上层排水廊道和地下厂房中层和下层排水廊道掘进施工应用中取得成功，累计掘进 2307m，通过文登抽水蓄能电站项目的积极探索和实践，设备制造与工程设计紧密协作、互动适应成功实现了小断面、小转弯半径隧洞应用 TBM 施工，对其他抽水蓄能电站的排水廊道设计以及 TBM 应用具有一定的指导性和推广价值（见图 8.9 和图 8.10）。 在文登抽水蓄能电站小断面 TBM 施工探索成功之后，多个项目开展了相关应用，宁海抽水蓄能电站自流排水洞和中层排水廊道 TBM 开挖掘进累计 2840.5m，已施工完成，最高日进尺约 26m、最高月进尺约 530m；平江抽水蓄能电站自流排水洞和排水廊道采用 TBM 施工掘进，计划总长度为 7318m，已实施段最高日进尺 30.7m，最高月进尺 605.1m（见图 8.11）；桐城抽水蓄能电站自流排水洞与排水廊道洞

图 8.9　文登抽水蓄能电站排水廊道 TBM 始发状态

图 8.10　文登抽水蓄能电站排水廊道 TBM 开挖断面

线 8.6km 采用 TBM 施工，TBM 于 2022 年 2 月始发。目前，抚宁抽水蓄能电站正在开展大断面平洞 TBM 施工试点，交通洞和通风洞开挖采用 TBM 施工，开挖直径为 9.5m，计划掘进 2228.8m，2022 年 5 月初已掘进至厂房，累计掘进 1260m（见图 8.12）。

图 8.11　平江抽水蓄能电站自流排水洞 TBM 下线验收

图 8.12　抚宁抽水蓄能电站 TBM 始发

目前，中国抽水蓄能电站尚未有大倾角斜井 TBM 的施工案例，根据国外及其他行业斜井 TBM 的施工经验和国内设备制造厂家已有技术，输水系统斜井 TBM 施工正在开展相

关技术攻关和试点研究工作。洛宁抽水蓄能电站为中国首次在抽水蓄能电站斜井中采用TBM掘进，反挖法全断面一次成型，具有直径大（ϕ7.2m）、坡度大（最大坡度38.7°）、斜井长（最大长度928.55m）等特点，相关工作正在推进中，TBM设备正在生产组装，预计2022年下半年始发掘进；平江抽水蓄能电站引水隧洞采用可变径TBM成套设备，实现大坡度斜井倾角达50°、可变径范围6.5～8m级隧洞掘进，兼具平洞与斜井转换的连续施工能力，正在开展技术研发工作。

（6）建设工期管理已有丰富经验，新形势下仍面临新挑战

抽水蓄能电站地下厂房施工通常是工程关键线路。工程准备期的关键项目一般是通风兼安全洞，以便尽早开展厂房顶拱开挖，根据通风兼安全洞的工程量和施工难度，工程准备期多为3～6个月，同期可继续开展场内交通、场地平整、施工工厂设施、生活和生产房屋等项目施工；主体工程施工期从主厂房顶拱开挖开始，至首台机组投产发电，一般在48～60个月，且主要受地下厂房洞室群地质条件的影响，比如，溧阳电站厂房地质条件复杂、支护工程量大，开挖支护阶段直线工期达33个月；自第一台（批）机组投入运行或工程开始产生效益至工程完工为工程完建期，4台机组一般为12个月，6台机组一般为20个月。工程准备期之前是工程筹建期，即工程进场开工到具备主体工程施工条件的时间，主要安排对外交通、施工供电、施工通信、施工区征地移民等工作，工期多为12～24个月。按施工组织设计规范，工程筹建期不计入工程建设总工期。

抽水蓄能电站工程建设往往面临诸多复杂局面，个别工程初期蓄水困难，关键线路可能是上、下水库工程施工和蓄水这条线，同时受前期工作进度影响，工程实际开工时间、工程准备期和主体工程施工期起点可能需要根据工程建设实际情况具体分析确定。

新形势下，各方都对工程建设工期管理予以高度关注，围绕合理安排建设工期、尽早发挥工程效益，已经在组织开展相关研究工作。这些研究大体可以分为两类：一类旨在创新施工技术和工艺，提高关键线路项目的施工效率，比如针对地下厂房洞室群开挖支护施工、输水隧洞控制段开挖支护施工、地下厂房大体积混凝土施工、机组安装与调试等方面的创新技术、工艺或工法。从目前已有研究来看，对于地质条件较好的项目，采用机械化、智能化等创新手段，地下厂房洞室群开挖支护阶段直线工期有可能进一步缩短。另一类则侧重建设管理层面的协调和创新，比如统筹考虑前期工作与工程筹建的合理衔接，优化筹建期和施工准备期项目进度安排，结合工程特点协调优化预可行性研究阶段、可行性研究阶段、项目核准、环境保护与国土资源手续办理等工作安排，以期尽早具备主体工程施工条件。尽管已经开展了大量有益的尝试，考虑到抽水蓄能电站建设条件的复杂性，工程建设工期管理必将面临诸多挑战，有必要整合行业资源，通过关键技术攻关，推动施工质量与效率进一步明显提升，以及行业技术进步。

8.3 技术发展展望

随着“双碳”目标和构建以新能源为主体的新型电力系统，未来抽水蓄能电站建设将迎来跨越式发展，将面临复杂地质条件、超高水头、复杂运行条件等挑战，有必要继续加强复杂地质条件筑坝成库与渗流控制技术、复杂地质条件地下洞室群安全快速施工技术、超高压岔管与压力管道建设技术、数字孪生与智能建造等方面的创新与突破，不断探索和发展环境友好型施工技术、绿色智能化施工技术，从而为抽水蓄能电站高质量建设提供有力支撑。

（1）新时期抽水蓄能电站建设更加点多面广，将面临越来越多的工程技术挑战，应对高寒、高海拔等恶劣建设环境以及高地震烈度及活动性断层等复杂地质条件下的各类技术难题，建设方案既要保证电站安全，还要因地制宜、经济合理，努力成为最安全、稳定、便捷、经济的储能形式。

（2）抽水蓄能电站将持续提高绿色施工和智能建设水平。首先，基于全生命周期理念，数字孪生技术将得到持续关注和更广泛的应用，并为更多建设和运维场景提供数字化映射、智慧化模拟、精准化决策，从而有力推动智能建设向智慧运维延伸。目前，设计施工一体化协同技术和管理系统已应用于多个抽水蓄能电站并不断改进。其次，“少人化、机械化、智能化、标准化”的发展趋势将愈加明显。作为机械化、智能化建设的代表，TBM 应用于抽水蓄能电站隧洞施工在工程质量、安全、进度、环保、文明施工等方面具有显著优势，目前小断面 TBM 在抽水蓄能电站已取得突破性进展，其推广应用已形成了较为广泛的共识，大断面和斜井、竖井、变径 TBM 施工也正在开展相关试点研究和技术攻关工作。

（3）抽水蓄能电站群建设方案和开发时序将更加聚焦于水风光储一体化建设要求，以及对新型电力系统的有效支撑。未来，抽水蓄能建设方案将更加注重结合地方资源条件和能源结构特点，因地制宜选择更为合理的技术方案和开发时序；此外，中小抽水蓄能电站、小微抽水蓄能电站的建设关键技术及其发展潜力问题也亟待深化研究。

9 装备制造技术

9.1 发展概况

9.1.1 产业发展基本历程

抽水蓄能电站发展至今已有 100 多年历史。日本、美国及西欧国家在 20 世纪 90 年代以前都经历了一波抽水蓄能机组制造高潮，机组容量覆盖几万千瓦到几十万千瓦。进入 90 年代后，欧美发达国家抽水蓄能电站建设出现停滞现象，但日本依然坚持较大规模的抽水蓄能电站建设，建成葛野川（单机容量 41.2 万 kW、额定水头 714m、最大扬程 778m）、神流川（单机容量 47 万 kW、额定水头 653m、最大扬程 728m）等具有代表性的高水头、大容量、可变速抽水蓄能电站。

中国抽水蓄能机组的设计和制造起步较晚。2003 年以前由于中国没有掌握核心技术，已建和在建的大型抽水蓄能电站机组及配套设备均被国外公司所垄断。自 2003 年开始，在国家发展改革委及国家能源局的统一组织、指导和协调下，中国决定以工程为依托，通过统一招标、技贸结合的方式，力争大型抽水蓄能成套设备自主研制能力达到国际领先水平。抽水蓄能机组国产化历程主要分为技术引进、消化吸收和自主创新等几个阶段，通过引进、消化、吸收、再创新，中国抽水蓄能电站装备制造核心技术发展实现了从“跟跑”“并跑”到“领跑”的跨越式发展，核心技术开发和关键部件的设计、制造达到了国外同等水平，部分领域处于国际领先水平。抽水蓄能电站机组设备使用情况如图 9.1 所示。

2010 年以前投产的电站基本上处于“跟跑”阶段。早期建设的广蓄、十三陵、天荒坪、桐柏、琅琊山、泰安、宜兴、张河湾、宝泉、西龙池、惠州、白莲河等大型抽水蓄能电站，其机组及配套设备基本由国外厂商供货，中国不具备相应机组制造能力。2003 年开始，以宝泉、惠州和白莲河 3 座抽水蓄能电站为依托工程，通过统一招标和技贸结合的方式，引进抽水蓄能电站机组设备设计和制造技术。

2010—2019 年投产的电站基本上处于“并跑”阶段。2005 年 5 月起，中国进入全面消化吸收引进技术阶段。依托黑麋峰、蒲石河、呼和浩特抽水蓄能电站，机组由国内制造商作为主包责任方，国外技术合作方承担分包并负责技术支持。主机设备的总体设计、技术设计和性能由技术合作方负责；结构设计根据设备部件的不同分别由技术合作方或国内厂家负责，但技术合作方负责总体审核。这个阶段，中国东方电气集团东方电机有限公司（以下简称“东电”）、哈尔滨电机厂有限责任公司（以下简称“哈电”）两大机组厂家积极学习国外制造技术，并逐步具备自主研发的能力。2007 年起，依托响水涧、仙游及溧阳等抽水蓄能电站工程，中国开始全面自主研发具有自主知识产权的核心技术，建设自主化电站。2012 年投入运行的响水涧抽水蓄能电站是第一个由中国制造商

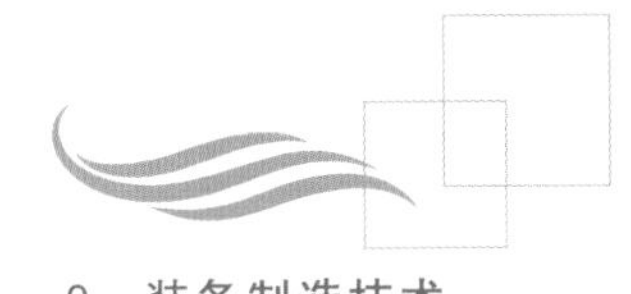

（哈电）独立完成机组设计、制造和成套供货的抽水蓄能电站。2013 年投入运行的仙游抽水蓄能电站、2016 年投入运行的仙居抽水蓄能电站、2017 年投入运行的溧阳抽水蓄能电站机组及其附属设备分别由东电、哈电两个中国制造商独立成套设计、制造和供货。其中，仙居抽水蓄能电站的单机容量达到 37.5 万 kW，较之前 30 万 kW 的设计水平提高了一个等级，成为当时国产制造能力的顶峰。

2019 年以后投产的电站基本上处于“领跑”阶段。2019 年及以后投入运行的绩溪、丰宁一期、沂蒙、荒沟、敦化、梅州一期、长龙山、阳江一期等抽水蓄能电站均由东电、哈电两个国内制造商独立成套设计、制造和供货，机组朝着大容量、高水头、高转速、可变速方向发展。变速机组由于具有较好的转速适应能力、自动频率控制、提高机组效率及运行稳定性等一系列优点，成为今后发展的重点方向。目前中国正在开展大型变速机组的大量科研工作。丰宁抽水蓄能电站二期工程在中国首次引进 2 台交流励磁变速机组。

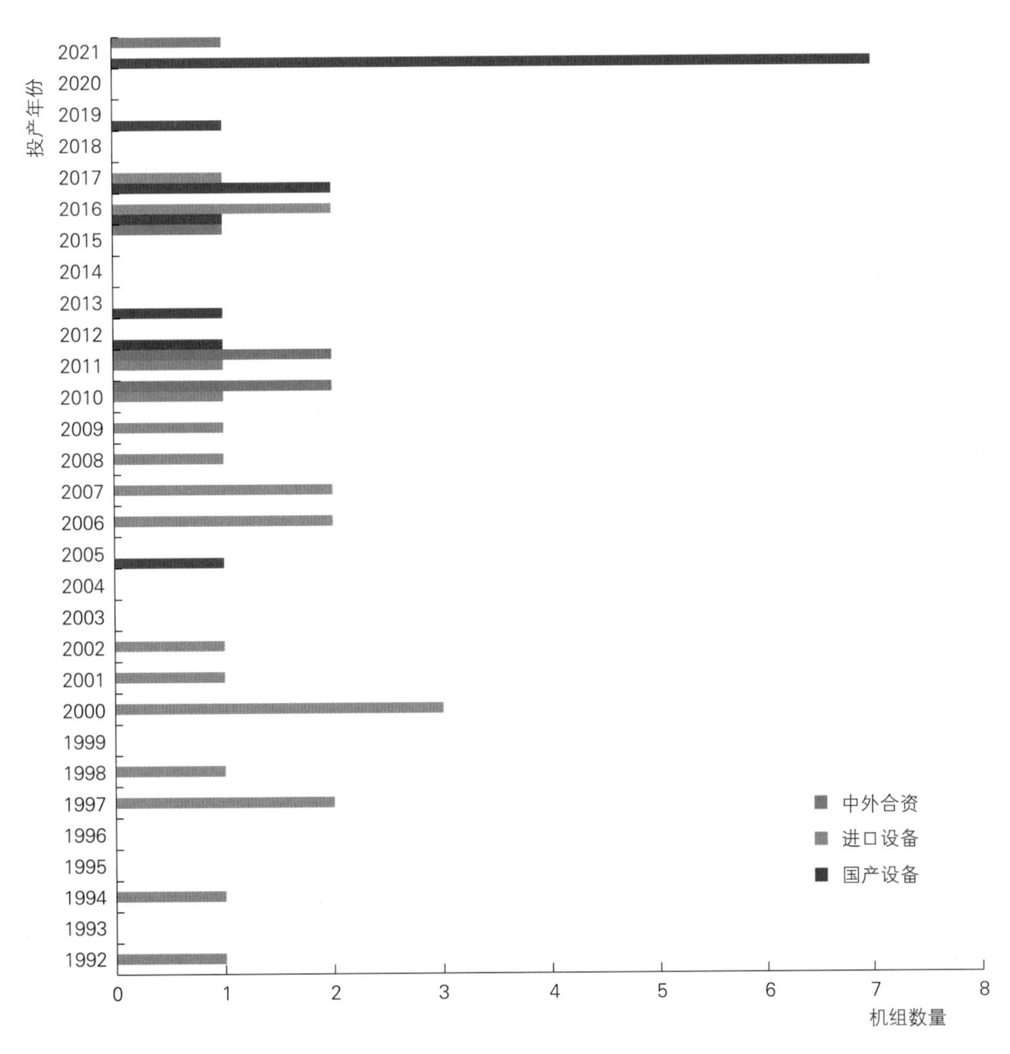

图 9.1 抽水蓄能电站机组设备使用情况

图 9.2　绩溪抽水蓄能电站发电机层

图 9.3　丰宁抽水蓄能电站鸟瞰图

绩溪抽水蓄能电站采用中国自主研制的第一台转速 500r/min 抽水蓄能机组，由东电供货。图 9.2 为绩溪抽水蓄能电站发电机层。

丰宁抽水蓄能电站是中国自主设计和建设的世界在建规模最大的抽水蓄能电站，创造了抽水蓄能电站四项“世界第一”：装机容量世界第一、储能能力世界第一、地下厂房规模世界第一、地下洞室群规模世界第一。图 9.3 为丰宁抽水蓄能电站鸟瞰图。

9.1.2 主要制造厂家概况

（1）机组制造厂家

中国现有大中型水电机组生产企业十余家，但具备生产大型抽水蓄能机组能力的厂家不多。其中哈电和东电由于建厂历史悠久、生产规模大、制造能力强、设计和科研水平高，成为水电机组制造的大型骨干企业，具备生产大型抽水蓄能机组的能力和业绩。中外合资企业中，在国内市场上有着较强的竞争力和影响力的有上海福伊特水电设备有限公司（以下简称“上海福伊特”）、通用电气水电设备有限公司（以下简称“GE”）、东芝水电设备有限公司（以下简称“东芝”）。

哈电目前已实现了 700m 水头段、单机容量 40 万 kW 的抽水蓄能机组的设计制造业绩，并具备年产约 20 台大型抽水蓄能机组的制造、交付、安装服务能力。目前中国在运单机容量最大的阳江一期 3 台 40 万 kW 机组由哈电设计制造。

东电目前已具备年产 15～20 台大型抽水蓄能机组的制造、交付、安装服务能力。东电为浙江长龙山抽水蓄能电站提供的 4 台（1～4 号机）单机容量 35 万 kW、转速 500r/min 的抽水蓄能机组已部分投运，最大扬程达到 764m，最大扬程处于在运同类型抽水蓄能机组世界第二、中国最高水平。

3 家合资企业均具备单机容量 40 万 kW 大型抽水蓄能机组的设计制造能力。其中，日本葛野川抽水蓄能电站配备的世界上扬程最高且单机容量最大的可变速抽水蓄能机组（单机容量 41.2 万 kW、最大扬程 778m、转速 500r/min±4%）由东芝公司供货，长龙山抽水蓄能电站 5～6 号机组（单机容量 35 万 kW、额定转速 600r/min）由上海福伊特提供。

（2）SFC 制造厂家

静止变频启动设备（SFC）是抽水蓄能电站的重要设备之一，主要承担抽水蓄能机组水泵工况启动任务。中国在运抽水蓄能电站多采用 GE、ABB（中国）有限公司（以下简称“ABB”）、西门子股份有限公司（以下简称“西门子”）等国外制造商产品。在国家创新驱动战略的大力推动下，“十二五”期间南京南瑞继保电气有限公司（以下简称“南瑞继保”）成功研制了首套具有完全自主知识产权的大型抽水蓄能电站 SFC 装置，并于

2014 年 4 月在响水涧抽水蓄能电站正式投入运行，填补了国内该领域的空白。南瑞继保在产品设计阶段，从系统绝缘设计、转矩波动抑制、传感器工况适应性、并网时间优化等多个方面进行了技术攻关和首创设计。

目前，中国已完全掌握了 SFC 全套设备设计、制造、调试等技术，国产 SFC 产品已推广至安徽绩溪、河北丰宁一期、广东梅州一期、广东阳江一期等新建项目，以及广州二期、河南回龙、湖北天堂等改造项目。其中，安徽绩溪抽水蓄能电站是国内厂家承担的首套 SFC 新建项目；广东阳江一期抽水蓄能电站采用的 SFC 电压等级最高、额定容量最大。

（3）发电机断路器（GCB）厂家

已投入运行的抽水蓄能电站大多设置发电机断路器，瑞士 ABB 的产品占到了中国市场份额的 95%以上，西门子、施耐德电气有限公司（以下简称“施耐德”）、阿尔斯通有限公司（以下简称“阿尔斯通”）等厂家市场份额很小。目前，西安西电开关电气有限公司已生产出发电机断路器样机，计划在梅州抽水蓄能电站中应用。国网新源公司目前已启动抽水蓄能电站 40 万 kW 级发电电动机（真空断路器、制动断路器及成套在线监测系统、起动隔离开关及接地开关、换相隔离开关）国产化研制技术服务招标公告，今后将会有更多的中国制造厂投入到发电机断路器的研制开发中。

（4）其他设备主要厂家

抽水蓄能电站涉及的进水阀、主变压器、GIS、高压电缆、计算机监控系统、继电保护装置等其他机电设备已基本实现国产化，且不断取得进步。目前为抽水蓄能电站供货的主变压器厂家主要有保定天威保变电气股份有限公司（以下简称“保定天威”）、特变电工衡阳变压器有限公司（以下简称“特变电工衡阳”）、常州东芝变压器有限公司（以下简称“常州东芝”）等；GIS 厂家主要有西安西电高压开关有限责任公司（以下简称“西安西电”）、上海思源高压开关有限责任公司（以下简称“上海思源”）、山东泰开高压开关有限公司（以下简称“山东泰开”）等；高压电缆厂家主要有青岛汉缆股份有限公司（以下简称“青岛汉缆”）、江苏安靠智能输电工程科技股份有限公司（以下简称“江苏安靠”）、河北新宝丰电线电缆有限公司（以下简称“河北新宝丰”）等；计算机监控系统厂家主要有国电南瑞科技股份有限公司（以下简称“南瑞”）、国电南京自动化股份有限公司、北京中水科水电科技开发有限公司等。

9.1.3 投产电站供货情况

按电站投产时间，中国已投产抽水蓄能电站的主要机电设备供货厂家不完全统计情况见表 9.1。

表 9.1 已投产抽水蓄能电站主要电气设备供货厂家不完全统计表

序号	电站名称	在运装机容量/万 kW	机组构成/万 kW	投产年份	机组	SFC	GCB	主变压器	GIS
1	潘家口	27	3×9	1992	瑞士 ABB	瑞士 ABB	瑞士 ABB	沈阳变压器	无
2	广州一期	120	4×30	1994	NEYRPIC－阿尔斯通	法国阿尔斯通	瑞士 ABB	法国阿尔斯通	法国阿尔斯通
3	十三陵	80	4×20	1997	水泵轮机：美国 VOITH；发电电动机：奥地利 ELIN	法国 JEUMONT	—	奥地利 ELIN	瑞士 ABB
4	羊卓雍湖	9	4×2.25	1997	奥地利 ELIN	无	无	奥地利 ELIN	AIS
5	溪口	8	2×4	1998	水泵水轮机：瑞士 SULZER；发电电动机：瑞士 ABB	瑞士 ABB	—	—	—
6	天荒坪	180	6×30	2000	GE	Cegelec	瑞士 ABB	英国 Peebels	瑞士 ABB
7	响洪甸	8	2×4	2000	东方电机	—	西门子	—	—
8	天堂	7	2×3.5	2001	克瓦纳（杭州）	原：安德里茨；改造：南瑞	原：ABB（SF6 型）；改造：施耐德（真空型）	湖北浠水	原：AIS；改造：西门子
9	沙河	10	2×5	2002	法国阿尔斯通	法国阿尔斯通，改造后南瑞继保	法国阿尔斯通	沈阳变压器	AIS
10	回龙	12	2×6	2005	哈电	原：匈牙利 GANZ ANSALDO；改造：南瑞	阿尔斯通	西电	平高
11	白山	30	2×15	2006	哈电	阿尔斯通技改后南瑞	瑞士 ABB	特变电工	—
12	桐柏	120	4×30	2006	水泵水轮机：VATECH；发电电动机：VATECHELIN	法国阿尔斯通	瑞士 ABB	德国西门子	瑞士 ABB

续表

序号	电站名称	在运装机容量/万 kW	机组构成/万 kW	投产年份	机　组	SFC	GCB	主变压器	GIS
13	泰安	100	4×25	2007	德国西门子	AE－POWER	AE－POWER	常州东芝	平高东芝
14	琅琊山	60	4×15	2007	奥地利 VATECH Hydro	法国阿尔斯通	瑞士 ABB	法国 SDCEM	河南平芝
15	宜兴	100	4×25	2008	GE Hydro 联营体	瑞士 ABB	瑞士 ABB	德国西门子	瑞士 ABB
16	张河湾	100	4×25	2009	水泵水轮机：法国阿尔斯通； 发电电动机：日本 FUJI	—	AE－POWER	重庆 ABB	瑞士 ABB
17	广州二期	120	4×30	2000	VOITH－西门子	德国西门子	瑞士 ABB	PEEBLES	德国西门子
18	西龙池	120	4×30	2010	日本三菱电气、日立、 东芝、三菱 组成的 MHTMC 联营体	瑞士 ABB	瑞士 ABB	保定天威保变	日本 AEPOWER
19	白莲河	120	4×30	2010	法国阿尔斯通	瑞士 ABB	瑞士 ABB	常州东芝	瑞士 ABB
20	黑麋峰	120	4×30	2010	1～2 号：法国阿尔斯通； 3～4 号：东电	瑞士 ABB	瑞士 ABB	特变电工衡阳	新东北电气 （沈阳）
21	蒲石河	120	4×30	2011	哈电供货，法国阿尔斯通水电 公司为技术支持方	法国阿尔斯通	瑞士 ABB	常州东芝	河南平高东芝
22	宝泉	120	4×30	2011	1～3 号：法国阿尔斯通； 4 号：哈电	法国阿尔斯通	瑞士 ABB	常州东芝	德国西门子
23	惠州	240	8×30	2011	法国阿尔斯通	—	—	保定天威保变	法国 AREVA
24	响水涧	100	4×25	2012	哈电	瑞士 ABB	瑞士 ABB	特变电工衡阳	苏州阿尔斯通
25	仙游	120	4×30	2013	东电	瑞士 ABB	瑞士 ABB	常州东芝	苏州 AREVA 公司

续表

序号	电站名称	在运装机容量/万 kW	机组构成/万 kW	投产年份	机组	SFC	GCB	主变压器	GIS
26	呼和浩特	120	4×30	2015	东电供货，法国阿尔斯通技术支持	瑞士 ABB	瑞士 ABB	保定天威保变	西安西电
27	仙居	150	4×37.5	2016	水泵水轮机：哈电； 发电电动机：东电	瑞士 ABB	瑞士 ABB	山东电力	山东泰开
28	洪屏	120	4×30	2016	上海福伊特	瑞士 ABB	瑞士 ABB	特变电工衡阳	上海西门子
29	清远	128	4×32	2016	东芝水电设备（杭州）	瑞士 ABB	—	特变电工衡阳	厦门 ABB
30	溧阳	150	6×25	2017	哈电	瑞士 ABB	瑞士 ABB	1 号：江苏华鹏； 2～6 号： 特变电工衡阳	现代重工（中国）
31	深圳	120	4×30	2017	水泵水轮机：东电； 发电电动机：哈电	北京 ABB	瑞士 ABB	特变电工衡阳	上海思源
32	琼中	60	3×20	2017	法国阿尔斯通	瑞士 ABB	—	特变电工衡阳	上海思源
33	绩溪	180	6×30	2019	东电	南瑞/西门子	瑞士 ABB	特变电工衡阳	山东泰开
34	丰宁一期	60	6×30	2021	哈电	西门子/南瑞	瑞士 ABB	山东电力	山东泰开
35	沂蒙	60	4×30	2021	东电	西门子	日立	常州东芝	河南平芝
36	荒沟	30	4×30	2021	哈电	瑞士 ABB	瑞士 ABB	特变电工衡阳	上海思源
37	敦化	105	4×35	2021	1 号、2 号：东电； 3 号、4 号：哈电	西门子	瑞士 ABB	特变电工衡阳	山东泰开
38	长龙山	105	6×35	2021	1～4 号：东电； 5～6 号：上海福伊特	西门子/南瑞	瑞士 ABB	保定天威保变	西安西电
39	周宁	30	4×30	2021	哈电	武汉中电和盛	瑞士 ABB	—	山东泰开
40	梅州一期	30	4×30	2021	东电	南瑞继保	瑞士 ABB	特变电工衡阳	西安西电
41	阳江一期	40	3×40	2021	哈电	南瑞继保	瑞士 ABB	特变电工衡阳	西安西电

9.2 主要技术成就

9.2.1 机组制造水平

抽水蓄能机组的性能高低和容量大小是抽水蓄能电站设备制造技术水平的重要标志。

在水泵水轮机水力开发方面，中国已经实现 700m 水头段、单机容量 40 万 kW 的水泵水轮机水力研发，以及 100～700m 水头段、单机容量 40 万 kW 及以下诸多蓄能机组的建设、投产及运行。从电站水头方面来看，在建的吉林敦化抽水蓄能电站、广东阳江抽水蓄能电站、浙江长龙山抽水蓄能电站额定水头均超过 650m，处于世界前列；已经核准的浙江天台抽水蓄能电站额定水头 724m，是世界额定水头最高的抽水蓄能电站，机组总体设计制造难度处于世界领先水平。

在发电电动机开发方面，中国已建和在建抽水蓄能电站大型发电电动机均为立轴、三相、全空冷、可逆式同步电机。在建的浙江长龙山抽水蓄能电站有 2 台机组额定转速达到 600r/min、额定容量 35 万 kW，部分机组已经投产的广东阳江抽水蓄能电站发电电动机额定转速达到 500r/min、额定容量 40 万 kW，发电电动机总体制造难度处于世界先进水平。

9.2.2 水力机械技术

近年来，随着国内抽水蓄能电站建设的快速发展，安全、稳定、可靠的设计理念达成广泛共识，水力机械设计技术也日趋成熟完善，主要技术特点和技术成就如下：

1）水泵水轮机机型应用较为齐全，并朝着高水头、大容量方向发展。除多级可逆式水泵水轮机外，中国抽水蓄能电站机型选择与应用已涵盖了水泵水轮机的主要机型。

2）机组稳定性的工程设计研究取得长足进步，处于国际领先水平，提出了不同水头段水泵水轮机水头变幅控制值、S 区余量及驼峰区余量控制值、功率匹配原则、无叶区压力脉动控制要求、额定水头选择以及吸出高度选择原则，基本解决了 S 区稳定性问题。

3）调节保证设计日趋成熟完善。抽水蓄能电站水道系统长，机组吸出高度大，水力过渡过程复杂、工况多，机组特性对过渡过程影响大，传统的计算机仿真计算误差较大。近些年通过深入研究与总结，提出了过渡过程计算工况选取、计算成果控制、导叶关闭规律选择、调节保证设计值确定等设计准则，并于 2019 年发布了《水电站调节设计保证设计导则》。

4）高水头、大直径进水阀应用达到世界先进水平。抽水蓄能电站进水阀设计压力高、直径大，2010 年以前进水阀基本采用进口设备，其中设计压力最高的为山西西龙池

抽水蓄能电站，达到 9.95MPa；直径最大的为湖北白莲河抽水蓄能电站，达到 3.5m。近年来国产化进水阀设备开始得到应用，安徽响水涧抽水蓄能电站进水阀直径 3.3m、设计水头 352m，为国产已投运直径最大的进水球阀；在建的浙江长龙山抽水蓄能电站进水阀设计水头 1200m，最大设计水头与直径乘积达到 2520m · m，制造难度处于世界领先水平。

9.2.3 电气工程技术

中国抽水蓄能电站电气设计在借鉴国外经验的基础上，经过多年研究和工程实践，技术日趋成熟完善，主要技术特点和技术成就如下：

1）抽水蓄能电站电气主接线已形成较为成熟的典型接线方式：发电电动机与变压器的组合多采用联合单元接线或单元接线；电站高压侧，进出线回路较少时多采用角形、单母线分段、桥形接线，进出线回路较多或有分期建设要求时多采用双母线、3/2 断路器等接线。

2）近年来，抽水蓄能电站广泛采用了中国自主生产的 500kV 主变压器、500kV GIS 和 500kV 超高压全干式电力电缆。浙江仙居抽水蓄能电站选用的 500kV 双向潮流主变压器容量达到 480MVA；河北丰宁抽水蓄能电站、安徽绩溪抽水蓄能电站选用的 GIS 设备均已达到超高压 500kV、大电流 5000A 等级；福建仙游抽水蓄能电站选用的国内自主生产的 500kV 全干式电缆和电缆终端已正常运行超过 9 年，在建的敦化抽水蓄能电站选用的 500kV 全干式电缆单根长度达到 1500m，国产 500kV XLPE 电缆及其附件设计、制造能力已达到国际先进水平。

3）随着变频启动装置（SFC）可用率和可靠性的提高，中国抽水蓄能电站抽水工况已广泛采用 SFC 作为主要启动方式。

9.2.4 控制保护技术

目前，中国抽水蓄能电站自动化技术应用处于世界先进水平，大中型抽水蓄能电站监控系统、调速系统、励磁系统和继电保护系统国产化占有率不断提高，正逐步取代进口设备。近年来主要技术特点与技术成就如下：

1）实现了国产计算机监控系统和成套控制设备在大中型抽水蓄能电站的应用，全面实现信息数字化；实现了数据监视、智能化报警、可视化控制、综合信息处理与分析等功能及顺控流程的标准化设计；实现抽水蓄能电站的 AGC/AVC 成组调节及电站一次调频控制。国内研发的控制系统已在广东清远等抽水蓄能电站中得到应用；国内自主化生产的可编程控制器（PLC）产品首次成功应用于辽宁蒲石河抽水蓄能电站计算机监控系统现地控制单元（LCU）中。

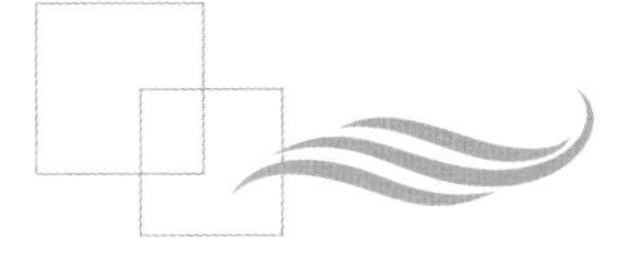

2）国产励磁系统在福建仙游、浙江仙居、江西洪屏、江苏溧阳、河南回龙等抽水蓄能电站中得到推广应用。

3）国内自主化生产的抽水蓄能机组继电保护成套设备在安徽响水涧等抽水蓄能电站得到成功应用。

9.2.5 金属结构技术

中国抽水蓄能电站金属结构设计，在借鉴国外经验和教训基础上，对闸门、拦污栅的运行特性进行了大量深入的研究，技术较为成熟完善，主要技术特点和技术成就如下：

1）基本解决了拦污栅流激振动的问题。目前国内拦污栅采用不小于 5m 的设计水位差进行设计，加强了拦污栅结构强度；支承采用螺旋顶紧装置（十三陵、张河湾等抽水蓄能电站）、楔形滑块（琅琊山、深圳、琼中等抽水蓄能电站）、橡胶垫块（宝泉、仙居、仙游等抽水蓄能电站）等多种形式，有效增强了拦污栅的抗振性能。经过多年运行，中国抽水蓄能电站未发生过拦污栅损坏的事例。

2）高水头尾水事故闸门广泛采用高压闸阀式闸门，孔口尺寸和设计水头等设计参数不断提高。已建的湖北白莲河抽水蓄能电站尾水事故闸门孔口尺寸达 6m × 7.4m − 76.2m，河南宝泉抽水蓄能电站尾水事故闸门设计水头达 166m。在建的广东梅州抽水蓄能电站尾水事故闸门孔口尺寸达 6m × 7m − 134.06m，浙江长龙山抽水蓄能电站尾水事故闸门的设计水头达 208m。

3）输水系统高压钢岔管设计水头屡创新高。已建的内蒙古呼和浩特抽水蓄能电站输水系统高压钢岔管设计水头 900m，*HD* 值达 4140m^2，岔管主管直径 4.6m，支管直径 3.2m，主锥长 1.93m、支锥长 3.91m，公切球直径 5.2m，分岔角 70°，采用宝钢研制的牌号为 B780CF 的国产 800MPa 级高强钢板制造，岔管板厚 70mm。部分机组已投产的浙江长龙山抽水蓄能电站高压钢岔管设计水头 1200m，*HD* 值达 4800m^2，岔管主管直径 4.0m，支管直径 2.8m，公切球半径为 2.3508m，分岔角 75°，采用牌号位 SX780CF 高强钢板，岔管板厚 66mm。

9.3 技术发展展望

中国抽水蓄能电站装备制造朝着高水头、大容量、高可靠性、可变速机组等方向快速发展，一些关键技术问题有待进一步研究。

1）大型抽水蓄能机组运行稳定性和可靠性分析研究，主要包括机组主要技术参数选择、机组共振分析、疲劳强度分析及结构设计等。

2）抽水蓄能电站输水系统过渡过程分析研究，主要包括 S 区特性对过渡过程影响、导叶关闭规律优化原则、尾水管最小压力过渡工况分析及防范措施、压力脉动幅值与频率分析研究等。

3）变速抽水蓄能机组工程应用研究，主要包括大型变速水泵水轮机、发电电动机及交流励磁系统设备的选型设计、运行特性和综合控制策略；大型交流励磁变速机组电气系统接线设计；变速机组的保护特性；变速机组各系统设计技术条件、结构设计、材料选择、工艺控制等技术关键点；变速机组设备和厂房布置设计。

4）抽水蓄能电站数字化智能化技术体系与技术标准研究，进一步提高抽水蓄能电站自动化与信息化系统的一体化及智能化程度。

5）基于厂网协调的抽水蓄能电站控制技术研究，主要包括综合调峰能力提高技术、抽水蓄能电站与大规模可再生能源的协调控制及控制策略、特高压受端电网中抽水蓄能控制策略及安全策略优化的试验方法及评价标准等。

6）金属结构设备状态在线监测与分析诊断技术研究，包括金属结构设备在线监测方案、金属结构设备运行状况分析诊断平台等。

10 政策解读

2021 年是“十四五”规划的开局之年，也是碳中和元年。 2020 年 9 月 22 日，在第七十五届联合国大会一般性辩论上，中国宣布，将提高国家自主贡献力度，采取更加有力的政策和措施，二氧化碳排放力争于 2030 年前达到峰值，努力争取 2060 年前实现碳中和。 2020 年 12 月 12 日，在气候雄心峰会上，中国进一步宣布，到 2030 年，中国单位国内生产总值二氧化碳排放将比 2005 年下降 65%以上，非化石能源占一次能源消费比重将达到 25%左右，森林蓄积量将比 2005 年增加 60 亿 m^3，风电、太阳能发电总装机容量将达到 12 亿 kW 以上。 接着，2021 年全国两会上，碳达峰碳中和首次被写入国务院政府工作报告，中国正式开启“双碳”元年。

实现碳达峰碳中和的核心是控制碳排放。 能源燃烧是中国主要的二氧化碳排放源，占全部二氧化碳排放的 88%左右，电力行业排放约占能源行业排放的 41%。 可以说，能源消费的电气化和电力行业的清洁化是实现“双碳”目标的关键。 为此，2021 年 3 月 15 日召开的中央财经委员会第九次会议研究了中国实现碳达峰碳中和的基本思路和主要举措，针对能源、电力领域提出“要构建清洁低碳安全高效的能源体系，控制化石能源总量，着力提高利用效能，实施可再生能源替代行动，深化电力体制改革，构建以新能源为主体的新型电力系统”。

抽水蓄能是当前技术最成熟、经济性最优、最具大规模开发条件的电力系统绿色低碳清洁灵活调节电源，与风电、太阳能发电、核电、火电等配合效果较好，是保障电力系统安全稳定运行的重要支撑。 加快发展抽水蓄能，是构建以新能源为主体的新型电力系统的迫切要求，是可再生能源大规模发展的重要保障，更是能源、电力领域降碳减排、助力如期实现碳达峰目标的重要一环。 基于新的时代背景和行业形势，2021 年，国家层面出台了一系列政策文件，指导、支持抽水蓄能发展，见表 10. 1。

表 10. 1　　　　国家抽水蓄能电站相关政策文件

序号	文 件 名 称 及 文 号	发布日期
1	《中华人民共和国国民经济和社会发展第十四个五年规划和 2035 年远景目标纲要》	2021 年 3 月 12 日
2	国家发展改革委《关于进一步完善抽水蓄能价格形成机制的意见》(发改价格〔2021〕633 号)	2021 年 4 月 30 日
3	国家发展改革委《关于“十四五”时期深化价格机制改革行动方案的通知》(发改价格〔2021〕689 号)	2021 年 5 月 18 日
4	国家发展改革委《关于进一步完善分时电价机制的通知》(发改价格〔2021〕1093 号)	2021 年 7 月 26 日
5	国家发展改革委 国家能源局《关于鼓励可再生能源发电企业自建或购买调峰能力增加并网规模的通知》(发改运行〔2021〕1138 号)	2021 年 7 月 29 日
6	《抽水蓄能中长期发展规划(2021—2035 年)》	2021 年 8 月 26 日

续表

序号	文件名称及文号	发布日期
7	中共中央 国务院《关于完整准确全面贯彻新发展理念做好碳达峰碳中和工作的意见》	2021年9月22日
8	国务院《关于印发2030年前碳达峰行动方案的通知》(国发〔2021〕23号)	2021年10月24日

10.1 中华人民共和国国民经济和社会发展第十四个五年规划和2035年远景目标纲要

《中华人民共和国国民经济和社会发展第十四个五年规划和2035年远景目标纲要》明确，要“提高电力系统互补互济和智能调节能力，加强源网荷储衔接，提升清洁能源消纳和存储能力，加快抽水蓄能电站建设和新型储能技术规模化应用”，由此，抽水蓄能电站的建设正式踏上了“十四五”的新征程。

10.2 关于进一步完善抽水蓄能价格形成机制的意见

电价机制是抽水蓄能电站健康发展的关键，中国抽水蓄能电站电价机制经历了纳入电网运行费用统一核定、建立独立价格机制但成本疏导渠道未理顺、明确坚持两部制电价机制并建立起完整的成本回收与分摊机制3个阶段。国家发展改革委《关于进一步完善抽水蓄能价格形成机制的意见》（发改价格〔2021〕633号）即为第三个阶段开启的标志。此前，由于电价机制的不完善，抽水蓄能电站的投资成本和经营费用无法疏导给相关受益方，部分已建抽水蓄能电站的作用和效益未能充分有效发挥，也大大降低了各方投资开发抽水蓄能电站的积极性，造成抽水蓄能电站总体建设进度放缓，影响了抽水蓄能电站的健康有序发展。

2021年4月30日，国家发展改革委发布《关于进一步完善抽水蓄能价格形成机制的意见》（发改价格〔2021〕633号）（以下简称《意见》）。《意见》延续了“发改价格〔2014〕1763号”文的两部制电价基本框架，其出台将对促进抽水蓄能健康可持续发展发挥积极推动作用，对于进一步提高系统调节资源的有效供给，促进构建新型电力系统，恰逢其时，意义重大。针对现有的电价问题，《意见》主要形成了以下两方面的突破：

（1）形成了架构完整的抽水蓄能两部制电价体系

《意见》完善了抽水蓄能电价定价机制。首先，坚持市场化导向来形成电量电价，考虑到不同省区电力市场化改革进程存在的实际差异，提出了差异化的电量电价形成机制：在电力现货市场运行的地方，抽水蓄能电站抽水电价、上网电价按现货市场价格及规则结算，现货市场尚未运行情况下，鼓励引入竞争性招标采购方式形成电量电价。其次，制订了《抽水蓄能容量电费核定办法》，抽水蓄能容量电价实行事前核定、定期调整的价格机制滚动更新，按照经营期定价的方法，由政府核定容量电价，并随省级电网输配电价监管周期同步调整。

《意见》健全了抽水蓄能成本回收与分摊机制。对于电量电价，确定了抽水蓄能电站通过电量电价回收抽水、发电的运行成本以及抽水电量产生损耗的疏导方式；对于容量电价，明确将抽水蓄能容量电费纳入输配电价回收，同时给定6.5%的经营期内资本金内部收益率，释放较为稳定的投资回报预期，此外，为实现更大范围资源优化配置，确定了服务多省区的抽水蓄能电站按容量电费分摊比例分摊抽水电量、上网电量的方式，并允许抽水蓄能电站主动要求降低政府核定容量电价覆盖电站机组设计容量的比例，从而推动抽水蓄能电价的市场化。

（2）健全了激励性措施，实现利益相关主体共赢

《意见》有效构建了激励机制，一方面鼓励引导抽水蓄能电站作为独立市场主体参与电力中长期交易、现货市场交易和辅助服务市场（补偿机制）；另一方面明确参与市场的相关收益“20%由抽水蓄能电站分享，80%在下一监管周期核定电站容量电价时相应扣减”；此外，对抽水蓄能电站投建中实际贷款利率低于同期市场利率部分，按50%比例在用户和抽蓄电站之间分享，形成对电站投建阶段节约融资成本激励。这一收益分享的机制安排，体现了机制设计中的激励相容原则，使得抽水蓄能电站在优化个体收益的同时，与顶层设计的导向相兼容，充分释放抽水蓄能电站在电力系统中的调节价值。同时，下一监管周期80%的扣减也合理兼顾了降低输配电成本的政策目标，实现了全社会各利益相关主体的共赢。

10.3 关于“十四五”时期深化价格机制改革行动方案的通知

国家发展改革委《关于进一步完善抽水蓄能价格形成机制的意见》（发改价格〔2021〕633号）对抽水蓄能价格形成机制提出了系统、完整的政策意见，明确了政府核定的抽水蓄能容量电价对应的容量电费由电网企业支付，纳入省级电网输配电价回

收的成本疏导方式，对抽水蓄能存在的价格问题提出了全面的解决方案。但是受自然条件、装备制造水平、电站运行管理能力等因素影响，抽水蓄能定价仍面临复杂的技术难题。如何确定合理的价格核定参数，如何对抽水蓄能成本合理性进行客观科学审核，仍是未来一段时间内需要加强研究的方面。因此，2021 年 5 月 18 日，国家发展改革委下发《关于“十四五”时期深化价格机制改革行动方案的通知》（发改价格〔2021〕689 号），提出要持续深化电价改革，完善抽水蓄能价格形成机制。

10.4 关于进一步完善分时电价机制的通知

2021 年 7 月 26 日，国家发展改革委下发《关于进一步完善分时电价机制的通知》（发改价格〔2021〕1093 号），提出“完善峰谷电价机制。科学划分峰谷时段，合理确定峰谷电价价差。鼓励工商业用户通过配置储能、开展综合能源利用等方式降低高峰时段用电负荷、增加低谷用电量，通过改变用电时段来降低用电成本”。进一步完善分时电价，特别是合理拉大峰谷电价价差，有利于引导用户在电力系统低谷时段多用电，并为抽水蓄能、新型储能发展创造更大空间。

对于抽水蓄能来说，峰谷电价机制的完善，能够鼓励抽水蓄能电站降低政府核定容量电价覆盖电站机组设计容量的比例，以推动电站自主运用剩余机组容量参与电力市场，逐步实现电站主要通过参与市场回收成本、获得收益，促进抽水蓄能电站健康有序发展。

10.5 关于鼓励可再生能源发电企业自建或购买调峰能力增加并网规模的通知

2021 年 7 月 29 日，国家发展改革委、国家能源局下发《关于鼓励可再生能源发电企业自建或购买调峰能力增加并网规模的通知》（发改运行〔2021〕1138 号）允许发电企业购买储能或调峰能力增加可再生能源并网规模并鼓励多渠道增加抽水蓄能电站、化学储能等新型储能、气电、光热电站、灵活性制造改造的煤电等调峰资源，以承担可再生能源的消纳。此外，国家发展改革委《关于进一步完善抽水蓄能价格形成机制的意见》（发改价格〔2021〕633 号）中更是强调了应保障非电网投资主体利益，调动社会资本参与抽水蓄能电站建设的积极性。在可预见的未来，相信非电网投资主体所占总体比例将迎来进一步的上升。

10.6 抽水蓄能中长期发展规划(2021—2035 年)

早在 2020 年年底，国家能源局就下发了《关于开展全国新一轮抽水蓄能中长期规划编制工作的通知》，要求各省（自治区、直辖市）能源主管部门总结 2009 年以来抽水蓄能发展情况，适应当前及未来新能源大规模高比例发展以及新时期构建新型电力系统的需要，面向 2035 年研究电力系统对抽水蓄能的需求，通过编制新一轮中长期规划，指导未来一段时间抽水蓄能电站建设，促进抽水蓄能高质量可持续发展。

该通知的下发为抽水蓄能产业释放了非常积极的信号。 2021 年 9 月 9 日,《抽水蓄能中长期发展规划（2021—2035 年）》（以下简称《规划》）正式印发实施。

《规划》确立了抽水蓄能的中长期发展目标，通过加快抽水蓄能电站核准建设，到 2025 年，抽水蓄能投产总规模较“十三五”翻一番，达到 6200 万 kW 以上；到 2030 年，抽水蓄能投产总规模较“十四五”再翻一番，达到 1.2 亿 kW 左右；到 2035 年，形成满足新能源高比例大规模发展需求的，技术先进、管理优质、国际竞争力强的抽水蓄能现代化产业，培育形成一批抽水蓄能大型骨干企业。 为了支撑抽水蓄能发展需求,《规划》建立了重点实施项目库、储备项目库以及滚动调整机制，互为补充，并坚持生态优先、和谐共存，区域协调、合理布局，成熟先行、超前储备，因地制宜、创新发展的基本原则，确保抽水蓄能中长期发展目标的顺利实现。

《规划》吹响了抽水蓄能新一轮发展的号角，中国抽水蓄能发展方向更加明晰，步伐更加坚定，举措更加有力。 当然，有力执行、有序推进，最终要落脚到有效实施上。 在加快抽水蓄能开发建设之路上尚需汇聚社会各方力量协同推进，凝心聚力为构建以新能源为主体的新型电力系统，为碳达峰碳中和目标作出更大贡献。

10.7 关于完整准确全面贯彻新发展理念做好碳达峰碳中和工作的意见

2021 年 9 月 22 日，中共中央 国务院发布了《关于完整准确全面贯彻新发展理念做好碳达峰碳中和工作的意见》。 作为党中央、国务院印发的意见，该政策将在碳达峰碳中和“1+N”政策体系中发挥统领作用，与《2030 年前碳达峰行动方案》共同构成贯穿碳达峰、碳中和两个阶段的顶层设计。

该意见提出“实施可再生能源替代行动，大力发展风能、太阳能、生物质能、海

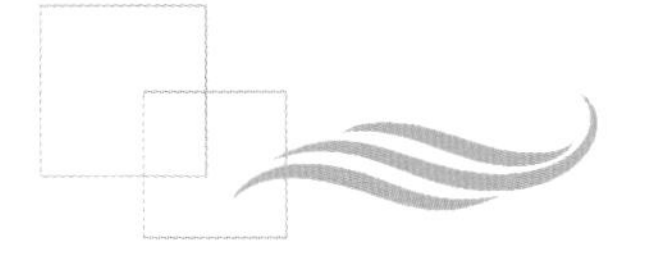

洋能、地热能等，不断提高非化石能源消费比重。加快推进抽水蓄能和新型储能规模化应用。构建以新能源为主体的新型电力系统，提高电网对高比例可再生能源的消纳和调控能力”，从中央层面点明了抽水蓄能对提高新能源消纳和调控能力、构建新型电力系统，进而实现碳达峰碳中和目标不可或缺的作用。

10.8 关于印发2030年前碳达峰行动方案的通知

2021年10月24日，国务院发布《关于印发2030年前碳达峰行动方案的通知》（以下简称《方案》）。《方案》提出构建新能源占比逐渐提高的新型电力系统，推动清洁电力资源大范围优化配置。积极发展“新能源+储能”、源网荷储一体化和多能互补，支持分布式新能源合理配置储能系统。制定新一轮抽水蓄能电站中长期发展规划，完善促进抽水蓄能发展的政策机制。到2030年，抽水蓄能电站装机容量达到1.2亿kW左右，省级电网基本具备5%以上的尖峰负荷响应能力。

为实现2030年前碳达峰目标，《方案》提出了一系列分解方案，储能将在其中承担很大的分量。在发展新能源行动方案中，《方案》提出，到2030年，风电和太阳能发电总装机要达到12亿kW以上。但风电、太阳能发电的随机性、间歇性、波动性较强，对电力系统安全稳定运行是巨大的考验，需要配备一定的灵活调节电源，在提升风电、太阳能发电消纳能力的同时，保证电力系统安全稳定运行。抽水蓄能是当前技术最成熟、经济性最优、最具大规模开发条件的电力系统绿色地毯情节灵活安全的调节电源，尤其适合区域电力系统大规模调峰。因此，《方案》提出的“到2030年，省级电网基本具备5%以上的尖峰负荷响应能力”也将主要依靠抽水蓄能来提供。对于此，《方案》也强调“到2030年，抽水蓄能电站装机容量要达到1.2亿kW左右”，与《抽水蓄能中长期发展规划（2021—2035年）》提出的2030年发展目标相一致。

事实上，国家电网与南方电网均已就抽水蓄能开发建设列好初步计划。国家电网表示将针对提高电力系统调节能力对发展储能的现实要求，大力加强技术成熟的抽水蓄能电站建设，力争到2030年公司经营区抽水蓄能电站装机由目前的2630万kW提高到1亿kW。南方电网也将加快推进肇庆浪江、惠州中洞和广西南宁等一批抽水蓄能电站建设。未来十年，南方电网将建成投产2100万kW抽水蓄能电站。

除两家电网公司外，更多的抽水蓄能项目会引入社会投资，基于各地出台的电价政策，工商业电价峰谷差进一步加大，抽水蓄能的投资回报率也会不断提高，一大批能源投资将涌向抽水蓄能行业。

11 发展展望

11.1 “十四五”总体展望

11.1.1 发展形势展望

“十四五”时期是落实《抽水蓄能中长期发展规划（2021—2035 年）》、加快推进抽水蓄能高质量发展的关键期，是构建以抽水蓄能作为储能主体推动风光大规模发展的战略窗口期。加快抽水蓄能的建设是“十四五”能源发展的重要任务。抽水蓄能将迎来快速发展的新局面。

1）建设规模大幅跃升。随着一大批建设条件优越的抽水蓄能项目将开工建设，“十四五”期间抽水蓄能电站的建设数量将超过 200 个，已建和在建规模将跃升至亿千瓦级。开发建设和服务范围将实现对大陆区域的全覆盖。考虑到在建项目的合理工期，预计到 2025 年我国抽水蓄能电站装机容量达到 6200 万 kW。

2）多元格局基本形成。除国网新源、南网双调两家外，三峡集团、国家能源投资集团有限责任公司、国家电力投资集团有限公司、江苏国信、华源电力有限公司等新的投资主体将投资建设抽水蓄能电站。中国建筑集团有限公司、中国铁建股份有限公司、中国中铁股份有限公司等施工单位将加入中国电建、中国能建、中国安能等传统电力建设的队伍，央企、国企、民企等同参与、共建设的多元化局面基本形成。

3）应用场景更加广泛。在传统的应用场景基础上，水风光蓄一体化、风光蓄一体化应用场景将逐步打开，抽水蓄能在西南水电基地和西北沙漠、戈壁、荒漠等大型新能源基地开发中储能作用凸显。在城市周边、新能源富集区域，中小抽水蓄能电站、小微抽水蓄能电站的建设应用更加广泛，多类型、多场景的抽水蓄能应用格局将逐步显现。

4）产业体系更加完善。产业链的完整度更加齐全，产业链的互动协调更加顺畅，产业配套能力显著增强，新技术新产品的应用更加快捷。抽水蓄能产业与旅游等产业的融合将会逐步增强，一批围绕抽水蓄能项目的特色旅游项目将逐渐兴起。

11.1.2 工程技术展望

“十四五”期间，抽水蓄能电站建设将面临复杂地质条件、超高水头、复杂运行条件等挑战，需要在复杂地质条件地下洞室群安全快速施工技术、超高压岔管与压力管道建设技术等方面不断创新与突破。数字孪生与智能建造水平将持续提高并广泛应用。设计施工一体化协同技术和管理系统将不断改进，并为更多建设和运维场景提供数字化映射、智慧化模拟、精准化决策。

“少人化、机械化、智能化、标准化”的发展趋势将愈加明显。作为机械化、智

能化建设的代表，TBM 在抽水蓄能大断面和斜井、竖井施工等方面的应用将逐步展开，TBM 施工在抽水蓄能电站的推广和应用将更加普遍。

装备制造继续朝着高水头、大容量、高可靠性、可变速机组等方向快速发展。大型抽水蓄能机组运行稳定性和可靠性分析研究、抽水蓄能电站输水系统过渡过程分析研究、变速抽水蓄能机组工程应用研究等关键技术问题将得到突破。

11.2 2022 年发展预测

2022 年，预计吉林敦化，黑龙江荒沟，浙江长龙山，山东沂蒙、文登，河北丰宁，广东梅州、阳江，福建周宁、永泰，安徽金寨，河南天池，重庆蟠龙等在建抽水蓄能电站部分机组将投产发电，投产规模约为 900 万 kW；至 2022 年年底，抽水蓄能电站总装机容量达到 4500 万 kW 左右。

2022 年，预计安徽宁国、江苏连云港、浙江建德、广东三江口、贵州黔南、河北徐水、河南龙潭沟、湖北宝华寺、湖南安化、江西洪屏二期、辽宁大雅河、内蒙古乌海、青海哇让、陕西富平等项目将核准建设，核准规模将超过 5000 万 kW。

大事记

2021 年 3 月 4 日，江西省奉新抽水蓄能电站获核准。

2021 年 3 月 31 日，内蒙古自治区芝瑞抽水蓄能电站正式开工。

2021 年 4 月 30 日，国家发展改革委印发《关于进一步完善抽水蓄能价格形成机制的意见》（发改价格〔2021〕633 号）。

2021 年 6 月 25 日，浙江省长龙山抽水蓄能电站 1 号（首台）机组投产发电。

2021 年 7 月 1 日，浙江省磐安抽水蓄能电站开工建设。

2021 年 7 月 9 日，河南省鲁山抽水蓄能电站获核准。

2021 年 8 月 26 日，国家能源局印发《抽水蓄能中长期发展规划（2021—2035 年）》。

2021 年 9 月 17 日，国家能源局、水电总院在北京组织召开抽水蓄能产业发展座谈会。

2021 年 9 月 29 日，浙江省长龙山抽水蓄能电站 2 号机组投产发电。

2021 年 10 月 12 日，国家能源局在武汉组织召开华中地区抽水蓄能发展座谈会；吉林敦化抽水蓄能电站 2 号（首台）机组投产发电。

2021 年 10 月 13 日，吉林省敦化抽水蓄能电站 3 号机组投产发电。

2021 年 10 月 31 日，山东省沂蒙抽水蓄能电站首批 1 号、2 号机组投产发电。

2021 年 11 月 12 日，广西壮族自治区南宁抽水蓄能电站获核准。

2021 年 11 月 25 日，浙江省泰顺抽水蓄能项目获核准。

2021 年 11 月 25 日，广东省阳江抽水蓄能电站首台机组（40 万 kW）投产发电。

2021 年 12 月 1 日，广东省发展改革委批复同意执行《广东省电网企业代理购电实施方案（试行）》，提出“现阶段辅助服务费用主要包括储能、抽水蓄能电站的费用和需求侧响应等费用，相关费用由全体工商业用户共同分摊”。

2021 年 12 月 13 日，重庆市栗子湾抽水蓄能电站获核准。

2021 年 12 月 16 日，湖北省罗田平坦原抽水蓄能电站获得核准。

2021 年 12 月 20 日，辽宁省庄河抽水蓄能电站获核准；黑龙江省荒沟抽水蓄能电站首台机组投产发电。

2021 年 12 月 21 日，福建省周宁抽水蓄能电站首台机组投产发电。

2021 年 12 月 22 日，浙江省天台抽水蓄能电站获核准。

2021 年 12 月 28 日，广东省梅州抽水蓄能电站二期获核准。

2021 年 12 月 30 日，黑龙江省尚志抽水蓄能电站获得核准。

2021 年 12 月 31 日，宁夏回族自治区牛首山抽水蓄能电站获核准；广东省梅州抽水蓄能电站首台机组投产发电。

附　件

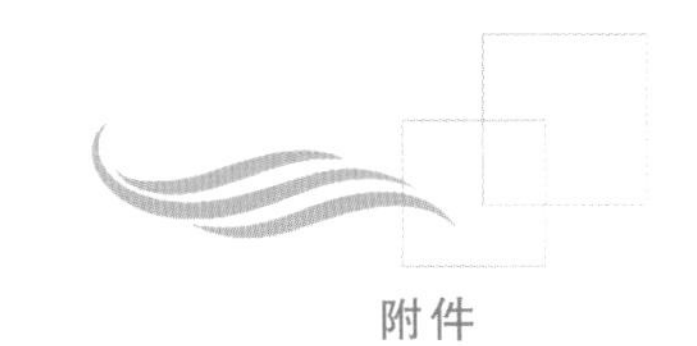

附件 1　全国已建抽水蓄能电站

如表 1 所示，截至 2021 年年底，全国已建抽水蓄能电站 32 座，总规模 3179 万 kW，主要分布在华东地区、华北地区、华中地区和广东省。全国已建抽水蓄能电站分布图（2021 版）见附图 2。

表 1　　全国已建抽水蓄能电站

序号	省（自治区、直辖市）	装机规模/万 kW	电站名称（装机容量）
1	北京	80	十三陵（80 万 kW）
2	河北	127	张河湾（100 万 kW）、潘家口（27 万 kW）
3	山西	120	西龙池（120 万 kW）
4	内蒙古	120	呼和浩特（120 万 kW）
5	辽宁	120	蒲石河（120 万 kW）
6	吉林	30	白山（30 万 kW）
7	江苏	260	溧阳（150 万 kW）、宜兴（100 万 kW）、沙河（10 万 kW）
8	浙江	458	天荒坪（180 万 kW）、仙居（150 万 kW）、桐柏（120 万 kW）、溪口（8 万 kW）
9	安徽	348	响水涧（100 万 kW）、琅琊山（60 万 kW）、绩溪（180 万 kW）、响洪甸（8 万 kW）
10	福建	120	仙游（120 万 kW）
11	江西	120	洪屏（120 万 kW）
12	山东	100	泰安（100 万 kW）
13	河南	132	宝泉（120 万 kW）、回龙（12 万 kW）
14	湖北	127	白莲河（120 万 kW）、天堂（7 万 kW）
15	湖南	120	黑麋峰（120 万 kW）
16	广东	728	惠州（240 万 kW）、广州（240 万 kW）、清远（128 万 kW）、深圳（120 万 kW）
17	海南	60	琼中（60 万 kW）
18	西藏	9	羊卓雍湖（9 万 kW）
合　计		3179	

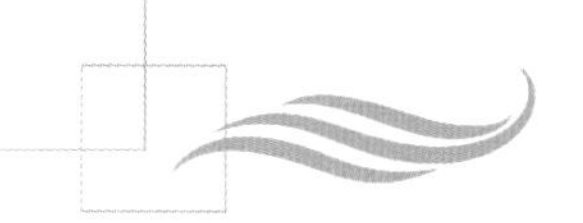

1. 北京市

十三陵抽水蓄能电站位于北京市昌平区，距市区 40km。电站由上水库、水道系统、地下厂房及下水库组成，下水库利用已建的十三陵水库，新建上水库于十三陵水库左岸蟒山山岭后的上寺沟，水道系统、地下厂房位于蟒山山体内，电站装机容量 80 万 kW（4×20 万 kW），总投资 37.32 亿元。电站上水库正常蓄水位 566m，有效库容 445 万 m^3，采用开挖筑坝方式兴建，在东侧沟口及西侧垭口修建主、副坝各 1 座，最大坝高分别为 75m 和 10m，坝顶高程 568m，坝顶长分别为 550m 和 142m。下水库利用已建成的十三陵水库，正常蓄水位 89.5m，有效库容 7977 万 m^3，额定水头 430m，采用一管双机方式布置。

1990 年 12 月，项目获原国家计划委员会（简称“国家计委”）批复；1990 年 12 月，项目正式开工；1995 年 12 月，首台机组投产发电；1997 年 6 月，全部机组投产并转入商业运行。电站主要服务于京津及冀北电网。

十三陵抽水蓄能电站

十三陵抽水蓄能电站由华北电力调控分中心调度，机组按照调度要求随调随起。“十三五”期间，电站年均综合利用小时数 3076.59h，累计发电抽水启动 13459 台次，机组启动成功率高达 99.88%。电站主要作用是为首都电网提供可靠的调峰及紧急事故备用电源，促进华北地区新能源消纳，有效改善华北电网供电质量。

十三陵抽水蓄能电站由国网新源控股有限公司投资运营。

2. 河北省

（1）张河湾抽水蓄能电站

张河湾抽水蓄能电站位于河北省石家庄市井陉县，距井陉县城公路里程 45km，距石家庄市公路里程 77km。电站装机容量 100 万 kW（4×25 万 kW），总投资 41.2 亿元。枢纽主要由上水库、水道系统、地下厂房系统和地面出线场、下水库拦河坝及拦排沙工程等组成。电站上水库坝顶高程 812m，最大坝高（坝轴线处）57m，正常蓄水位 810m，有效库容 715 万 m^3。下水库利用未建完的张河湾水库浆砌石重力坝续建加高而成，加高部分为毛石混凝土重力坝，正常蓄水位 488m，有效库容 934 万 m^3，额定水头 305m，采用一管双机方式布置。电站建成后接入冀南电网，在系统中承担调峰、填谷、调频、调相及事故备用任务。

2003 年 8 月，项目获国家发展改革委批复；2003 年 10 月，项目正式开工；2006 年 10 月，下水库下闸蓄水；2007 年 9 月，上水库下闸充水；2008 年 7 月，首台机组投产发电；2009 年 2 月，全部机组投产并转入商业运行。电站服务于华北电网。

张河湾抽水蓄能电站由华北电力调控分中心调度，机组按照调度要求随调随起。“十三五”期间，电站年均综合利用小时数 1928.67h，累计发电抽水启动 10823 台次，机组启动成功率高达 99.94%，在华北电网中主要发挥保障系统安全稳定运行、促进华北地区新能源消纳、改善华北电网供电质量等作用。

张河湾抽水蓄能电站

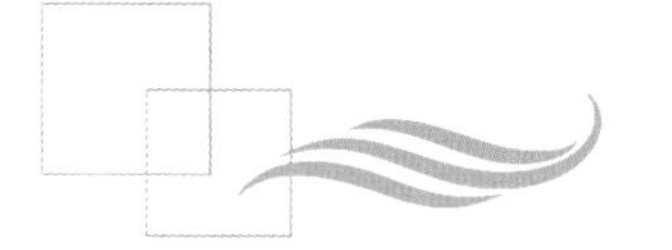

张河湾抽水蓄能电站由国网新源控股有限公司投资运营。

（2）潘家口抽水蓄能电站

潘家口抽水蓄能电站位于河北省唐山市迁西县，承德、唐山两地分界处的滦河干流上，距北京市约 220km，距天津市约 200km，电站装机容量 27 万 kW（3×9 万 kW），多年平均年发电量 5.64 亿 kW·h，其中，天然径流发电量 3.56 亿 kW·h，抽水蓄能发电量 2.08 亿 kW·h，总投资 7.97 亿元。电站上水库为潘家口水库，正常蓄水位 222m，有效库容 21000 万 m^3，主坝为混凝土宽缝重力坝，最大坝高 107.5m，坝顶长 1039.11m，坝顶高程 230.5m。在主坝下游 5.5km 处建混凝土重力坝，壅高尾水位，形成下水库。下水库最大坝高 28.5m，坝顶长 1098m，正常蓄水位 144.0m，有效库容 1000 万 m^3，额定水头 71.6m，属日调节水库，与潘家口电站抽水蓄能机组配合使用。

1983 年 9 月，项目获原国家计委批复；1985 年 5 月，项目正式开工；1992 年 10 月，首台机组投产发电；1992 年 12 月，全部机组投产并转入商业运行。电站主要服务于京津及冀北电网。

潘家口抽水蓄能电站

潘家口抽水蓄能电站由华北电力调控分中心调度，机组按照调度要求随调随起。“十三五”期间，电站年均综合利用小时数 2185.79h，累计发电抽水启动 8943 台次，机组启动成功率达 99.68%。电站主要作用是承担调峰调频和事故备用任务，提高京津唐电网运行稳定性，改善用电质量，同时作为无功支撑点有力维持电网电压稳定。

潘家口抽水蓄能电站由国网新源控股有限公司投资运营。

3. 山西省

西龙池抽水蓄能电站位于山西省忻州市，距忻州市、太原市公路里程分别为 74km 和 154km。电站装机容量 120 万 kW（4×30 万 kW），总投资 50 亿元。电站上水库正常蓄水位 1492.5m，有效库容 413.15 万 m^3；下水库正常蓄水位 838m，有效库容 432.2 万 m^3，额定水头 640m，采用一管双机方式布置。电站枢纽建筑物由上水库、下水库、引水发电系统等部分组成。电站建成后，以两回 500kV 架空线路接入忻州市 500kV 变电站，并入山西电网，承担电网的调峰、填谷、调频、调相及事故备用的任务，改善电网供电质量。

西龙池抽水蓄能电站

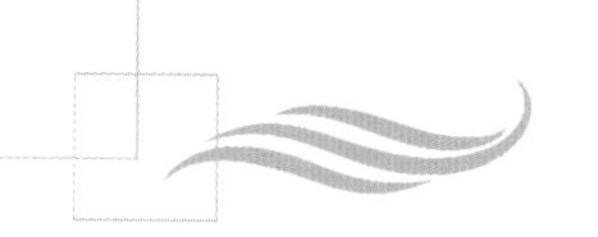

2001 年 6 月，项目获原国家计委批复；2003 年 8 月，项目正式开工；2008 年 12 月，首台机组投产发电；2011 年 9 月，全部机组投产并转入商业运行。电站服务于华北电网。项目首次在国内大型抽水蓄能电站工程中采用竖井式进/出水口。

西龙池抽水蓄能电站由华北电力调控分中心调度，机组按照调度需求随调随起。“十三五”期间，电站年均综合利用小时数 1968.72h，累计发电抽水启动 10820 台次，机组启动成功率高达 99.83%。作为目前山西电网唯一的运行抽水蓄能电站，电站在保障电网安全经济稳定运行、促进新能源消纳、提高供电质量、维持断面潮流平衡等方面发挥了重要作用。

西龙池抽水蓄能电站由国网新源控股有限公司投资运营。

4. 内蒙古自治区

呼和浩特抽水蓄能电站位于内蒙古自治区呼和浩特市东北部的大青山区，距呼和浩特市中心约 20km。电站总装机容量为 120 万 kW。电站上水库大坝为沥青混凝土面板堆石坝，最大坝高 62.5m，正常蓄水位 1940m，死水位 1903.0m，正常蓄水位以下库容 780.74 万 m^3，调节库容 629 万 m^3。下水库利用哈拉沁沟的一个弯曲河道，在上下游筑坝围建而成，上下游大坝均为碾压混凝土重力坝，上游大坝最大坝高 57m，下游大坝最大坝高 69m，正常蓄水位 1400.00m，死水位 1355m，总库容是 733.91 万 m^3，调节库容 636 万 m^3。电站枢纽由上水库、下水库和引水发电系统等建筑物组成。

2010 年 4 月，项目主体开工；2014 年 11 月，首台机组投入商业运行；2015 年 7 月，4 台机全部投产。电站由于具有既可调峰又可填谷、快速跟踪负荷变化、建设及运行成

呼和浩特抽水蓄能电站(一)

呼和浩特抽水蓄能电站(二)

本低等优点，可承担电网的调峰、填谷任务，还可承担电网的紧急事故备用、调频及调相等任务，增加系统的动态效益，是电网最佳的调峰电源。呼和浩特抽水蓄能电站建成后推动了当地旅游业的发展，为当地创造了劳动就业机会，带动了地区国民经济的发展。

截至2020年6月30日，电站实现连续安全生产运行2114天，自4台机组投入商业运行以来，累计购网电量41.78亿kW·h，上网电量32.21亿kW·h，发电启动3846次，抽水启动3063台次。

5. 辽宁省

蒲石河抽水蓄能电站位于辽宁省丹东市宽甸满族自治县。电站装机容量120万kW（4×30万kW），总投资45.16亿元。电站上水库坝为钢筋混凝土面板堆石坝，布置在泉眼沟沟首，使泉眼沟首形成上水库库盆，坝顶高程为395.50m，最大坝高76.5m，正常蓄水位392m，有效库容1029万m^3。下水库坝为混凝土重力坝，坝顶高程为70.1m，坝顶全长为336m（包括泄洪排沙闸和单孔溢流坝），最大坝高34.1m，正常蓄水位为66m，有效库容1284万m^3。电站枢纽建筑物主要由下水库及下水库泄洪排沙闸坝、上水库及上水库钢筋混凝土面板堆石坝、上（下）水库进出水口、地下厂房洞室系统、地下输水洞室系统及地面开关站等建筑物组成。电站额定水头308m，采用一管双机方式布置。

2005年7月，项目获国家发展改革委核准；2006年8月，项目正式开工；2012年1月，首台机组投产发电；2012年9月，全部机组投产并转入商业运行。电站建成后，服

务于东北电网，主要担任系统的调峰、填谷、调频及事故备用任务。 项目是首家主机设备国产化应用单位，被誉为主机设备国产化的试验田。

蒲石河抽水蓄能电站由东北电力调控分中心统一调度管理，机组按照调度要求随调随起。“十三五”期间，电站年均综合利用小时数 3139.22h，累计发电抽水启动 17202 台次，机组启动成功率高达 99.87%。 在东北电网中主要发挥促进新能源消纳、保障大电网安全稳定运行等重要作用。

蒲石河抽水蓄能电站由国网新源控股有限公司投资运营。

蒲石河抽水蓄能电站

6. 吉林省

白山抽水蓄能电站位于吉林省桦甸市与靖宇县交界的第二松花江上游，电站装机容量 30 万 kW（2× 15 万 kW），总投资 7.78 亿元。 该电站利用下游已建的红石水库作为下水库，白山水库作为上水库，由进水口、引水洞、尾水洞、出水口、地下厂房、主变室和

辅助洞室组成。电站上水库正常蓄水位413m，死水位380m，有效库容186000万m^3；下水库正常蓄水位290m，死水位289m，有效库容1300万m^3。额定水头105.8m，采用一管双机方式布置，工程总投资8.2亿元。

2002年12月，项目获原国家经济贸易委员会批复；2002年12月，项目正式开工；2005年12月，首台机组投产发电；2006年7月，全部机组投产并转入商业运行；2007年5月21日通过消防专项验收；2008年1月18日通过枢纽工程专项竣工验收。电站服务于东北电网，承担系统的调峰、填谷及事故备用等任务。

白山抽水蓄能电站由东北电力调控分中心调度，机组按照调度要求随调随起。“十三五”期间，电站年均综合利用小时数1533.49h，累计发电抽水启动6384台次，机组启动成功率高达99.70%。在东北电网中主要发挥促进新能源消纳、丰水期联合度汛、保障电力系统安全稳定运行等重要作用。

白山抽水蓄能电站由国网新源控股有限公司投资运营。

白山抽水蓄能电站

7. 江苏省

（1）溧阳抽水蓄能电站

溧阳抽水蓄能电站位于江苏省溧阳市境内，电站距溧阳市、常州市、南京市公路里程分别为 32km、94km、137km。 电站为一等大（1）型工程，工程主要任务为江苏电力系统调峰、填谷和备用，同时承担系统调频、调相等任务。 枢纽建筑物主要包括上水库、下水库、输水系统、地下厂房洞室群、地面开关站和中控楼等。 电站装机容量 150 万 kW，安装 6 台额定容量 25 万 kW 的自主化立轴单级可逆混流式机组，以 500kV 一级电压等级接入江苏电网。 上水库位于龙潭林场伍员山工区，与安徽省接壤；水库正常蓄水位 291m，有效库容 1195.5 万 m^3。 下水库位于天目湖镇吴村，在河流堆积阶地、宽缓浅冲沟和残丘处开挖而成；水库正常蓄水位 19.00m，有效库容 1198 万 m^3。

溧阳抽水蓄能电站

2011 年 4 月，主体工程开工；2011 年 8 月，主坝开始填筑；2014 年 3 月，主坝填筑完成；2015 年 12 月，上水库开始蓄水；2011 年 2 月，下水库开始开挖；2013 年 5 月，下水库均质土坝填筑完成；2014 年 10 月，下水库库岸支护完成；2015 年 5 月，下水库开始蓄水；2017 年 1 月，首台机组投产发电；2017 年 10 月，6 台机组全部投产发电，枢纽工程全部建成。

溧阳抽水蓄能电站由江苏省国信集团有限公司、中国电建集团中南勘测设计研究院有限公司、江苏平陵建设投资集团有限公司分别按 85%、10%、5%的出资比例成立，负责电站的建设和运营。工程设计单位为中国电建集团中南勘测设计研究院有限公司。

（2）宜兴抽水蓄能电站

宜兴抽水蓄能电站位于江苏省宜兴市，距宜兴市区约 7km，距南京、上海、杭州三市的公路里程分别为 160km、190km、160km。电站装机容量 100 万 kW（4×25 万 kW），总投资 47.63 亿元。电站上水库位于铜官山主峰东北侧，有效库容 537.8 万 m^3，相应正常蓄水位 471.5m，死水位 428.6m；主坝采用钢筋混凝土面板混合堆石坝，最大坝高 75m，坝顶长 494.9m，坝顶高程 474.2m。下水库坝址位于铜官山东北山麓，有效库容 591.3 万 m^3，相应正常蓄水位 78.9m；下库大坝采用黏土心墙堆石坝，坝顶高程 83.4m，最大坝高 50.4m，额定水头 363m，采用一管双机方式布置。电站建成后以两回 500kV 出线接入岷珠变。

2003 年 8 月，项目获国家发展改革委批复；2003 年 8 月，项目正式开工；2008 年 5 月，首台机组投产发电；2008 年 12 月，全部机组投产并转入商业运行。电站服务于华东电网。项目获得中国建设工程鲁班奖、中国电力优质工程奖、国家档案局首批全国建设项目档案管理示范工程、改革开放 35 年百项经典暨精品工程。

宜兴抽水蓄能电站（一）

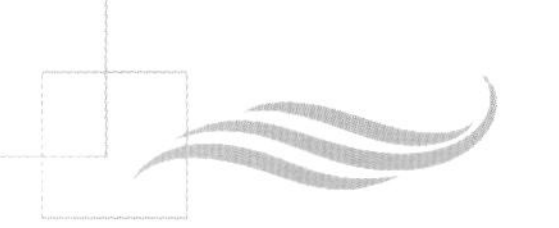

宜兴抽水蓄能电站（二）

宜兴抽水蓄能电站由华东电力调控分中心调度，机组按照调度日负荷计划曲线运行。“十三五”期间，电站年均综合利用小时数 2990.08h，累计发电抽水启动 16408 台次，机组启动成功率高达 99.98%，在系统调峰、保障大电网安全、促进新能源消纳、提升电力系统性能等方面发挥着重要的调节作用。

宜兴抽水蓄能电站由国网新源控股有限公司投资运营。

（3）沙河抽水蓄能电站

沙河抽水蓄能电站位于江苏省溧阳市天目湖镇，电站装机容量 10 万 kW（2×5 万 kW），总投资 6.03 亿元。电站设备设施布置主要由上水库、输水系统、厂房及变电站、尾水渠等组成，上水库总库容 262.25 万 m^3。

沙河抽水蓄能电站

沙河抽水蓄能电站在系统中的主要作用为调峰、调频、调相和紧急事故备用，一方面削峰填谷，改善电网运行环境；另一方面在面临电网事故时，能迅速启动，在极端情况下以“星星之火”的身份参与进行黑启动，迅速恢复电网，为电网取得动态效益。

1998 年 9 月 18 日，沙河抽水蓄能电站开工兴建；2002 年 6 月 14 日，1 号机组投入商业运行；2002 年 7 月 30 日，2 号机组投入商业运行。

8. 浙江省

（1）天荒坪抽水蓄能电站

天荒坪抽水蓄能电站位于浙江省湖州市安吉县，距上海市 175km、南京市 180km、杭州市 57km，接近华东电网负荷中心。 电站装机容量 180 万 kW（6×30 万 kW），总投资 73.77 亿元。 电站上水库有效库容 881.23 万 m^3，相应正常蓄水位 905.20m，死水位 863.00m。 上水库工程主要由 1 座主坝、4 座副坝建筑物组成，主、副坝均为土石坝，主、副坝及库底均采用沥青混凝土面板防渗，主坝的最大高度为 72m。 下水库有效库容 802.08 万 m^3，相应正常蓄水位 344.50m，死水位 295m；大坝为混凝土面板堆石坝，最大坝高 96m，坝顶长 230m。 电站机组额定转速 500r/min，额定水头 526m，采用一管三机方式布置，以 500kV 一级电压、出线两回，接至瓶窑变电所进入华东电网，进线三回。

1993 年 5 月，项目获原国家计委批复；1994 年 3 月，项目正式开工；1998 年 9 月，首台机组投产发电；2000 年 12 月，全部机组投产并转入商业运行。 电站服务于华东电网。

天荒坪抽水蓄能电站由华东电力调控分中心调度，机组按照调度日负荷计划曲线运行。“十三五”期间，电站年均综合利用小时数 3123.88h，累计发电抽水启动 21936 台

天荒坪抽水蓄能电站（一）

天荒坪抽水蓄能电站（二）

次，机组启动成功率高达 99.97%，在华东电网中的主要作用是系统调峰、保障华东电网安全稳定运行，促进新能源和区外来电消纳，提升系统供电质量。

天荒坪抽水蓄能电站由国网新源控股有限公司投资运营。

（2）仙居抽水蓄能电站

仙居抽水蓄能电站位于浙江省台州市仙居县湫山乡、溪港乡境内，与温州市直线距离约 80km，距台州市 70km。电站装机容量 150 万 kW（4×37.5 万 kW），总投资 58.81 亿元。电站上水库有效库容 1066 万 m^3，相应正常蓄水位 675m，死水位 631.00m，主坝为钢筋混凝土面板堆石坝，最大坝高 88.2m。下水库有效库容 9261 万 m^3，相应正常蓄水位 208.0m，死水位 181.00m。大坝为混凝土拱坝，最大坝高 64.4m。电站额定水头 447m，采用一管双机方式布置。枢纽建筑物主要包括上水库、下水库、输水系统、地下厂房洞室群、地面开关站和中控楼等。电站建成后主要担负华东电网和浙江电网调峰、填谷、调频、调相以及紧急事故备用等任务，设计年发电量 25.125 亿 kW·h。

2010 年 3 月，项目获国家发展改革委核准；2010 年 12 月，项目正式开工；2016 年 5 月，首台机组投产发电；2016 年 12 月，全部机组投产并转入商业运行。电站服务于华东电网，是我国单机容量最大的运行抽水蓄能电站，获得中国安装优质工程奖（中国安装之星）。

仙居抽水蓄能电站由华东电力调控分中心调度，机组按照调度日负荷计划曲线运行。自 2016 年投运以来，电站年均综合利用小时数 2372.7h，累计发电抽水启动 15699 台次，机组启动成功率高达 99.97%，主要作用是系统调峰、保障华东电网安全稳定运行，促进新能源和区外来电消纳，提升系统供电质量。

仙居抽水蓄能电站由国网新源控股有限公司投资运营。

仙居抽水蓄能电站

（3）桐柏抽水蓄能电站

桐柏抽水蓄能电站位于浙江省台州市天台县，距杭州市约 150km，靠近华东 500kV 电网负荷中心。电站装机容量 120 万 kW（4×30 万 kW），总投资 42.6 亿元。电站上水库有效库容 1041.9 万 m^3，相应正常蓄水位 396.21m，死水位 376.00m，利用现有的桐柏水库加固改建而成，主坝为均质石坝，坝顶高程均为 400.28m。下水库有效库容 1069.7 万 m^3，相应正常蓄水位 141.17m，死水位 110.0m，主坝采用钢筋混凝土面板堆石坝，坝顶长度 434m，最大坝高 68.25m。电站额定水头 244m，采用一管双机方式布置，以两回 500kV 出线接入华东电网。

1999 年 12 月，项目获原国家计委批复；2001 年 12 月，项目正式开工；2006 年 5 月，首台机组投产发电；2006 年 12 月，全部机组投产并转入商业运行。电站服务于华东电网调峰、填谷、调频、调相以及紧急事故备用等任务，设计年发电量 21.18 亿 kW·h，年受电量 28.13 亿 kW·h。工程获得国家优质工程奖、中国电力优质工程奖。

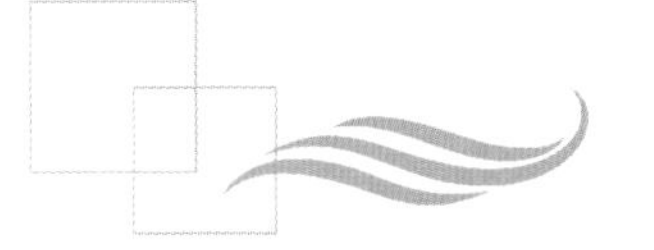

桐柏抽水蓄能电站由华东电力调控分中心调度，机组按照调度日负荷计划曲线运行。“十三五”期间，电站年均综合利用小时数 3260.65h，累计发电抽水启动 16964 台次，机组启动成功率高达 99.96%，主要作用是系统调峰、保障华东电网安全稳定运行，促进新能源和区外来电消纳，提升系统供电质量。

桐柏抽水蓄能电站由国网新源控股有限公司投资运营。

桐柏抽水蓄能电站

（4）溪口抽水蓄能电站

溪口抽水蓄能电站位于浙江省宁波市奉化溪口镇，距负荷中心宁波市仅 30km，装机容量 8 万 kW，是宁波地区电力系统现阶段唯一的中型调峰填谷电站。电站由宁波市自筹资金兴建，工程建设实行业主责任制、建设监理制、招投标承包制。电站由上水库、下水库、输水系统、圆形竖井半地下式厂房及升压开关站等组成，厂房内安装 2 台立轴单级单速可逆混流式水泵水轮机，发电电动机为立轴悬式、空冷、可逆式三相同步电

机。电站设计年发电量为 12610 万 kW·h，年抽水电量为 17280 万 kW·h，抽水—发电循环电站的综合效率为 73%。电站于 1998 年 6 月 8 日正式投入商业运行，通过在 6 月、7 月、8 月三个月对电站的实测，电站的综合效率达到 77.7%，经济效益较好。该电站的建成对缓解宁波地区电力系统日益严重的峰谷矛盾，提高供电的可靠性，改善供电质量起到了很大作用。

溪口抽水蓄能电站

9. 安徽省

（1）响水涧抽水蓄能电站

响水涧抽水蓄能电站位于安徽省芜湖市，建于浮山响水涧山沟源头的山坳中，为一个封闭型水库，面积约为 1.03km^2，距芜湖市区 30km、合肥市 130km、南京市 120km。电站装机容量 100 万 kW（4×25 万 kW），总投资 37.75 亿元。电站上水库有效库容 1282 万 m^3，相应正常蓄水位 222m，死水位 190m，工程主要由 1 座主坝、南副坝与北副坝组成；主、副坝均为混凝土面板堆石坝，坝顶高程均为 225m，其中主坝最大坝高 87m，副坝最大坝高 62m。下水库为浮山东面山脚下的泊口河内的湖荡清地圈围筑堤而成，有效库容 1282 万 m^3，相应正常蓄水位 14.6m，死水位 1.95m；大坝为均质土坝，坝顶宽 7.5m，最大坝高 25.8m。电站额定水头 190m，采用一管双机方式布置，以两回 500kV 出线接入华东电网，送电距离 13km。

2006 年 9 月，项目获国家发展改革委核准；2006 年 12 月，项目正式开工；2011 年 12 月，首台机组投产发电；2012 年 11 月，全部机组投产并转入商业运行。电站服务于华东电网。项目获得国家优质工程奖、中国电力优质工程奖。

响水涧抽水蓄能电站由华东电力调控分中心调度，机组按照调度日负荷计划曲线运

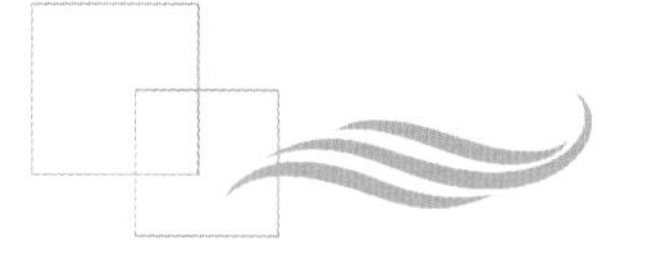

行。“十三五”期间，电站年均综合利用小时数 3437.07h，累计发电抽水启动 15679 台次，机组启动成功率高达 99.92%，主要作用是系统调峰、保障华东电网安全稳定运行，促进当地光伏消纳，改善系统供电质量。

响水涧抽水蓄能电站由国网新源控股有限公司投资运营。

响水涧抽水蓄能电站

（2）琅琊山抽水蓄能电站

琅琊山抽水蓄能电站位于安徽省滁州市西南郊，距市区 3km，距省会合肥市 105km，距南京市 50km。电站装机容量 60 万 kW（4×15 万 kW），工作水头 121.0～149.8m，总投资 23.33 亿元。电站由上水库、水道系统、地下厂房、出口明渠及下水库组成。下水库利用已建的城西水库，新建上水库于琅琊山北麓的山谷洼地，水道系统、地下厂房位于丰乐溪和蒋家洼间的山体内。电站上水库利用小狼洼、大狼洼和龙华寺等几道沟谷组成的洼地为库盆，在沟谷谷口下游二道河较窄的河段内和库区北岸最低分水岭垭口修建主、副坝各 1 座，正常蓄水位 171.80m，有效库容 1238 万 m^3。下水库利用已建的滁州城

西水库，并利用邻近的沙河集水库作为下水库的补偿水源，有效库容 3750 万 m^3。 电站额定水头 126m，采用一管一机方式布置，以两回 220kV 架空线路接入滁州 500kV 变电站，为华东电网提供迫切需要的调峰填谷容量，提高供电质量。

2002 年 11 月，项目获原国家计委批复；2002 年 12 月，项目正式开工；2007 年 2 月，首台机组投产发电；2007 年 9 月，全部机组投产并转入商业运行。 电站服务于华东电网。 项目获国家优质工程奖、中国电力优质工程奖。

琅琊山抽水蓄能电站由华东电力调控分中心调度，机组按照调度日负荷计划曲线运行。“十三五”期间，电站年均综合利用小时数 2894h，累计发电抽水启动 14271 台次，机组启动成功率高达 99.93%，主要作用是系统调峰、保障华东电网安全稳定运行，促进当地光伏消纳，改善系统供电质量。

琅琊山抽水蓄能电站由国网新源控股有限公司投资运营。

琅琊山抽水蓄能电站

（3）绩溪抽水蓄能电站

绩溪抽水蓄能电站位于安徽省宣城市，地处皖南山区，距合肥市、南京市、杭州市、上海市的直线距离分别为 240km、210km、140km、280km。电站装机容量 180 万 kW（6×30 万 kW），总投资 98.88 亿元。电站上水库有效库容 881 万 m^3，相应正常蓄水位 961m，死水位 921m。上水库主、副坝均为钢筋混凝土面板堆石坝，坝顶高程 964.20m，坝顶长 330m，主坝最大坝高 117.7m。下水库有效库容 903 万 m^3，相应正常蓄水位 340m，死水位 318m。下库大坝为钢筋混凝土面板堆石坝，坝顶高程 343.90m，坝顶长 480m，最大坝高 59.1m。电站额定水头 600m，平均年抽水电量 40.2 亿 kW·h，平均年发电量 30.15 亿 kW·h，采用一管两机方式布置，电站建成后主要服务于华东电网（江苏、上海和安徽），两回 500kV 输电线路一回接入宁国河沥变电站、另一回接入徽州变电站，在电网中承担调峰、填谷、调频、调相和事故备用等任务。

绩溪抽水蓄能电站

2012 年 10 月，项目获国家发展改革委核准；2013 年 1 月，项目正式开工；2020 年 1 月，首台机组投产发电；2021 年 2 月，全部机组投产并转入商业运行。电站服务于华东

电网。

绩溪抽水蓄能电站由华东电力调控分中心调度，机组按照调度日负荷计划曲线运行。自2020年1月1日首台机组投运以来，全厂累计发电抽水启动4015台次，机组启动成功率高达100%，主要作用是系统调峰、保障华东电网安全稳定运行，改善系统供电质量。

绩溪抽水蓄能电站由国网新源控股有限公司投资运营。

（4）响洪甸抽水蓄能电站

响洪甸抽水蓄能电站位于安徽省六安市金寨县。电站装机容量8万kW（2×4万kW），总投资4.56亿元。电站上水库利用1958年已建的响洪甸水库，新建的下水库有效库容440万m^3，额定水头45m，采用一管双机方式布置。

1993年1月，项目获原国家计委批复；1994年12月，项目正式开工；2000年6月，2台机组投产发电并转入商业运行。电站主要服务于安徽电网。

响洪甸抽水蓄能电站由安徽省调调度，按照调度日负荷计划曲线运行。“十三五”期间，电站年均综合利用小时数2899.18h，累计发电抽水启动6031台次，机组启动成功率达99.8%以上，重点配合安徽电网调峰填谷、消纳清洁能源，改善电网运行结构，保障系统安全稳定运行。

响洪甸抽水蓄能电站由国网新源控股有限公司投资运营。

响洪甸抽水蓄能电站

10. 福建省

仙游抽水蓄能电站位于福建省莆田市仙游县西苑乡，下库区距仙游县城约33km，距福州市、泉州市和厦门市的公路里程分别为178km、111km和208km。电站装机容量120万kW（4×30万kW），具有周调节性能，主要任务是承担福建电力系统调峰、填谷、调

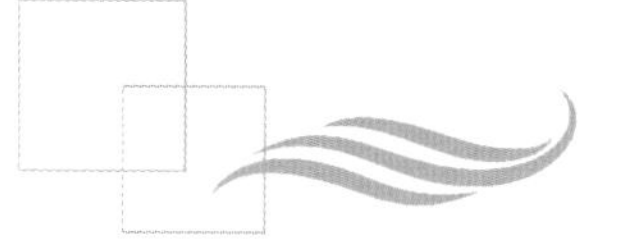

频、调相、紧急事故备用和黑启动。额定水头 430m，采用一管双机方式布置，总投资 44.59 亿元。

枢纽工程主要包括上水库、输水系统、地下厂房系统、下水库及地面开关站等建筑物。上水库位于西苑乡广桥村木兰溪源头支流大济溪上，主要建筑物为主坝、虎歧隔副坝、湾尾副坝、拦渣坝等。下水库坝址位于西苑乡半岭村上游 1km 溪口溪峡谷，大坝为钢筋混凝土面板堆石坝，最大坝高 73.9m。电站上水库有效库容 1343 万 m^3，下水库有效库容 1257 万 m^3。

2008 年 3 月，项目获国家发展改革委核准；2009 年 5 月，项目正式开工；2013 年 4 月，首台机组投产发电；2013 年 12 月，全部机组投产并转入商业运行。电站主要服务于福建电网。项目获得国家优质工程金奖。

仙游抽水蓄能电站由华东电力调控分中心委托福建省调调度，机组按照调度要求随调随起。“十三五”期间，电站年均综合利用小时数 3665h，累计发电抽水启动 18306 台次，机组启动成功率高达 99.96%，在福建电网中主要承担日常平衡调节、维持跨区联络线功率稳定、促进新能源消纳等重要作用。

仙游抽水蓄能电站

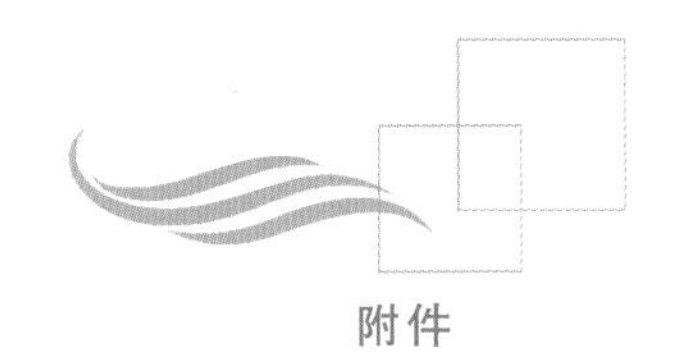

仙游抽水蓄能电站由国网新源控股有限公司投资运营。

11. 江西省

洪屏抽水蓄能电站位于江西省靖安县，紧靠江西省负荷中心，距南昌市、九江市、武汉市的直线距离分别为65km、100km、190km。电站装机容量120万kW（4×30万kW），投资51.88亿元。额定水头540m，采用一管双机方式布置。

枢纽建筑物主要包括上水库、下水库、输水系统、地下厂房洞室群、地面开关站和中控楼等。上水库位于三爪仑乡塘里村的洪屏自然村一个四面环山的沟源天然盆地，正常蓄水位733m，调节库容2031万m^3。上水库包括主坝、西副坝、西南副坝、库底及库岸防渗体等建筑物；主坝为混凝土重力坝，最大坝高42.5m。下水库坝址位于丁坑口至岩背村之间河湾狭谷处，正常蓄水位181m，调节库容3479万m^3；挡水建筑物为碾压混凝土重力坝，坝顶高程185.5m，最大坝高74.5m。

2010年3月，项目获国家发展改革委核准；2010年6月，项目正式开工；2016年7月，首台机组投产发电；2016年12月，全部机组投产并转入商业运行。电站服务于华中电网。项目获得国家优质工程金奖。

洪屏抽水蓄能电站由华中电力调控分中心调度，机组按照调度日负荷计划曲线运行，遇重大节假日及重要活动，机组随调随起、满发满抽。自2016年投产以来，电站年均综合利用小时数2509h，累计发电抽水启动10768台次，机组启动成功率高达99.90%，在华中电网、江西省网中主要发挥保障雅湖直流安全稳定运行、促进清洁能源消纳、削峰填谷缓解电力供需紧张等作用。

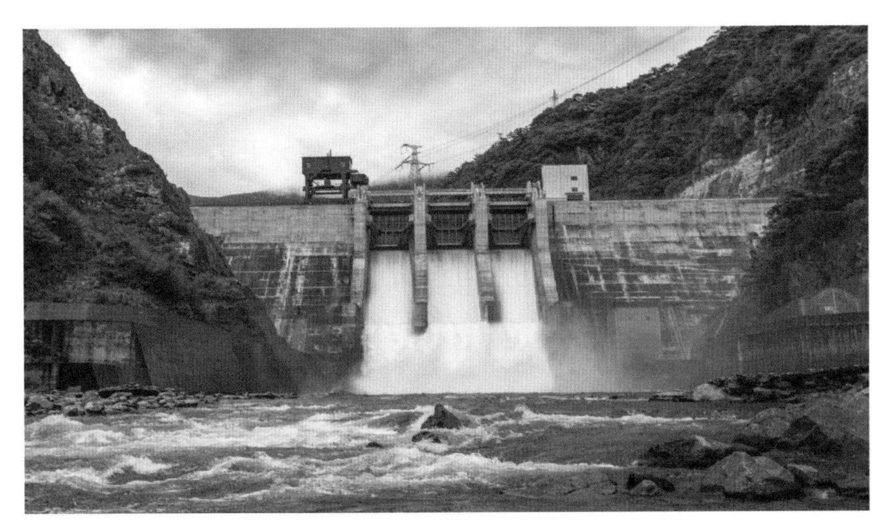

洪屏抽水蓄能电站（一）

洪屏抽水蓄能电站（二）

洪屏抽水蓄能电站由国网新源控股有限公司投资运营。

12. 山东省

泰安抽水蓄能电站位于山东省泰安市岱岳区，距泰安市 5km，距山东省省会济南市 70km，京沪铁路和 104 国道从工程区通过。电站装机容量 100 万 kW（4×25 万 kW），总投资 43.26 亿元。电站上水库有效库容 1128 万 m^3，下水库有效库容 2997 万 m^3，额定水头 225m，采用一管双机方式布置。上水库布置在樱桃园内，由混凝土面板堆石坝、上库进/出水口、库盆及其防渗设施等组成。大坝坝顶高程为 413.80m，坝顶长 540.46m，最大坝高 99.80m。库盆由天然库盆和扩挖土石方而成，库盆采用混凝土面板、土工膜及帷幕灌浆的综合防渗方案。下水库位于黄河下游支流大汶河水系的泮汶河上，利用已建的大河水库进行加固改建而成，由主、副均质土坝、溢洪道和放水洞组成。

1999 年 12 月，项目获原国家计委批复；2002 年 2 月，项目正式开工；2006 年 7 月，首台机组投产发电；2007 年 6 月，全部机组投产并转入商业运行。电站主要服务于山东电网。项目获得中国建设工程鲁班奖、中国电力优质工程奖、国家档案局首批全国建设项目档案管理示范工程奖。

泰安抽水蓄能电站由华北电力调控分中心委托山东省调调度，机组按照调度需求随调随起。“十三五”期间，电站年均综合利用小时数 1629.5h，累计发电抽水启动 13076 台次，机组启动成功率高达 100%，在山东电网中主要发挥促进新能源消纳、保障系统安全稳定运行、维持跨区联络线功率平衡、频繁进行负荷跟随调节等作用。

泰安抽水蓄能电站由国网新源控股有限公司投资运营。

泰安抽水蓄能电站

13. 河南省

（1）宝泉抽水蓄能电站

宝泉抽水蓄能电站位于河南省新乡市辉县市薄壁镇，距新乡市、焦作市和郑州市的直线距离分别为45km、30km和80km，电站装机容量120万kW（4×30万kW），总投资43.27亿元。

工程枢纽建筑物包括上水库、下水库、输水系统和发电系统等建筑物。上水库位于辉县市峪河左岸东沟由南北向转为东西向的转弯处，主要建筑物包括1座主坝和1座副坝。主坝为沥青混凝土面板堆石坝，最大坝高94.8m。上水库正常蓄水位为789.6m，相应库容758.2万m^3。下水库位于辉县市峪河上，利用现有的宝泉水库改建而成；下水库正常蓄水位260m，相应库容为5509万m^3。额定水头510m，采用一管双机方式布置。

2003年5月，项目获国家发展改革委批复；2004年6月，项目正式开工；2009年6月，首台机组投产发电；2011年6月，全部机组投产并转入商业运行。电站服务于华中

电网。

宝泉抽水蓄能电站由华中电力调控分中心调度，机组按照调度日负荷计划曲线运行。“十三五”期间，电站年均综合利用小时数 3213.78h，累计发电抽水启动 13133 台次，机组启动成功率高达 99.98%，在华中电网、河南电网中主要发挥保障中枢大电网安全稳定运行、促进清洁能源消纳、维持断面潮流平衡等重要作用。

宝泉抽水蓄能电站由国网新源控股有限公司投资运营。

宝泉抽水蓄能电站

（2）回龙抽水蓄能电站

回龙抽水蓄能电站位于河南省南阳市。电站装机容量 12 万 kW（2×6 万 kW），总投资 4.51 亿元。电站上水库有效库容 99 万 m^3，下水库有效库容 99 万 m^3，额定水头 379m，采用一管双机方式布置。

2000 年 8 月，项目获原河南省发展计划委员会批复；2001 年 6 月，项目正式开工；2005 年 12 月，2 台机组投产发电并转入商业运行。

电站主要服务于河南电网。回龙抽水蓄能电站由河南省调调度，机组按照调度要求

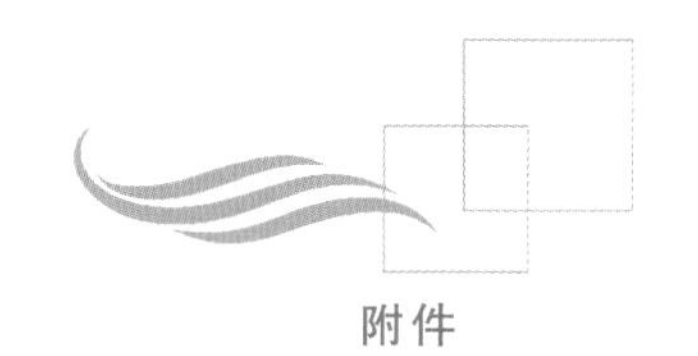

随调随起。“十三五”期间，电站年均综合利用小时数 2894.07h，累计发电抽水启动 7378 台次，机组启动成功率高达 99.85%，主要承担河南电网调峰调频、促进新能源消纳等调节任务。

回龙抽水蓄能电站由国网新源控股有限公司投资运营。

回龙抽水蓄能电站

14. 湖北省

（1）白莲河抽水蓄能电站

白莲河抽水蓄能电站位于湖北省黄冈市罗田县白莲河乡境内，电站距武汉市、黄石市、罗田县分别为 143km，61km、24km。工程利用已建的白莲河水库作为下水库，在白莲河下水库右坝头月山村和叶家冲新建上水库。工程枢纽建筑物包括上水库、输水系统、下水库、地下厂房洞室群和开关站等建筑物。上水库位于白莲河水库右坝头的山谷凹地，正常蓄水位 308m，总库容 2496 万 m^3；上水库挡水建筑物由 1 座主坝、3 座副坝组成；主坝为混凝土面板堆石坝，最大坝高 62.5m。下水库利用 20 世纪 60 年代初建成的白莲河水库，正常蓄水位 104m，有效库容 5.72 亿 m^3。输水系统布置在上、下水库之间的山体内，地下厂房采用尾部式布置，引水系统采用一洞两机，尾水系统采用两机一洞布置。电站装机容量 120 万 kW（4×30 万 kW），电站建成后接入湖北电网，在电网中承担调峰、填谷、调频、调相及事故备用等任务。电站总投资 35.33 亿元，额定水头 195m。

2005 年 2 月，项目获国家发展改革委核准；2005 年 8 月，项目正式开工；2009 年 11 月，首台机组投产发电；2010 年 12 月，全部机组投产并转入商业运行。电站服务于华中电网。项目实现了国内首次水泵工况低扬程一次启动成功，机组球阀直径为世界最大。项目获得国家优质工程奖。

白莲河抽水蓄能电站

白莲河抽水蓄能电站由华中电力调控分中心调度，机组按照调度日负荷计划曲线运行，特殊情况下根据调度需求机组随调随起。“十三五”期间，电站年均综合利用小时数1781h，累计发电抽水启动 8185 台次，机组启动成功率高达 99.83%，在华中电网、湖北电网中主要发挥调峰调频、促进清洁能源消纳、优化电力系统性能等重要作用。

白莲河抽水蓄能电站由国网新源控股有限公司投资运营。

（2）天堂抽水蓄能电站

天堂抽水蓄能电站位于湖北省罗田县境内巴水支流天堂河上游，距罗田县城关53km。天堂抽水蓄能电站是湖北省建设的第一座抽水蓄能电站，利用已建的天堂梯级电站中的一级电站水库作为上水库，二级电站水库作为下水库。装设两台 3.5 万 kW 的混流可逆式水泵水轮机发电电动机组，设计年抽水耗电量 1.60 亿 kW · h，年顶峰发电量 1.25 亿 kW · h。

天堂抽水蓄能电站

15. 湖南省

黑麋峰抽水蓄能电站位于湖南省长沙市黑麋峰风景区，紧邻湖南电网用电负荷中心长沙、株洲、湘潭地区，距长沙市区仅 25km，距湘潭市、株洲市也不足 60km。电站装机容量 120 万 kW（4 × 30 万 kW），额定水头 295m，采用一管双机方式布置，总投资 34.24 亿元。

工程枢纽建筑物包括上水库、下水库、输水系统和发电系统等建筑物。上水库位于黑麋峰西侧，下水库位于湖溪冲沟内。主要建筑物包括大坝和泄洪洞。大坝为钢筋混凝土面板堆石坝；泄洪洞位于左岸山体内，兼作水库放空洞。

2005 年 5 月，项目获国家发展改革委核准，同月项目正式开工；2009 年 8 月，首台机组投产发电；2010 年 10 月，全部机组投产并转入商业运行。电站服务于华中电网。项目获得中国建设工程鲁班奖、中国电力优质工程奖。

黑麋峰抽水蓄能电站由华中电力调控分中心调度，机组按照调度日负荷计划曲线运行。“十三五”期间，电站年均综合利用小时数 2665.7h，累计发电抽水启动 12933 台次，机组启动成功率高达 99.93%，在华中电网、湖南电网中的主要作用是保障中枢大电网安全，助力西北新能源消纳，支撑电网日常调节，维持系统动态电压稳定。

黑麋峰抽水蓄能电站由国网新源控股有限公司投资运营。

黑麋峰抽水蓄能电站

16. 广东省

（1）惠州抽水蓄能电站

惠州抽水蓄能电站位于广东省惠州市博罗县城郊，距惠州市 20km、深圳市 77km、广

州市 112km，处于广东用电负荷的中心。装机总容量 240 万 kW，设计多年平均发电量 45.62 亿 kW·h，多年平均抽水电量 60.025 亿 kW·h，年发电利用小时数 1900.8h，年抽水利用小时数 2359.5h。电站为周调节运行，以三回 500kV 出线接入广东电网。安装 8 台 30 万 kW 立轴单级可逆混流式机组，是目前世界上一次性建成、装机容量最大的抽水蓄能电站，额定水头 501m。

工程枢纽由上水库、下水库、输水系统、地下厂房（分 A 厂和 B 厂）系统等 4 大部分组成。上水库设计正常蓄水位 762m，相应库容 3171.0 万 m^3，由 1 座主坝、4 座副坝及库岸防渗系统（3 个垭口和 1 个条形山）等组成；下水库设计正常蓄水位 231m，相应库容 3190.5 万 m^3，由 1 座主坝和 1 座副坝组成。

电站于 2004 年 10 月开工建设；2009 年 5 月首台机组并网发电；2011 年全部建成。2021 年 1—6 月，机组累计启动 5645 次，利用小时数 1476.69h。

惠州抽水蓄能电站

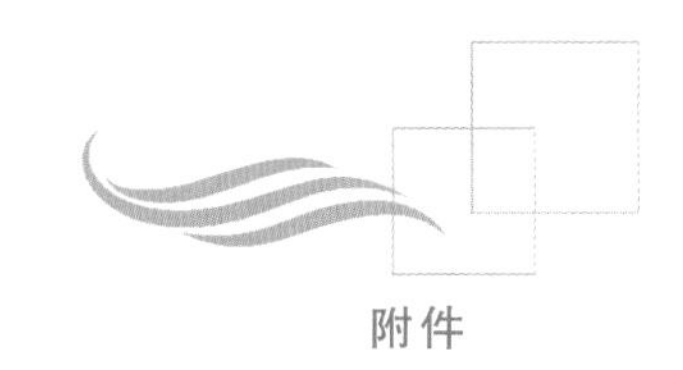

惠州抽水蓄能电站由南方电网调峰调频发电有限公司投资运营。

（2）广州抽水蓄能电站

广州抽水蓄能电站位于广东省广州市从化区吕田镇深山大谷中，距广州市 90km。装机总容量 240 万 kW，安装 8 台 30 万 kW 立轴单级可逆混流式机组，是中国自行设计和施工的第一座高水头、大容量的抽水蓄能电站，也是目前世界上已投运的最大的抽水蓄能电站之一。电站对保证大亚湾核电站的安全稳定生产，对广东电网和香港中华电力公司电网优化结构、安全经济运行和提高供电质量发挥了重要作用。

广州抽水蓄能电站

电站枢纽由上、下水库的拦河坝、引水系统和地下厂房等组成。上水库坝为混凝土面板堆石坝，最大坝高 68m，溢洪道为岸边侧槽式；下水库坝为碾压混凝土重力坝，最大坝高 43.3m，溢流坝段设 2 孔宽 9m 的溢流孔。电站上水库正常蓄水位 816.8m，库容 2408 万 m^3；下水库正常蓄水位 287.4m，库容 2342 万 m^3，额定水头 535m。

电站分两期建设：一期 120 万 kW 于 1988 年 9 月开工建设，1993 年 6 月首台机组并

网发电，1994 年 3 月全部建成。二期 120 万 kW 于 1994 年 9 月主体工程开工，1998 年 12 月首台机组并网发电，2000 年 6 月全部建成。1991 年，在原国家能源部组织的全国百万千瓦水电站质量评比中名列前茅，被誉为水电建设的“五朵金花”之一。

2021 年 1—6 月机组累计启动 3342 台次，利用小时数 1035.18h。

广州抽水蓄能电站由南方电网调峰调频发电有限公司投资运营。

（3）清远抽水蓄能电站

清远抽水蓄能电站位于广东省清远市清新区，距广州市直线距离 75km。装机总容量 128 万 kW，安装 4 台 32 万 kW 立轴单级可逆混流式机组，主要担负广东电网调峰、填谷、调频、调相以及紧急事故备用等任务。

清远抽水蓄能电站

枢纽工程由上水库、下水库、输水发电系统和开关站等建筑物组成。上水库工程主要由 1 座主坝、6 座副坝、上水库进出水口、泄洪洞及生态放水管等建筑物组成。上水

库主、副坝均为黏土心墙堆石（渣）坝，电站上水库正常蓄水位 612.5m，有效库容 1131.8 万 m^3。下水库主要由黏土心墙堆石（渣）坝、泄洪洞及放水底孔等建筑物组成。黏土心墙堆石（渣）坝最大坝高 75.9m。下水库正常蓄水位 137.7m，有效库容 1217 万 m^3。电站额定水头 470m。

2009 年 2 月 17 日，国家发展改革委核准广东清远抽水蓄能电站项目建设。电站主体工程于 2009 年 12 月开工建设，2015 年 11 月首台机组并网发电，2016 年 8 月全部建成。电站工程先后获得“中国电力优质工程”“国家水土保持生态文明工程”“中国安装工程优质奖”等荣誉。

2021 年 1—6 月，机组累计启动 2301 台次，利用小时数 1251.25h。

清远抽水蓄能电站由南方电网调峰调频发电有限公司投资运营。

（4）深圳抽水蓄能电站

深圳抽水蓄能电站位于广东省深圳市东北部的盐田区和龙岗区境内，与广州市直线距离约 117km，距香港特别行政区 30km。装机总容量 120 万 kW，安装 4 台 30 万 kW 立轴单级可逆混流式机组。电站上水库正常蓄水位 526.81m，有效库容 825.24 万 m^3；下水库正常蓄水位 80m，有效库容 1625.24 万 m^3，额定水头 419.05m。上水库主要建筑物包括 1 座主坝、5 座副坝和库周防渗处理等，其中主坝和 4 号副坝为碾压混凝土重力坝，其余 4 座副坝均为风化土心墙石渣坝。坝顶高程 531.20m，主坝最大坝高 57.80m。下水库位于龙岗区横岗镇简龙村的东面沟谷中，其是利用已建成的铜锣径水库进行扩建而成。下水库主要建筑物包括 1 座主坝、3 座副坝、溢洪道、输水（放空）洞、库周防渗等，其中主、副坝均为风化土心墙石渣坝，主坝最大坝高为 47.5m。

电站主要承担广东（主要是深圳）电网调峰、填谷、调频、调相以及紧急事故备用等任务。电站调节性能为日调节，日调节满发时间为 6.37h，事故备用满发时间 1h。电站设计年平均抽水用电量 19.55 亿 kW · h，平均年发电量 15.11 亿 kW · h。

深圳抽水蓄能电站（一）

深圳抽水蓄能电站（二）

电站于 2011 年 12 月开工建设，2017 年 11 月首台机组并网发电，2018 年 9 月全部建成。工程获得“中国电力优质工程奖”“国家优质工程”等荣誉。

2021 年 1—6 月，机组累计启动 1995 台次，利用小时数 1523.4h。

深圳抽水蓄能电站由南方电网调峰调频发电有限公司投资运营。

17. 海南省

琼中抽水蓄能电站位于海南省琼中黎族苗族自治县境内，距海南省海口市、三亚市直线距离分别为 106km、110km，距昌江核电站直线距离 98km。电站装机总容量 60 万 kW，安装 3 台 20 万 kW 的立轴单级可逆混流式机组。工程建成后主要任务是承担海南电力系统的调峰、填谷、调频、调相、紧急事故备用和黑启动等，具有日调节性能。

工程枢纽主要由上水库、输水发电系统及下水库等建筑物组成。上水库地处黎母山林场原大丰水库番加乡大丰农场宽缓谷地部位，上水库正常蓄水位 567m，相应库容 774.2 万 m^3。上水库包括主坝、副坝 1、副坝 2 和溢洪道等建筑物。主坝及 2 座副坝均为碾压式沥青混凝土心墙土石坝，坝顶高程为 570m，坝顶宽度 10m，最大坝高分别为 32m、24m、12m。输水发电系统布置在上、下水库之间的三曲岭山体内，采用一洞三机布置方式。下水库位于南渡江腰仔河支流——黎田河上游峡谷区；下水库正常蓄水位 253m，相应库容 732.4 万 m^3；下水库包括大坝、溢洪道和放水底孔。大坝采用混凝土面板堆石坝，坝顶高程为 257m，坝顶宽度 8m，最大坝高 54m。

电站主体工程于 2014 年 3 月开工建设，2017 年 12 月首台机组并网发电，2018 年 7 月全部建成。

2021 年 1—6 月，机组累计启动 376 台次，利用小时数 257.54h。

琼中抽水蓄能电站由南方电网调峰调频发电有限公司投资运营。

琼中抽水蓄能电站

18. 西藏自治区

羊卓雍湖抽水蓄能电站（简称“羊湖电站”）位于浪卡子县及贡嘎县境内，海拔 3600～4400m。羊湖电站具有季调节能力，是世界上海拔最高的抽水蓄能电站。羊湖电站安装 4 台三机式抽水蓄能发电机组，其单机容量 2.25 万 kW、蓄能机组装机 9 万 kW，和 1 台常规冲击式水轮发电机组 2.25 万 kW，总装机容量 11.25 万 kW，多年平均发电量 0.918 亿 kW·h。

羊湖电站于 1989 年复工修建，1997 年并网发电。羊湖电站自投入运行以来，一直

作为西藏中部电网的骨干支撑电源，年发电量远远超过设计发电量，1997—2007 年是其发电量最为集中的时期，累计发电量近 32 亿 kW · h，同时担负着调峰、调频和事故备用等任务。

多年运行统计数据表明，羊湖水位的变化主要由入库水量和蒸发损失水量的关系决定，发电用水不造成水位下降，1997—2007 年的集中发电时期，羊湖年水位从 4437m 逐渐上升至 4440m，总体呈上升趋势。 2008 年以来，随着全球气候变暖，湖周雪线持续上升乃至近年来几近消失，羊湖遭遇连续枯水年，入库水量大为减少的同时降水量也大幅减少，蒸发量大于入库径流与降水量之和，致使羊湖水位持续下降，目前已降至 4435. 5m，逼近最低运行水位 4435. 0m。 目前羊湖电站在电力系统中仅承担调相作用，不提供电量。

羊卓雍湖抽水蓄能电站

附件 2　抽水蓄能政策汇编

关于抽水蓄能电站建设管理有关问题的通知

发改能源〔2004〕71 号

各省、自治区、直辖市计委（发展改革委），国家电网公司、南方电网公司：

抽水蓄能电站是具有调峰、填谷、调频、调相和事故备用等多种作用的特殊电源，具有运行灵活和反应快速的特点，对确保电力系统安全、稳定和经济运行具有重要作用。近年来，我国抽水蓄能电站建设取得了很大成绩，到 2002 年年底，全国已建成抽水蓄能电站 570 万 kW，在建抽水蓄能电站 750 万 kW。随着经济的发展和人民生活水平的提高，电力系统运行的可靠性和安全性要求将不断提高，因此，为满足电网安全、稳定和经济运行的需要，建设适当比例的抽水蓄能电站是必要的。电力体制实行“厂网分开”改革后，抽水蓄能电站建设和管理面临的环境发生了很大的变化，为了规范抽水蓄能电站的建设和管理，促进抽水蓄能电站的健康有序发展，提高电力系统的安全性、经济性和可靠性，现将抽水蓄能电站建设与管理的有关要求通知如下：

一、抽水蓄能电站建设实行区域统一规划。

抽水蓄能电站要根据各电力系统的不同特点和厂址资源条件，与电网和常规电源统一纳入电力中长期发展规划，按照区域电网范围进行统一配置。抽水蓄能电站建设要有利于提高电力系统效率，降低电力系统运行成本，与发挥已有火电机组调峰能力、优先开发调节性能好的常规水电站、加强用电侧管理等措施统筹考虑。

二、认真做好抽水蓄能电站的选点工作。

抽水蓄能电站在电力系统中主要承担调峰、调频、调相和事故备用作用，要求距负荷中心近，地形地质条件和技术指标优越，工程规模适当，经济指标明显优于常规电站，对自然和生态环境影响小。各地区要按上述原则，认真做好抽水蓄能电站的选点工作，优先考虑与常规水电站相结合，确保抽水蓄能电站布局合理，规模适宜，建设条件优良。

三、抽水蓄能电站主要由电网经营企业进行建设和管理。

抽水蓄能电站主要服务于电网，为了充分发挥其作用和效益，抽水蓄能电站原则上由电网经营企业建设和管理，具体规模、投资与建设条件由国务院投资主管部门严格审批，其建设和运行成本纳入电网运行费用统一核定。发电企业投资建设的抽水蓄能电

站，要服从于电力发展规划，作为独立电厂参与电力市场竞争。

请各省（自治区、直辖市）计委（发展改革委），各有关电网公司、发电公司，按上述要求，认真做好抽水蓄能电站建设的研究论证及发展规划工作，促进抽水蓄能电站建设的健康有序发展，确保电网的安全、经济和可靠运行，提高电力系统安全运行水平和效率。

国家发展和改革委员会

2004 年 1 月 12 日

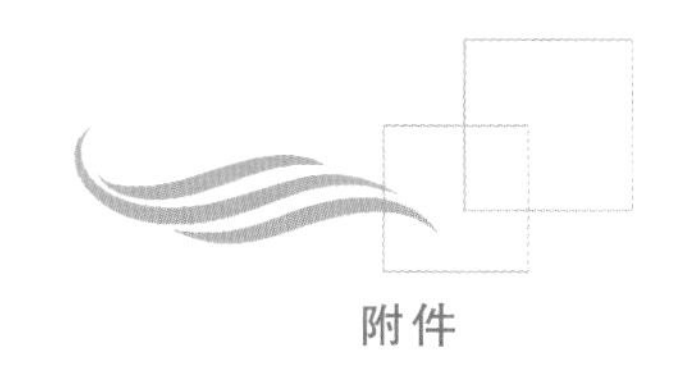

关于桐柏、泰安抽水蓄能电站电价问题的通知

发改价格〔2007〕1517号

上海、浙江、山东省（市）发展改革委、物价局、电力公司，华东电网有限公司：

山东省物价局《关于核定泰安抽水蓄能电站上网电价的请示》（鲁价格发〔2006〕38号）和华东电网有限公司《关于华东桐柏抽水蓄能电站租赁费的请示》（华东电网财〔2007〕169号）均悉。经研究，现将抽水蓄能电站有关电价事项通知如下：

一、《国家发展改革委关于抽水蓄能电站建设管理有关问题的通知》（发改能源〔2004〕71号）下发后审批的抽水蓄能电站，由电网经营企业全资建设，不再核定电价，其成本纳入当地电网运行费用统一核定；发改能源〔2004〕71号文件下发前审批但未定价的抽水蓄能电站，作为遗留问题由电网企业租赁经营，租赁费由国务院价格主管部门按照补偿固定成本和合理收益的原则核定。

二、核定的抽水蓄能电站租赁费原则上由电网企业消化50%，发电企业和用户各承担25%。发电企业承担的部分通过电网企业在用电低谷招标采购抽水电量解决；用户承担的部分纳入销售电价调整方案统筹解决。

三、核定浙江桐柏、山东泰安抽水蓄能电站年租赁费分别为4.84亿元、4.59亿元（含税，下同）。自2007年1月1日起执行。

四、上海、浙江、山东电网公司采购抽水电量的指导价格分别为0.367元/（kW·h）、0.367元/（kW·h）、0.296元/（kW·h），由发电企业自愿选择发电。上海、浙江、山东电网销售电价分别提高0.6厘钱/（kW·h）、0.4厘钱/（kW·h）、0.7厘钱/（kW·h），纳入下次销售电价调整方案统筹解决。如果电网企业采购抽水电量的实际价格低于上述指导价，则相应降低销售电价。

国家发展和改革委员会

2007年7月4日

关于进一步做好抽水蓄能电站建设的通知

国能新能〔2011〕242号

各省、自治区、直辖市发展改革委、能源局，国家电网公司、南方电网公司：

抽水蓄能电站具有调节电力系统峰谷差、确保电力系统安全可靠运行等多种功能。为有序建设和发展抽水蓄能电站，国家发展改革委于2004年印发了《关于抽水蓄能电站建设管理有关问题的通知》（发改能源〔2004〕71号），有效规范了抽水蓄能电站的建设与管理。随着我国经济的快速发展和能源结构的调整步伐加快，对电力系统运行的安全性和可靠性要求越来越高，适度加快抽水蓄能电站建设步伐十分必要。针对近年来抽水蓄能电站规划建设中出现的问题，为进一步规范建设管理，现将有关要求通知如下：

一、坚持为系统服务的原则。抽水蓄能电站建设应纳入整个电力系统的发展规划统筹考虑，以整体提高电力系统的安全性和经济性为原则，做好抽水蓄能电站的选点和建设规划，有序推进各项前期工作，避免简单为电源项目配套而建设，杜绝单纯为促进地方经济发展上项目、建抽水蓄能电站。

二、坚持“厂网分开”的原则。要按照国家电力体制改革和电价市场化形成机制改革的有关规定，原则上由电网经营企业有序开发、全资建设抽水蓄能电站，建设运行成本纳入电网运行费用；杜绝电网企业与发电企业（或潜在的发电企业）合资建设抽水蓄能电站项目；严格审核发电企业投资建设抽水蓄能电站项目。

三、坚持建设项目技术可行、经济合理的原则。新规划、建设的抽水蓄能电站，必须具有经济性，其效益应体现在整个电力系统经济性的提高。在现行销售电价水平下，不得因建设抽水蓄能电站给电力消费者增加经济负担或推动全社会电价上涨。

四、坚持机组设备自主化的原则。在技术引进、消化吸收的基础上，以大型抽水蓄能电站建设为依托，继续推进机组设备自主化，着力提高主辅设备的独立成套设计和制造能力；逐步引入竞争机制，放开机组设备市场。

五、坚持科学合理调度的原则。抽水蓄能电站具有调峰、填谷、调频、调相和事故备用等多种功能，兼有动态和静态效应。要根据电网运行特性和电力系统安全要求，科学制定调度规则，合理调度运行蓄能机组，充分发挥抽水蓄能电站在电力系统中的综合效益。

请各省（自治区、直辖市）发展改革委、能源局和有关电力企业，按照上述原则，认

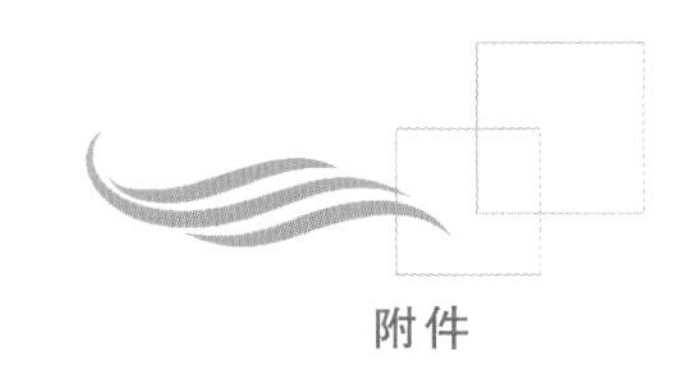

真做好抽水蓄能电站的规划、建设和管理，继续执行好发改能源〔2004〕71 号文件的有关要求，促进抽水蓄能电站建设健康有序发展。

国家能源局

2011 年 7 月 31 日

关于加强抽水蓄能电站运行管理工作的通知

国能新能〔2013〕243 号

各派出机构，各省、自治区、直辖市发展改革委、能源局，国家电网公司、南方电网公司，水电水利规划设计总院、中国水电工程顾问集团公司、中国国际工程咨询公司：

抽水蓄能电站是具有调峰填谷、调频调相和事故备用等多种功能的特殊电源，是确保电网安全、稳定、经济运行的重要保障。针对近年来蓄能电站运行调度存在的问题，为进一步加强运行管理，有效发挥其调峰、蓄能和备用的功能，现将有关要求通知如下：

一、高度重视运行管理工作。抽水蓄能电站是解决电网调峰问题的重要手段和目前最具经济性的大规模储能设施。近年来，随着电力系统规模的不断扩大、第三产业和居民用电比重的增加、可再生能源电力的快速发展，调峰矛盾、拉闸限电和弃风弃水弃光等问题突出，必须充分认识抽水蓄能电站在电力系统中的重要性，高度重视抽水蓄能电站运行管理，优化电力调度，有效发挥已建电站在解决电网峰谷运行矛盾、保障电力系统安全稳定运行、提高电网消纳可再生能源电力的能力、保障能源高效利用等方面的作用。

二、充分发挥调峰填谷作用。调峰填谷是抽水蓄能电站的重要功能，也是衡量电站是否发挥作用的重要指标。针对目前部分电站抽水发电利用小时数明显偏低的情况，各电网企业、调度机构和蓄能电厂要从整个电力系统安全可靠和经济性以及化石燃料消耗最少的角度，合理安排电站调峰和备用运行，加强调峰蓄能调度，充分发挥蓄能电站的多种功能以及静态和动态两方面效益。采取切实有效措施，提高电站利用效率，将调峰填谷运行作为缓解和解决电网峰谷差大、拉闸限电频繁和弃风弃水弃光等矛盾的首选手段。

三、加快制定运行调度规程。各电力调度机构要根据《抽水蓄能电站调度运行导则》，结合各地区电网电源结构和负荷特性等情况，会同蓄能电站运行管理单位制定各抽水蓄能电站运行调度规程，明确各电站的调度原则、管理要求和具体运行指标，按程序报国家能源局备案。电力调度机构要严格按照调度规程进行调度运行。

四、建立健全考核监督制度。各电力监管机构要根据运行导则要求和各电站具体运行调度规程，监管蓄能电站运行调度情况，制定考核和监管具体办法，明确运行效果考

核指标、标准及监管措施和要求。重点监督考核电站运行是否安全可靠、运行调度规程是否执行到位和调峰蓄能与备用作用是否有效发挥；重点加强迎峰度夏、冬季供暖等时段拉闸限电情况和弃风弃水弃光地区蓄能电站调峰运行的监管。各电力监管机构要建立考核监管信息通报机制，定期报告并发布各电站运行调度情况和考核监管信息。

五、不断完善运行管理机制。水电水利规划设计总院要认真研究抽水蓄能电站运行管理涉及的运行体制、电价机制等问题，加强对已建蓄能电站运行情况和利用状况的分析，研究完善抽水蓄能运行管理机制和措施。积极探索电力系统辅助服务政策，推动发电侧分时电价机制建立，充分调动蓄能电站低谷抽水蓄能和高峰发电顶峰的积极性，促进抽水蓄能电站作用有效发挥。

请各派出机构，各省（自治区、直辖市）发展改革委、能源局和有关单位，按照上述要求认真做好抽水蓄能电站建设运行调度管理各项工作，保障抽水蓄能电站有效发挥作用，促进蓄能电站健康有序发展。

国家能源局

2013 年 6 月 18 日

关于完善抽水蓄能电站价格形成机制有关问题的通知

发改价格〔2014〕1763 号

各省、自治区、直辖市发展改革委、物价局，国家电网、南方电网：

为了促进抽水蓄能电站健康发展，充分发挥抽水蓄能电站综合效益，经商国家能源局，决定进一步完善抽水蓄能电站价格形成机制。现就有关问题通知如下：

一、抽水蓄能电站价格机制

电力市场形成前，抽水蓄能电站实行两部制电价。电价按照合理成本加准许收益的原则核定。其中，成本包括建设成本和运行成本；准许收益按无风险收益率（长期国债利率）加 1%～3%的风险收益率核定。

（一）两部制电价中，容量电价主要体现抽水蓄能电站提供备用、调频、调相和黑启动等辅助服务价值，按照弥补抽水蓄能电站固定成本及准许收益的原则核定。逐步对新投产抽水蓄能电站实行标杆容量电价。

（二）电量电价主要体现抽水蓄能电站通过抽发电量实现的调峰填谷效益。主要弥补抽水蓄能电站抽发电损耗等变动成本。电价水平按当地燃煤机组标杆上网电价（含脱硫、脱硝、除尘等环保电价，下同）执行。

（三）电网企业向抽水蓄能电站提供的抽水电量，电价按燃煤机组标杆上网电价的 75%执行。

二、鼓励通过市场方式确定电价

为推动抽水蓄能电站电价市场化，在具备条件的地区，鼓励采用招标、市场竞价等方式确定抽水蓄能电站项目业主、电量、容量电价、抽水电价和上网电价。

三、抽水蓄能电站费用回收方式

电力市场化前，抽水蓄能电站容量电费和抽发损耗纳入当地省级电网（或区域电网）运行费用统一核算，并作为销售电价调整因素统筹考虑。

四、加强对抽水蓄能电站建设和运行的管理

（一）抽水蓄能电站应根据电力系统需要和站址资源条件统一规划、合理布局、有序建设。未纳入国家抽水蓄能电站选点规划及相关建设规划的项目不得建设。

（二）电网企业、抽水蓄能电站要以整个电力系统安全可靠、经济运行及减少化石

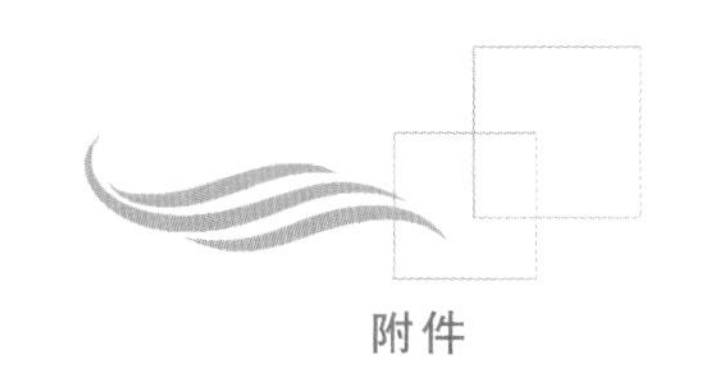

燃料消耗为目标，合理安排抽水蓄能电站运行，确保蓄能电站充分发挥功能效用、提高利用效率，缓解电网峰谷运行矛盾。

（三）国家能源局及其派出机构要加强对抽水蓄能电站运行情况的监管与考核。对不能按电网调度要求运行的抽水蓄能电站；以及用电高峰时段发生拉闸限电或系统内发生弃风、弃光等情况而抽水蓄能电站又未能得到充分利用的电网企业，要进行考核，并责令其说明原因，查清责任。情况严重的要通报批评并追究相关方责任。

五、执行范围和执行时间

（一）今后新投产或已投产未核定电价的抽水蓄能电站按本通知规定的电价机制执行；已核定电价的抽水蓄能电站逐步实行两部制上网电价。

（二）上述规定自 2014 年 8 月 1 日起执行。

国家发展和改革委员会

2014 年 7 月 31 日

关于促进抽水蓄能电站健康有序发展有关问题的意见

发改能源〔2014〕2482号

各省、自治区、直辖市发展改革委、能源局，国家能源局各派出机构，国家电网公司、南方电网公司，中国华能集团公司、中国华电集团公司、中国大唐集团公司、中国国电集团公司、中国电力投资集团公司、中国长江三峡集团公司、国家开发投资公司：

抽水蓄能电站运行灵活、反应快速，是电力系统中具有调峰、填谷、调频、调相、备用和黑启动等多种功能的特殊电源，是目前最具经济性的大规模储能设施。为保障电力系统安全稳定经济运行，适应新能源发展需要，促进抽水蓄能电站持续健康有序发展，现提出以下意见：

一、发展意义

我国抽水蓄能电站建设规模持续扩大，设计、施工和机组设备制造水平不断提升，已形成较为完备的规划、设计、建设、运行管理体系，相继建成了广州、十三陵、天荒坪、泰安、西龙池、惠州、仙游等一批具有世界先进水平的抽水蓄能电站。到2013年年底，建成抽水蓄能电站2151万kW，为我国电力安全发挥了重要作用。

为保障抽水蓄能电站健康有序发展，电力体制“厂网分开”改革后，国家陆续出台了抽水蓄能电站建设运行管理的有关政策，有效规范和促进了抽水蓄能产业发展。但受认识差异和体制机制等影响，前期规划不完善、建设进度与发展需要不适应、建设管理体制不规范、监督管理体系不完善、运行效益发挥不充分、配套政策不够落实等问题突出，影响了我国抽水蓄能电站的建设进程和健康发展。

随着我国经济社会的发展，电力系统规模不断扩大，用电负荷和峰谷差持续加大，电力用户对供电质量要求不断提高，随机性、间歇性新能源大规模开发，对抽水蓄能电站发展提出了更高要求。统筹规划、建管并重、适度加快抽水蓄能电站发展，对保障我国电力系统安全稳定经济运行、缓解电网调峰矛盾、增加新能源电力消纳、促进清洁能源开发利用和能源结构调整、实现可持续发展意义重大。

二、总体要求

（一）指导思想

以保障电力系统安全稳定经济运行、促进能源结构调整、提高新能源利用率、减少

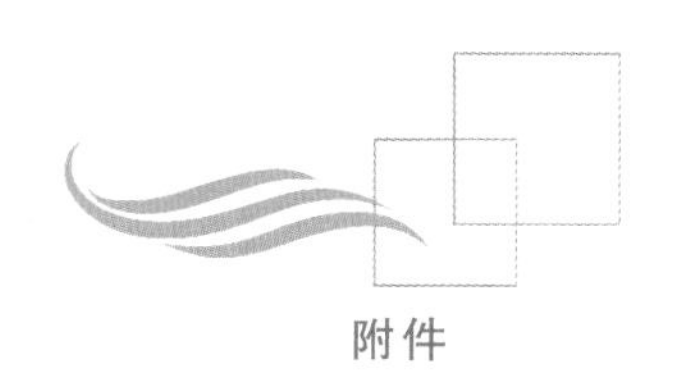

温室气体排放、实现经济社会可持续发展为目标，把发展抽水蓄能电站作为构建安全、稳定、经济、清洁现代能源体系的重要战略举措，促进抽水蓄能产业持续健康有序发展。

（二）基本原则

统筹规划、合理布局。按照区域电网范围，统筹资源与市场、电力发展规划与新能源发展规划、电网运行需要与系统经济性，合理规划抽水蓄能电站站点布置、建设规模、建设时序。

创新技术、优化设计。加大科技投入，加强技术攻关，健全技术标准体系，不断提高抽水蓄能机组设备制造能力和抽水蓄能电站设计、建设、运行管理技术水平。

科学调度、有效监管。强化运行管理和行业监管，有效监督规划执行和政策落实，切实加强市场监管，根据电力系统运行特性和安全要求，科学制定调度规则和考核、监管措施，有效发挥抽水蓄能电站作用。

完善政策、加快发展。结合电力市场化改革，完善和落实建设管理体制和价格机制，不断优化产业发展政策，调动各方发展抽水蓄能电站的积极性，适度加快抽水蓄能电站发展。

（三）发展目标

根据电力发展需要和抽水蓄能产业发展要求，今后十年抽水蓄能电站发展的主要目标是：

电站建设步伐适度加快。把抽水蓄能电站作为优化能源结构、促进新能源开发利用和保护生态环境的重要手段。着力完善火电为主和大规模电力受入地区电网抽水蓄能电站布局，适度加快新能源开发基地所在电网抽水蓄能电站建设，使抽水蓄能电站建设满足电力发展需要。到2025年，全国抽水蓄能电站总装机容量达到约1亿kW，占全国电力总装机的比重达到4%左右。

管理体制机制逐步健全。把创新体制机制、完善支持政策、加强监督管理作为促进抽水蓄能电站持续健康发展的基本保障。抽水蓄能电站规划编制和动态调整机制有效建立，规划、设计、管理、运行标准体系基本健全，建设管理体制进一步规范，运行监督、行业监管和价格机制基本完善，辅助服务市场和产业发展政策逐步建立和健全。

科技装备水平明显提升。把科技创新作为促进抽水蓄能产业发展的根本动力。大型地下洞室、高水头输水系统设计和施工等工程技术水平进一步提升，工程建设关键技术取得重大突破。装备制造能力明显加强，500m及以上水头和单机容量40万kW级机组实现自主化，抽水蓄能机组的技术经济性能进一步提升，基本具备国际竞争力。

三、加强规划工作

（一）深化战略研究。鼓励建设运行单位和科研设计机构开展抽水蓄能电站与风

电、光电、核电、煤电等电源的优化配合运行研究，加强用电负荷中心、大规模电能输送和受电端、新能源基地合理配置抽水蓄能机组的研究；支持企业开展符合我国国情的抽水蓄能电站各种创新研究，积极开展抽水蓄能电站辅助服务作用和效益研究，国家适时启动海水抽水蓄能电站研究论证工作。

（二）做好选点规划。根据抽水蓄能电站特点，国家能源主管部门统一组织开展选点规划工作，统筹考虑区域电网调峰资源、系统需要和站址资源条件，分析研究抽水蓄能电站建设规模和布局，合理确定推荐站点、建设时序和服务范围，将选点规划作为各地抽水蓄能电站规划建设的基本依据。结合电力系统发展需要，对已完成选点规划的地区适时进行滚动调整，对尚未开展选点规划的地区适时启动规划工作。

（三）明确发展规划。根据抽水蓄能电站发展需要，按照区域统筹协调、发挥地区优势的原则，在选点规划基础上，结合电力规划编制，制定全国和各区域抽水蓄能电站五年及中长期发展规划。依据全国抽水蓄能电站发展规划，各省（自治区、直辖市）将本地区抽水蓄能电站发展规划纳入当地能源发展规划。

（四）保障规划实施。地方政府要认真做好站点资源的保护工作，做好与国土、城乡建设等相关规划的衔接，制定落实规划的各项措施，保障规划实施。抽水蓄能电站投资建设单位要根据规划制定实施方案，研究确定电站的服务范围以及在电网运行中承担的主要任务和功能定位，积极落实电站的各项建设条件。

四、严格工程管理

（一）加强前期设计工作。项目建设单位应选择具有相应资质和业绩的设计单位开展勘测设计工作。设计单位要加强工程技术的科研攻关，专题研究涉及工程建设的重大技术问题；合理采用新技术、新工艺、新设备和新材料，处理好技术创新与工程安全质量的关系；优化工程设计，合理控制工程造价，提出科学合理的工程建设方案。切实加强技术管理，坚持技术管理工作的独立公正性，保障技术管理的科学有效性；充分发挥中介机构的咨询指导作用和国家水电行业技术管理单位的审查把关作用，提高前期设计工作质量。

（二）重视工程建设质量。建设单位应加强项目建设管理，坚持招标投标、建设监理、安全管理制度，强化项目建设管理，严格执行基本建设程序，保证合理设计周期和施工工期；严格招标设计、施工图设计及设计变更管理，保证工程质量和施工安全，确保工程效益。落实建设质量管理和施工安全管理主体责任，建设单位对建设工程质量负总责，对建设工程施工安全负全面管理责任；设计、施工、监理等单位依法对工程建设质量和施工安全负责。进一步强化政府质量监督和安全监管，规范和严格安全鉴定、工程监理和项目验收管理，建立健全考核、评价机制。

（三）保障机电设备可靠。建设单位应根据抽水蓄能电站建设条件，选择安全可

靠、运行灵活、经济合理的机电设备。鼓励机电设备自主化，建设单位应综合考核投标单位的业绩和能力，依法公开公平公正开展机电设备招标工作。设备制造企业应加强制造质量控制体系建设，建立健全内部质检机构，不断改进质量控制措施。监造单位应按照有关法律法规、技术标准和设计文件要求，认真开展设备监造工作。施工单位应严格按照设计文件和技术标准进行机电设备安装，加强质量控制和质量检查。

五、加强运行管理

（一）研究电站运行方式。电力调度机构和电站运行管理单位应加强对已建抽水蓄能电站运行情况和利用状况的分析，结合区域电力系统实际，认真研究抽水蓄能电站在电力系统中承担的调峰、填谷、调频、调相、备用等任务，以及与新能源电站联合优化运行方案，确定抽水蓄能电站经济合理的运行方式，促进抽水蓄能电站作用有效发挥。

（二）制定调度运行规程。电力调度机构在国家能源局派出机构的监督指导下，根据《抽水蓄能电站调度运行导则》和设计功能定位，结合各地区电网电源结构和负荷特性等实际情况，会同抽水蓄能电站运行管理单位、主体设计单位，专门制定各抽水蓄能电站运行调度规程，明确各电站的调度原则、管理要求和具体运行指标，按程序报国家能源主管部门备案。电力调度机构和电站要严格按照调度规程进行调度运行。

（三）加强大坝安全管理。项目建设运行单位应当建立健全大坝运行安全组织体系，完善大坝安全规章制度和操作规程，加强大坝运行维护与管理工作，按照有关要求做好大坝安全注册、定期检查、安全监测、隐患排查治理、除险加固、应急管理、信息化建设及信息报送等工作，确保大坝运行安全。

六、促进技术进步

（一）健全技术标准体系。标准化管理机构应加强基础研究，认真总结抽水蓄能电站的经验教训，借鉴国外先进经验，及时制定和修订抽水蓄能电站勘测、设计、建设、运行、管理、设备制造等规程规范和技术标准，形成适应抽水蓄能电站持续健康发展的技术标准体系。

（二）创新工程建设技术。坚持技术创新与工程应用相结合，重点开展大型地下洞室变形和稳定、高水头输水系统关键技术、水库防渗、复杂地形地质条件下筑坝与成库、变速机组等技术攻关，解决工程建设重大技术问题。积极研究和推广应用新技术、新工艺、新设备和新材料，提高工程设计和建设技术水平。合理控制建设周期，降低工程造价，保证工程质量。

（三）提升设备技术能力。坚持自主创新和引进消化吸收相结合，设备制造企业应超前攻关，依托具体抽水蓄能电站建设，实现500m水头及以上、单机容量40万kW级高水头、大容量机组设计制造的自主化，积极推进励磁、调速器、变频装置等辅机设备国产化，着力提高主辅设备的独立成套设计和制造能力；启动海水抽水蓄能机组设备研

究，适时开展试验示范工作。逐步引入竞争机制，放开机组设备市场，不断提升自主化设备的国际竞争力。

七、强化监督管理

（一）强化规划指导。强化规划对抽水蓄能电站建设的指导作用，遵循规划提出的布局、时序和各项原则、要求。核准和建设抽水蓄能电站，应符合国家制定的选点规划和建设规划。国家能源主管部门定期对规划执行情况进行监督评估，并作为规划滚动、调整、制订的依据。

（二）监督政策落实。抽水蓄能电站建设运行管理须符合国家法律法规规章、抽水蓄能产业政策、水库移民政策规定、相关建设标准规范和行业管理相关要求。项目核准机关要加强项目政策符合性审核，强化对抽水蓄能电站各项政策贯彻执行情况的监督检查，及时跟踪、检查、反馈，并向有关方面通报有关情况。

（三）规范行政审批。推进政府项目审批公开和简政放权。项目核准机关要规范和完善抽水蓄能电站项目核准制度，明确项目核准依据、条件、程序、时限等。强化抽水蓄能电站项目行政审批的社会监督和行业监管，健全监督制度，加快建立决策后评估和纠错制度，依法落实项目决策和核准机关行政许可行为的责任追究。加强项目审批的宏观管理，建立必要的约束机制。

（四）加强市场监管。国家能源局派出机构要加强对抽水蓄能电站运行调度情况的监管，制定考核和监管具体办法，明确运行效果考核指标、标准及监管措施和要求。要建立健全监管信息通报机制，按季度报告并发布各电站运行调度情况和考核监管信息。对蓄能电站调度运行发挥作用不充分、弃风弃水弃光问题突出地区，提出监管意见并依法采取措施。通过健全考核监督制度，加强市场监管，维护市场公平，确保电站效益充分发挥。

八、完善发展政策

（一）明确建设管理体制。根据抽水蓄能电站功能定位和深化电力体制改革的要求，进一步规范和落实抽水蓄能电站建设管理体制，有序推进抽水蓄能电站市场化改革。抽水蓄能电站目前以电网经营企业全资建设和管理为主，逐步建立引入社会资本的多元市场化投资体制机制。在具备条件的地区，鼓励采用招标、市场竞价等方式确定抽水蓄能电站项目业主，按国家规划和政策要求独立投资建设抽水蓄能电站。

（二）完善电站运营机制。电网经营企业应按照统筹为电力系统服务和统一核算原则，科学、统一调度运行抽水蓄能电站。针对目前我国电力市场尚不完善的情况，为发挥电站的系统效益和作用，现阶段按照发改价格〔2014〕1763号文要求，实行两部制电价政策。电力市场化前，抽水蓄能电站容量电费和抽发损耗纳入当地省级电网（或区域电网）运行费用统一核算，并作为销售电价调整因素统筹考虑。根据电力市场化改革进

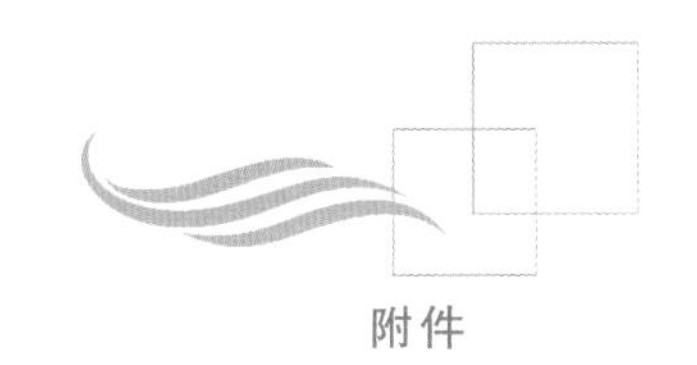

程，不断调整完善电价机制，制定电力系统辅助服务政策，最终形成以市场起决定性作用的抽水蓄能电站运营机制。

（三）研究与新能源协调发展政策。风能和太阳能具有波动性和间歇性特点，在新能源基地配套建设一定规模的抽水蓄能电站，可提高新能源利用率和输电经济性，保证我国节能减排目标的实现，促进能源结构调整。研究建立新能源基地抽水蓄能电站和新能源电源联合运行、电力系统协调发展机制，研究探索新能源基地抽水蓄能电站等各类电源协调配套的投资体制、价格机制等发展政策。

（四）开展体制机制改革试点。按照党的十八届三中全会关于加快完善现代市场体系的要求，积极开展抽水蓄能电站建设运营管理体制机制创新研究和改革试点。综合考虑电网实际情况和地方积极性，选择抽水蓄能电站建设任务重、新能源开发集中或电力系统相对简单的浙江、内蒙古、海南等省份，深入开展抽水蓄能建管体制和运营机制创新改革研究，重点研究探索抽水蓄能电站价值机理和效益实现形式，体现电力系统多方受益的电站价值，落实“谁受益、谁承担”的市场经济规则，并适时开展试点工作。

请各省（自治区、直辖市）发展改革委、能源局，国家能源局各派出机构，各有关电网公司、发电企业，按照上述要求认真做好抽水蓄能电站的各项工作，促进抽水蓄能产业持续健康发展。

国家发展和改革委员会

2014年11月1日

关于鼓励社会资本投资水电站的指导意见

国能新能〔2015〕8号

各省、自治区、直辖市发展改革委（能源局）：

为贯彻落实《国务院关于创新重点领域投融资机制鼓励社会投资的指导意见》（国发〔2014〕60号）有关要求，鼓励和引导社会投资，规范和完善水电投资环境，促进水电持续健康有序发展，现提出如下指导意见：

一、充分认识鼓励社会投资的重要意义

水电站是兼具经营性和公益性的重要基础设施，目前已基本实现水电建设市场化和投资主体多元化。在做好生态环境保护、移民安置和确保工程安全的前提下，通过业主招标等方式，进一步鼓励和积极支持社会资本投资常规水电站和抽水蓄能电站，有利于创新投融资机制，拓宽社会资本投资渠道；有利于加快政府职能转变，发挥市场配置资源的决定性作用；有利于建立政府与社会资本利益共享和风险分担机制，理顺政府与市场的关系，确立企业投资主体地位，促进水电健康有序发展。

二、发挥市场在资源配置中的作用

（一）实行资源配置市场化。鼓励通过市场方式配置水电资源和确定项目开发主体。中小河流上新建的水电站和中小型水电站，未依法依规明确开发主体的，一律通过市场方式选择投资者；对于重要河流，除国家已明确开发主体或前期工作主体，以及特殊的战略性重大工程外，原则上均应通过市场方式选择投资者。未明确开发主体的抽水蓄能电站，可通过市场方式选择投资者。统筹流域梯级开发，根据河流、河段实际情况，实行流域或梯级捆绑，实现资源综合有效利用。

（二）实行统一市场准入。通过采取业主招标等方式，创造平等投资机会，遵循公开、公平、公正和诚实信用的原则择优选择具有相应资金实力、融资能力、管理能力和抗风险能力的投资者作为项目业主。制定符合水电特点、宽严适度的准入门槛，严禁随意抬高准入门槛以及制定针对特定投资者的歧视性或指向性条件，建立公平的市场竞争环境和投资环境。其中涉及外商投资的项目，应符合我国外商投资相关产业政策。

（三）建立公平市场规则。规范市场配置资源方式和工作流程，从项目选择、方案审查、业主确定、退出机制等方面完善制度设计，确保项目实施决策科学、程序规范、过程公开、责任明确。水电项目实施业主招标，应遵循以下基本原则和要求。

1. 项目选择：应选择水电规划已经审批、无建设重大制约因素、有预期收益且条件成熟的项目。

2. 招标方案：招标方案应包含项目概况、招标范围、招标方式、招标组织形式、投标人资格要求、评标办法、主要合同条款（含项目经营年限、退出机制、合同各方的责、权、利）等内容。招标方案应事先采取合适方式广泛征求社会意见，确保方案公平公正、科学合理、现实可行、风险可控。

3. 评标原则：应根据建设方案、生态环保、移民安置及长远发展、工程安全、运行技术要求、建设运营风险、合理投资回报和经济社会效益等进行综合评标。对于具有较好投资效益的项目，在招标约定价格机制等条件下，应将不同投标人项目收益等利益分享承诺作为主要评标因素；对于需要政府投资补贴等政策支持的项目，应将对支持政策的需求要价作为主要评标因素。

（四）构建风险共担机制。水电是社会性的系统工程，具有投资大、建设条件复杂、技术和管理要求高、投资回收周期长等特点，特别是大型水电项目，面临地质地震、水文气象、移民稳定、建设运营等诸多风险。应合理界定水电开发中的政府责任和企业行为，评估项目风险，建立有效的风险共担机制。原则上，项目的投资、建设、运行、经营风险由企业（项目法人）承担；法律、政策调整，移民搬迁安置（企业依法应承担的责任和依合同约定应承担的义务除外），地质地震、水文气象等建设条件重大变化等风险由政府（招标人）承担；自然灾害等不可抗力风险由双方共同承担。

（五）明确实施主体责任。根据国发〔2014〕60号文件要求和部门职责分工，以及水电开发实际，建立以业主招标为主要形式的鼓励社会资本投资常规水电站和抽水蓄能电站的工作机制，国家能源局负责制定相关政策措施，明确水电领域鼓励社会投资的总体要求、基本原则，以及业主招标的市场规则和有关要求；省级政府（或其授权的地方政府）负责组织水电项目业主招标工作，依法制订招标方案、编制招标文件，并承担实施主体责任。

三、确立企业在投资中的主体地位

（一）发挥政府引导投资作用。要适应深化投资体制改革和行政审批制度改革的要求，切实转变政府职能，准确把握政府在水电行业投资管理中的职责定位，改进和创新政府投资管理。政府要牢固树立市场观念和服务意识，集中精力做好政策完善、规则制定、市场监管等工作，营造良好投资环境，维护市场秩序，支持和引导社会资本投资水电站，强化企业投资主体地位。

（二）落实政府承担责任义务。在社会主义市场经济活动中，政府既是管理者、服务者，也是市场行为的契约一方，对于通过招标等市场方式配置资源、开发水电，应按照权责明确、规范高效的原则订立项目合同，依法承担应尽的责任和义务。根据水电特

点，负责招标的省级政府（或其授权的地方政府）应承担以下基本责任义务。

1. 保证项目无开发权争议。

2. 保障无重大制约因素影响项目实施。

3. 明确项目基本建设条件和投资回报机制，其中招标约定的价格机制应符合国家价格政策。

4. 在项目业主依法保障和拨付移民资金、配合相应工作和履行合同约定相关义务的情况下，负责建设征地移民安置工作落实，切实保障移民合法权益，确保满足项目建设和投产需要。

5. 提供应尽的项目风险提示。

（三）发挥企业投资主体地位。各类投资主体均享有依法依规参与水电开发市场公平竞争的权利。在做好生态环境保护、移民安置和确保工程安全的前提下，水电项目业主可自主开展项目实施的各项活动。项目业主应充分认识水电特点，谨慎预判和防范项目风险，项目的市场前景、经济效益、资金来源、工程技术方案等均由企业自主决策、自担风险。

（四）依法开展社会投资活动。政府和企业均应依法开展社会资本投资水电站的各项活动，牢固树立法律意识、契约意识和信用意识。业主招标完成、项目合同一经签署必须严格执行，并依法承担相应责任。为维护水电市场公平和开发秩序，禁止招标暗箱操作和违法违规倒卖资源。对于履约过程中出现的问题，应本着平等协商、依法合规的原则共同协商解决；对于重大分歧和影响履约的重大问题，由相关方通过法律途径解决。

四、加强政府宏观调控和市场监管

（一）强化规划指导。政府及政府能源主管部门要及时制修订河流水电开发规划、抽水蓄能电站选点规划和发展规划，以及相关规划，明确开发重点、建设布局以及综合利用、流域调度等有关要求。强化规划对水电站建设的指导作用，社会资本投资和开发建设水电站，应符合国家制定的相关规划。国家能源局定期对规划执行情况进行监督评估，并依法实施监管。

（二）发挥政策引导。明确水电开发政策和保障措施，继续实行在做好生态保护和移民安置的前提下积极发展水电的方针，统筹流域上下游、干支流、大中小型电站开发，坚持水电建设市场化和投资主体多元化。对于重要流域，在继续推行以流域公司开发为主的流域开发政策的同时，积极推进开发主体多元股份制结构和混合所有制形式。通过建立完备的水电开发管理、财税价格、投资回报等政策体系，支持和引导社会资本投资水电站。

（三）加强市场监管。加大对竞争环境、市场秩序的监督管理，强化对政府责任主

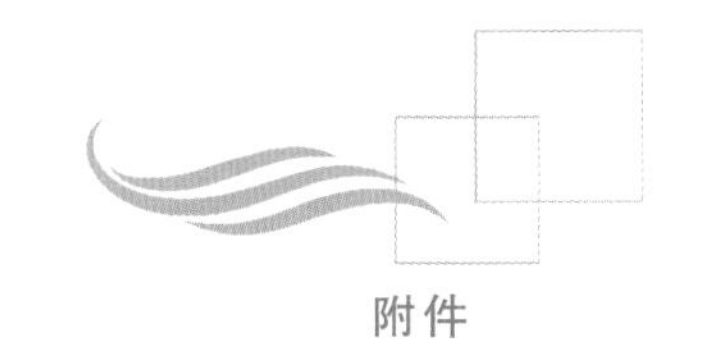

体进行业主招标等水电开发活动的行政监督，建立健全法规制度，依法严格责任追究。国家能源局依法依规对地方政府招标规则、依法履职等进行监督评估，适时制定发布统一规范的水电领域业主招标指南和示范文本。加快水电领域信用体系建设，建立水电企业和投资方失信的黑名单制度，建立健全信用记录，并纳入国家统一的信用信息共享交换平台，增强各方的守信自律、诚信经营意识，提高违法违约成本。通过加强市场监管，维护市场公平，以及权利平等、机会平等、规则平等的投资环境。

五、完善社会资本投资的政策措施

（一）完善水电开发政策。建立健全以企业为市场主体的水电投融资体制和以项目业主为主体的水电建设管理体制；完善流域开发政策和水电开发的环保、移民等政策；推进水电价格市场化，研究流域梯级效益补偿机制，根据电力市场化进程，逐步完善水电价格机制和项目投资回报机制。

（二）加强政府投资引导。针对今后拟建水电项目经济性普遍差、市场竞争力下降、投资风险增大等情况，研究政府投资的支持政策。优化政府投资方向，对藏区水电以及综合利用任务重、公益性强、预期收益差的重要水电项目，研究通过投资补助、资本金注入、贷款贴息等方式予以支持，并优先支持引入社会资本的项目。

（三）创新投融资体制机制。鼓励银行业金融机构加大金融创新力度，探索以发电预期收益权或项目整体资产作为贷款的抵（质）押担保物，允许利用水电项目相关收益作为还款来源，加大对水电建设的信贷支持力度；鼓励和支持水电项目开展股权和债权融资，拓宽融资渠道。

（四）建立利益共享机制。水电站是具有一定开发经济性和比较优势的经营性基础设施项目。政府和企业要切实转变水电开发理念，在做好移民安置、环保安全工作，保障水资源开发综合利用效益充分发挥的同时，要充分考虑资源地利益，依法依规积极探索和研究建立项目业主、地方政府、移民群众多方受益的水电开发利益共享机制，并将实现利益共享作为项目业主选择和水电效益发挥的主要指标。

创新投融资机制、鼓励社会资本投资水电站是党中央、国务院的重大决策部署，是推进经济结构战略性调整，促进经济持续健康发展的重要举措。各地、各有关单位要高度重视，进一步提高认识，转变职能，按本指导意见要求认真做好各项工作，确保各项措施落到实处，保障水电领域投融资体制机制改革顺利推进。

国家能源局

2015 年 1 月 12 日

关于印发抽水蓄能电站选点规划技术依据的通知

国能新能〔2017〕60 号

各省、自治区、直辖市及生产建设兵团发展改革委（能源局），各派出能源监管机构，国家电网公司、南方电网公司、水电水利规划设计总院：

为进一步规范抽水蓄能电站选点规划工作，明确相关技术管理要求，适应电力系统和抽水蓄能发展需求，确保抽水蓄能电站选点规划和规划调整工作科学有序开展，国家能源局组织编制了《抽水蓄能电站选点规划技术依据》，请结合工作实际认真贯彻落实。

附件：抽水蓄能电站选点规划技术依据

国家能源局

2017 年 3 月 1 日

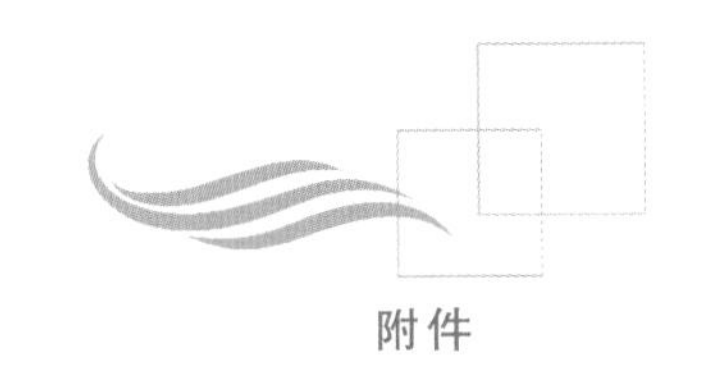

附件

抽水蓄能电站选点规划技术依据

第一章　总　　则

第一条　为贯彻落实国务院关于简政放权、放管结合、优化服务，以及《政府核准的投资项目目录（2016 年本）》（国发〔2016〕72 号）的有关要求，加强抽水蓄能电站选点规划技术管理，进一步明确抽水蓄能电站选点规划的工作程序和要求，保障抽水蓄能电站持续健康有序发展，制定本依据。

第二条　抽水蓄能电站选点规划工作坚持“国家主导、统一组织、多方参与、科学决策”的原则。国家能源局批准的抽水蓄能电站选点规划或调整规划，是编制有关抽水蓄能电站发展规划、开展项目前期工作及核准建设的基本依据。

第三条　抽水蓄能电站选点规划主要工作程序包括：规划提出、规划启动、规划编制、规划批准、规划实施等。

第四条　根据国民经济和能源电力发展需要，国家能源局定期统一组织开展全国抽水蓄能电站选点规划工作。规划实施过程中，尚未开展选点规划或规划站点已开发完毕、省级能源主管部门和相关电网公司均认为确有建设需要的，可提出开展选点规划工作；已有选点规划但规划站点未开发，或因实际情况发生较大变化，省级能源主管部门和相关电网公司均认为确有需要增补、调整站点的，可提出开展规划调整工作。

第五条　抽水蓄能电站选点工作按省级行政区开展，选点规划应统筹研究区域电网范围内的需求及资源的优化配置。抽水蓄能电站选点规划应以电力系统调峰、电网安全等需求为导向，统筹协调，合理布局，优选推荐规划站点，确保规划的科学性、权威性和前瞻性。

第六条　抽水蓄能电站选点规划水平年宜采用规划报告编制年份后 10 年，规划期与国民经济与社会发展规划相衔接，同时应对规划水平年之后的需求规模进行展望分析。

第二章　规划组织与职责要求

第七条　国家能源局统一组织、安排抽水蓄能电站选点规划工作，包括规划启动、通过招标或直接委托方式选择规划编制单位、规划批准、规划实施过程的监督检查。

第八条　根据工作需要，国家能源局委托水电水利规划设计总院作为技术管理单位，负责规划全过程的技术指导、审查等工作。主要包括规划启动协调，组织规划工作大纲评审、中间成果检查与评审，会同省级能源主管部门和区域电网公司组织规划报告

审查，向国家能源局报送规划成果及审查意见，规划实施过程进行咨询、评估等。

第九条 省级能源主管部门根据需要可适时向国家能源局提出开展选点规划或规划调整工作，联合技术管理单位进行规划审查并报送国家能源局，负责规划实施。

第十条 电网公司负责提供规划所需的电力系统相关资料，提出电网对抽水蓄能电站需求的意见，按要求参加规划审查。区域电网公司负责出具对抽水蓄能电站选点规划成果的意见。

第十一条 规划编制单位是抽水蓄能电站选点规划工作的主要承担者，负责具体的规划勘测设计工作，对规划成果的技术质量负责。规划编制单位应具有工程勘察综合甲级和工程设计综合甲级资质，以及独立承担抽水蓄能电站项目设计和选点规划的业绩与经验。

第三章 主要工作程序与要求

第十二条 需要开展选点规划或规划调整的省（自治区、直辖市），由省级能源主管部门商技术管理单位、相关电网公司后，向国家能源局提出开展选点规划或规划调整工作，并附电网公司意见。必要时由技术管理单位、省级能源主管部门及相关电网公司组织召开协调会进行研究，形成的协调会会议纪要报送国家能源局。

规划申请应简要阐述地区经济社会、电力系统现状及规划，抽水蓄能电站开发建设、运营情况，以及开展抽水蓄能电站选点规划或调整规划的缘由；说明与技术管理单位、相关电网公司的协商情况。

第十三条 国家能源局统一安排选点规划或在收到省级能源主管部门规划申请后，组织技术管理单位、相关电网公司，研究开展规划或规划调整工作的必要性，确定规划编制单位，复函通知省级能源主管部门及技术管理单位开展选点规划或规划调整工作。

第十四条 规划编制单位按照国家能源局的统一安排或对相关省（自治区、直辖市）抽水蓄能电站选点规划或规划调整复函的要求，编制工作大纲，明确规划范围、主要工作内容、组织形式、工作进度等。技术管理单位会同省级能源主管部门对工作大纲进行评审，审定的工作大纲作为选点规划工作的依据。

第十五条 规划编制单位根据审定的工作大纲，开展选点规划或规划调整勘测设计工作。

（一）省级能源主管部门根据国家能源局的复函，出具同意规划编制单位在本省（自治区、直辖市）开展外业勘探工作的意见，并协调规划工作过程中的相关问题。

（二）对于已有选点规划工作基础的，应按照有序推进、充分考虑利用已有成果的原则开展规划工作。

（三）规划编制过程中，技术管理单位组织对抽水蓄能电站建设必要性、需求规模

等进行评审，对抽水蓄能电站合理布局、规划比选站点选择及推荐规划站点等关键环节进行中间成果检查。

第十六条 规划编制单位将选点规划或规划调整报告报送技术管理单位，由技术管理单位会同省级能源主管部门、区域电网公司进行审查。审查邀请电力系统规划技术单位参加，并成立专家组，主要包括水电枢纽工程、电力系统、环境保护、征地移民等方面的专家。审定的成果由技术管理单位和省级能源主管部门（附区域电网公司意见）联合上报国家能源局。

第十七条 省级能源主管部门根据批准后的选点规划或调整规划，严格遵循规划提出的布局、项目、时序和原则要求，组织规划实施工作。

（一）省级能源主管部门在编制能源发展规划时应做好与抽水蓄能电站选点规划或调整规划的衔接。未纳入选点规划或调整规划的项目不得列入发展规划，也不得明确项目开发业主、开展项目前期工作和核准建设。在项目核准时应进行规划的符合性审核。

（二）规划实施过程中，省级能源主管部门应重视和协调抽水蓄能电站选点规划或调整规划与土地利用规划、主体功能区划之间的衔接。

（三）省级能源主管部门按相关规定确定项目业主。同一站点只能由一个投资主体开展前期工作，对本依据实施前已实质性开展前期工作的规划站点，原则上仍由先期开展工作的业主继续按照规划抓紧实施。项目业主应依据规划批准的站点开展前期工作，有序推进项目建设。

第十八条 国家能源局及派出机构和省级能源主管部门加强对选点规划或调整规划实施全过程的监督检查，发现问题及时纠正。

国家能源局委托技术管理单位适时开展规划实施评估工作，提出评估报告。

第四章 选点规划与调整规划技术要求

第十九条 抽水蓄能电站选点规划与调整规划应根据抽水蓄能电站建设运行特点，结合电力市场变化、电力体制改革、社会环境等新情况和新要求，重点加强以下几方面工作。

（一）综合考虑区域电网范围内资源与市场，电力发展规划、新能源发展规划和核电发展规划，电网运行需求与系统经济性，统筹规划，合理布局，明确规划期合理建设规模、布局和推荐站点。

（二）考虑科技创新的积极作用，以及抽水蓄能机组自主化水平、大型地下洞室、高水头输水系统设计和施工等工程技术水平的进步。

（三）充分考虑工程建设自然条件和影响电站建设的社会环境因素，避免有重大制约因素的站点纳入规划比选站点，原则上不利用有综合利用任务的已建水利工程作为

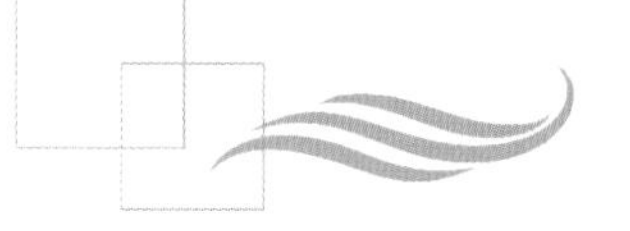

上、下水库，若需利用应充分论证对原工程及其综合利用的影响。

（四）有条件的地区应分析研究混合式抽水蓄能电站和海水抽水蓄能电站。

第二十条 抽水蓄能电站建设必要性，应重点从以下几方面进行论证。

（一）根据当前国家和地区经济社会发展情况，结合电力系统现状及规划，从经济社会发展和电力需求增长等方面分析建设抽水蓄能电站的必要性。

（二）根据电力系统负荷特性、电源组成，从市场需求、电力系统安全稳定及经济运行等方面阐述建设抽水蓄能电站的必要性。

（三）对于有风电与太阳能等新能源、核电、区外来电的电力系统，应根据这些电源的规模及运行特性，分析其对电力系统运行的影响及建设抽水蓄能电站的必要性。

（四）对于大规模新能源送出系统，应分析论证在保障送电安全稳定经济的情况下，配置抽水蓄能电站的必要性。

（五）对于常规水电比重较大的电力系统，应充分考虑常规水电调节作用，从电网安全及经济合理性等方面论证建设抽水蓄能电站必要性。

（六）对位于输电通道上的既是送端又是受端、交直流混合运行的电网，应重点从保障电网安全稳定运行的作用方面分析论证抽水蓄能电站的必要性。

第二十一条 抽水蓄能电站合理需求规模，应根据规划区域内经济社会和电力系统发展规划情况进行分析论证，并对负荷水平、负荷特性、电源结构等可能变化对合理需求规模的影响进行敏感性分析。

（一）技术需求规模

从电力系统市场空间需求、调峰需求、电网安全需求三方面综合确定规划水平年抽水蓄能电站的技术需求规模。

根据规划水平年电力系统的装机需求及各类已定电源的装机规模、出力特性，进行电力容量盈亏分析，确定市场空间需求规模；按规划水平年电力系统的调峰需求及各类已定电源的调峰能力，进行调峰容量盈亏分析，确定电力系统调峰需求规模；从紧急事故备用、调频调相等要求，以及电源结构优化、机组响应速度、机组运行灵活性等方面，分析电网安全需求规模。

（二）经济需求规模

从规划水平年电力系统经济运行、电源结构优化角度，分析论证满足电力系统电力电量与调峰需求的最经济的电源扩展过程及电源结构，确定规划水平年所需配置的抽水蓄能电站经济规模。

（三）合理需求规模

根据电力系统技术需求、经济需求综合考虑，确定规划水平年抽水蓄能电站的合理需求规模。

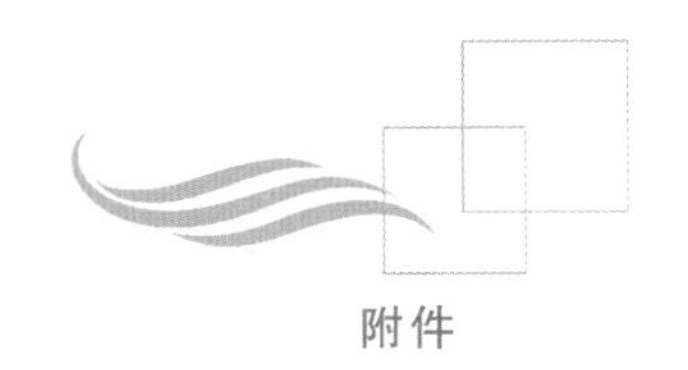

（四）对于电网运行调度联系密切的跨省区域，抽水蓄能电站的规模还应考虑区域电网需求。

第二十二条 抽水蓄能电站的合理布局，应综合考虑抽水蓄能电站建设条件，分析省（自治区、直辖市）电力系统各地区负荷与电源分布及其供需特性、网架结构与潮流分布以及与区外电力交换等因素，合理确定负荷分区，分析各负荷分区对抽水蓄能电站的需求情况，进行分区电力与调峰容量平衡分析。

（一）对于以调峰需求为主的电力系统，抽水蓄能电站宜布局在负荷中心附近。

（二）对于远距离外送、以储能需求为主的大型新能源基地，抽水蓄能电站宜布局在新能源基地附近。

（三）对于有远距离区外来电的电力系统，抽水蓄能电站布局应考虑输电受端落点因素。

第二十三条 对于电网运行调度联系密切的华东、华北、东北等区域电网，在进行省（自治区、直辖市）选点规划或规划调整时还应以区域电网为规划研究对象，论证区域电网及有关省（自治区、直辖市）抽水蓄能电站的合理需求规模，统筹考虑区域电网范围内的站点资源优化配置及合理布局，并提出专题研究报告。

第二十四条 新能源发展对抽水蓄能电站的需求，主要按以下两种情况进行分析。

（一）对于外送大型新能源基地，应根据新能源的电能特性，分析研究送端多能互补方案，论证在保障送端电网和输电安全稳定运行、输电经济性的情况下，送端配套建设抽水蓄能电站的合理规模及对抽水蓄能电站调节库容的要求。

（二）对于新能源受端电网，应根据输入新能源的电能特性，分析新能源对受端电力系统运行产生的影响，分析保障受端电网安全稳定经济运行需采取的应对措施，论证受端电网建设抽水蓄能电站的合理规模。

第二十五条 抽水蓄能电站选点规划或调整规划应研究利用已建梯级水电站建设混合式抽水蓄能电站的可行性和合理性。重点分析抽水蓄能电站建设运行对原有电站运行方式、特征水位及综合利用的影响。

第二十六条 沿海省份的抽水蓄能电站选点规划或规划调整，应对海水抽水蓄能电站进行研究。主要针对规划建设风电、太阳能等新能源的近海地区和有人类经济活动的海洋岛屿研究海水抽水蓄能电站，重点关注以下内容。

（一）沿海地区和海岛海水抽水蓄能站点资源。

（二）海水抽水蓄能电站在解决海岛用电安全、发展海洋经济等方面作用与效益。

（三）海水抽水蓄能电站对近海地区新能源的储能调节作用与效益。

（四）我国海水抽水蓄能电站设备制造能力及建设可行性分析。

（五）试验示范站点选择。

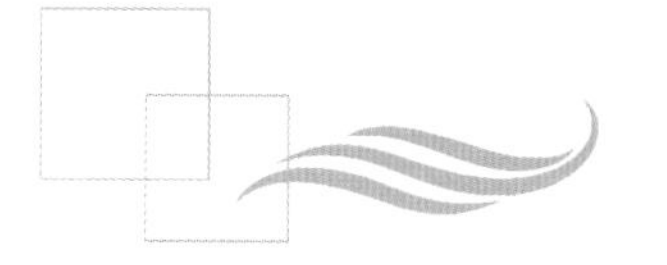

第二十七条 规划调整应统筹做好与原有规划的衔接。

（一）已批准的规划站点开发条件发生较大变化时，应说明开发条件发生变化的情况以及拟新增站点与原站点的关系。

（二）已批准的站点未开发但有拟新增站点时，应将原选点规划尚未核准开工站点和拟新增站点，以及经近期工作潜在的合理站点，统一进行建设规模和布局研究，比较优选调整规划推荐站点。

第五章 附 则

第二十八条 抽水蓄能电站宜用所在地的县级行政区名称命名，必要时可用站址所在地名命名。

第二十九条 本依据由国家能源局负责解释。 自印发之日起施行。

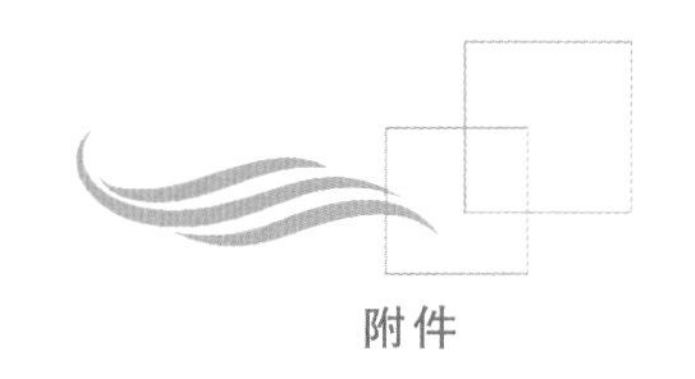

关于发布海水抽水蓄能电站资源普查成果的通知

国能新能〔2017〕68号

各省（自治区、直辖市）发展改革委（能源局），各派出能源监管机构：

海水抽水蓄能电站是抽水蓄能电站的一种新型式，相关研究具有前瞻性。近期我局组织有关方面开展了海水抽水蓄能电站资源普查，基本摸清了我国海水抽水蓄能电站资源情况。现将主要普查成果发布如下：

一、普查范围

普查范围涵盖除港澳台外所有沿海省份，主要集中在东部沿海5省（辽宁、山东、江苏、浙江、福建）和南部沿海3省（自治区）（广东、广西、海南）的近海及所属岛屿区域。其余河北、天津、上海3省（直辖市）沿海地势平坦，不具备建设海水抽水蓄能电站基本地形条件。

二、资源总量

根据站点地形地貌、成库条件、距高比、水头、区域地质和环境影响等方面的要求，本次共普查出海水抽水蓄能资源站点238个（其中近海站点174个，岛屿站点64个），总装机容量为4208.3万kW（其中近海为3744.6万kW，岛屿为463.7万kW）。

三、分布特点

从地域分布看，广东、浙江、福建3省海水抽水蓄能资源最为丰富，分别有57个、71个、56个资源站点，资源总量分别为1146万kW、917.6万kW、1057.1万kW，分别占资源总量的27.2%、21.8%、25.1%；辽宁、山东、海南3省资源站点分别有10个、17个、19个，资源量分别为122.9万kW、234.6万kW、562万kW，分别占资源总量的2.9%、5.6%、13.4%；江苏、广西资源站点相对较少。（具体见附件1）

四、主要站点

在上述资源普查站点基础上，考虑地形条件、工程布置、节约淡水资源等多方面因素，进一步筛选出建设条件相对较好的8个典型站点，分布在浙江、福建、广东3省，作为下一步研究重点。（具体见附件2）

附件：1. 全国海水抽水蓄能资源普查成果汇总表

2. 典型资源站点主要技术经济指标表

国家能源局

2017年3月15日

附件 1　　全国海水抽水蓄能资源普查成果汇总表

分　类	单位	辽宁	山东	江苏	浙江	福建	广东	海南	广西	合计
1. 站点数量	个	10	17	3	71	56	57	19	5	238
其中：近海站点	个	10	14	2	46	51	31	17	3	174
岛屿站点	个	0	3	1	25	5	26	2	2	64
百分比	—	4.2%	7.1%	1.3%	29.8%	23.5%	23.9%	8.0%	2.1%	—
2. 装机总量	万 kW	122.9	234.6	65.1	917.6	1057.1	1146	562	103	4208.3
其中：近海站点	万 kW	122.9	229.4	58.8	649.9	1013.6	1015	555	100	3744.6
岛屿站点	万 kW	0	5.2	6.3	267.7	43.5	131	7	3	463.7
百分比	—	2.9%	5.6%	1.5%	21.8%	25.1%	27.2%	13.4%	2.4%	—

附件 2　　典型资源站点主要技术经济指标表

序号	省份	站点名称	地　点	装机容量/万 kW	调节库容/万 m^3	平均毛水头/m	距高比	静态投资/亿元
1	浙江	舟山桃花岛	舟山市普陀区	5	92	145	3	9.41
2		舟山龙潭	舟山市普陀区	1	25	86	3.8	2.21
3		舟山青天湾	舟山市定海区	5	133	90	4.3	12.48
4		台州天灯盏	台州市三门县	1	29	91	4	2.55
5	福建	宁德浮鹰岛	宁德市霞浦县	4.2	88	138	4.9	7.87
6	广东	汕头南澳岛	汕头市南澳县	5	69	241	5.1	11.2
7		珠海万山岛	珠海市万山海洋开发试验区	2	42	165	3	7.06
8		江门上川岛	江门市台山市	3	58	174	7.1	7.16

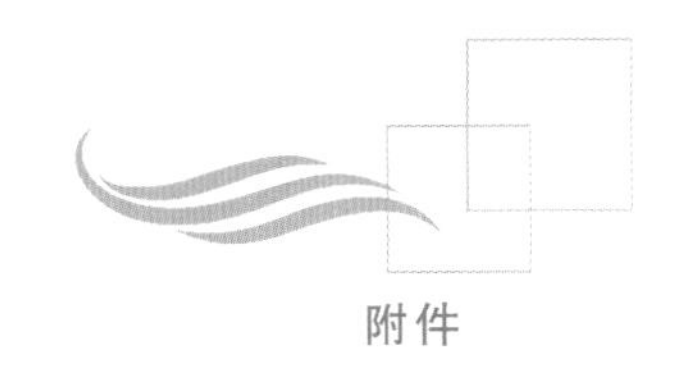

关于在抽水蓄能电站规划建设中落实生态环保有关要求的通知

国能综发新能〔2017〕3号

各省、自治区、直辖市、新疆生产建设兵团发展改革委（能源局）：

抽水蓄能电站是目前最经济成熟的大型电力储能设施，也是保障电力系统安全稳定经济运行和促进新能源发展的重要技术支撑。为贯彻落实党的十九大精神，以习近平新时代中国特色社会主义思想为指导，认真落实生态文明建设和新发展理念有关部署，推进抽水蓄能电站绿色发展，做好抽水蓄能电站规划建设生态环保工作，现将有关要求通知如下。

一、高度重视抽水蓄能规划建设的生态环保要求。抽水蓄能电站规划建设要坚持生态优先、确保底线，认真落实环境保护、法律法规规定的生态环境制约因素有关要求，严格依法推进规划内项目建设。

二、抽水蓄能规划站点所在地省级能源主管部门和有关地方政府要认真做好规划站点资源的保护工作，对国家批复的抽水蓄能选点规划（含推荐站址和备选站址，下同）、《水电发展“十三五”规划》确定的规划站点资源，制定落实规划的各项措施，保障规划有序实施。

三、有关省级能源主管部门和规划编制单位要加强抽水蓄能规划工作与生态保护红线划定及相关规划工作的对接，做好抽水蓄能电站规划建设与全国主体功能区规划、城乡建设规划、土地利用总体规划、生态功能区划、水资源综合规划、环境保护规划等相关专业规划及不同种类、不同层次保护区的衔接与协调，开展规划站点的生态环保等事项排查，确保规划站点不存在生态环保制约因素。

四、规划站点建设条件发生较大变化，存在重大环境敏感制约因素，对项目建设可行性有重大影响的，由规划编制单位牵头组织进行复核论证。对不再具备建设条件的站点，有关省级能源主管部门及时向我局申请将相关站点调出规划。

五、我局将强化对抽水蓄能规划执行和有关政策落实情况的监督管理，定期开展监督评估，评估结果作为规划制定、滚动调整、修编的依据，确保抽水蓄能电站遵循生态文明建设要求有序规划建设。

国家能源局综合司

2017年11月30日

关于开展全国新一轮抽水蓄能中长期规划编制工作的通知

国能综通新能〔2020〕138 号

各省（自治区、直辖市）能源局，有关省（自治区、直辖市）及新疆生产建设兵团发展改革委，国家电网有限公司、中国南方电网有限责任公司、内蒙古电力（集团）有限责任公司，水电水利规划设计总院：

为贯彻落实习近平总书记在第七十五届联合国大会一般性辩论上提出的我国应对全球气候变化国家自主贡献目标，以及在气候雄心峰会上宣布的一系列新举措，履行二氧化碳排放力争于 2030 年前达到峰值，努力争取 2060 年前实现碳中和的国际承诺，以及 2030 年非化石能源占一次能源消费比重达到 25% 左右，风电、太阳能发电总装机容量达到 12 亿 kW 以上的目标，满足“十四五”及未来电力系统对抽水蓄能的需求，现决定启动全国新一轮抽水蓄能中长期规划编制工作，有关要求通知如下。

一、编制目的

总结 2009 年以来抽水蓄能发展情况，适应当前及未来新能源大规模高比例发展以及新时期构建新型电力系统的需要，面向 2035 年研究电力系统对抽水蓄能的需求，在抽水蓄能电站站点资源规划的基础上，提出未来抽水蓄能发展的总体思路、主要任务、重大布局、保障措施等，通过编制新一轮抽水蓄能中长期规划，指导未来一段时间抽水蓄能电站建设，促进抽水蓄能高质量可持续发展。

二、总体安排

各省级能源主管部门组织提出本省（自治区、直辖市）新一轮抽水蓄能中长期规划需求，包括本地区到 2035 年抽水蓄能发展思路、主要任务、重大布局等。我局在汇总各省（自治区、直辖市）抽水蓄能规划需求基础上，编制形成全国新一轮抽水蓄能中长期规划，征求各方面意见后印发各省（自治区、直辖市）实施。省级能源主管部门按照全国中长期规划，核准抽水蓄能电站项目，开展全过程项目管理。

各省（自治区、直辖市）提出的新一轮抽水蓄能中长期规划需求应统筹考虑区域电网需求及资源条件，技术要求按照《抽水蓄能电站选点规划技术依据》《抽水蓄能电站选点规划编制规范》执行。已开展过选点规划的省（自治区、直辖市），应全面开展站点资源复查，避免遗漏符合条件的站点；未开展过系统性选点规划的四川、云南、西藏等

地区，可有重点地开展站点资源普查。有条件的地区应分析研究混合式抽水蓄能和海水抽水蓄能。对建设中小型抽水蓄能电站有需求的地区，应提出开发原则和规模建议。

编制过程中应坚持生态优先，仔细识别各站点环境制约因素，推荐站点应具有环境可行性。对于建设条件发生较大变化，存在重大生态环境敏感制约因素，不再具备建设条件的原规划站点要及时调出。

三、工作要求

省级能源主管部门牵头开展研究，提出本地区抽水蓄能规划需求（参考大纲附后），于2021年6月30日前上报我局（新能源司）。电网企业做好配合，研究未来电力系统特性及调峰需求，提供所需相关资料，提出电力系统对抽水蓄能发展需求的意见。已启动的辽宁、陕西、广东、山西、河南抽水蓄能选点规划调整工作纳入中长期规划编制工作一并开展。

附件：参考大纲

国家能源局综合司

2020年12月18日

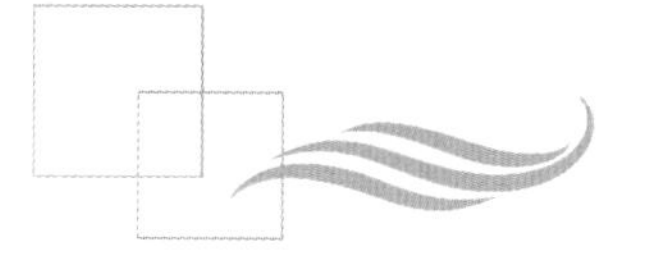

附件

参 考 大 纲

一、本地区抽水蓄能发展情况

二、当前存在问题和困难

三、电力系统未来发展趋势和对抽水蓄能的需求

四、抽水蓄能站点资源情况

五、抽水蓄能中长期发展总体思路、基本原则和发展目标

六、中长期发展布局和主要任务

七、保障措施

关于进一步完善抽水蓄能价格形成机制的意见

发改价格〔2021〕633号

各省、自治区、直辖市及计划单列市、新疆生产建设兵团发展改革委，国家电网有限公司、南方电网公司、内蒙古电力（集团）有限责任公司：

抽水蓄能电站具有调峰、调频、调压、系统备用和黑启动等多种功能，是电力系统的主要调节电源。近年来，我委逐步建立完善抽水蓄能电价形成机制，对促进抽水蓄能电站健康发展、提升电站综合效益发挥了重要作用，但随着电力市场化改革的加快推进，也面临与市场发展不够衔接、激励约束机制不够健全等问题。为贯彻落实党中央、国务院关于深化电力体制改革、完善价格形成机制的决策部署，促进抽水蓄能电站加快发展，构建以新能源为主体的新型电力系统，经商国家能源局，现就进一步完善抽水蓄能价格形成机制提出以下意见。

一、总体要求

今后一段时期，加快发展抽水蓄能电站，是提升电力系统灵活性、经济性和安全性的重要方式，是构建以新能源为主体的新型电力系统的迫切要求，对保障电力供应、确保电网安全、促进新能源消纳、推动能源绿色低碳转型具有重要意义。现阶段，要坚持以两部制电价政策为主体，进一步完善抽水蓄能价格形成机制，以竞争性方式形成电量电价，将容量电价纳入输配电价回收，同时强化与电力市场建设发展的衔接，逐步推动抽水蓄能电站进入市场，着力提升电价形成机制的科学性、操作性和有效性，充分发挥电价信号作用，调动各方面积极性，为抽水蓄能电站加快发展、充分发挥综合效益创造更加有利的条件。

二、坚持并优化抽水蓄能两部制电价政策

（一）以竞争性方式形成电量电价。电量电价体现抽水蓄能电站提供调峰服务的价值，抽水蓄能电站通过电量电价回收抽水、发电的运行成本。

1. 发挥现货市场在电量电价形成中的作用。在电力现货市场运行的地方，抽水蓄能电站抽水电价、上网电价按现货市场价格及规则结算。抽水蓄能电站抽水电量不执行输配电价、不承担政府性基金及附加（下同）。

2. 现货市场尚未运行情况下引入竞争机制形成电量电价。在电力现货市场尚未运行的地方，抽水蓄能电站抽水电量可由电网企业提供，抽水电价按燃煤发电基准价的

75%执行，鼓励委托电网企业通过竞争性招标方式采购，抽水电价按中标电价执行，因调度等因素未使用的中标电量按燃煤发电基准价执行。抽水蓄能电站上网电量由电网企业收购，上网电价按燃煤发电基准价执行。由电网企业提供的抽水电量产生的损耗在核定省级电网输配电价时统筹考虑。

3. 合理确定服务多省区的抽水蓄能电站电量电价执行方式。需要在多个省区分摊容量电费（容量电价×机组容量，下同）的抽水蓄能电站，抽水电量、上网电量按容量电费分摊比例分摊至相关省级电网，抽水电价、上网电价在相关省级电网按上述电量电价机制执行。

（二）完善容量电价核定机制。容量电价体现抽水蓄能电站提供调频、调压、系统备用和黑启动等辅助服务的价值，抽水蓄能电站通过容量电价回收抽发运行成本外的其他成本并获得合理收益。

1. 对标行业先进水平合理核定容量电价。我委根据《抽水蓄能容量电价核定办法》（附后），在成本调查基础上，对标行业先进水平合理确定核价参数，按照经营期定价法核定抽水蓄能容量电价，并随省级电网输配电价监管周期同步调整。上一监管周期抽水蓄能电站可用率不达标的，适当降低核定容量电价水平。

2. 建立适应电力市场建设发展和产业发展需要的调整机制。适应电力市场建设发展进程和产业发展实际需要，适时降低或根据抽水蓄能电站主动要求降低政府核定容量电价覆盖电站机组设计容量的比例，以推动电站自主运用剩余机组容量参与电力市场，逐步实现电站主要通过参与市场回收成本、获得收益，促进抽水蓄能电站健康有序发展。

三、健全抽水蓄能电站费用分摊疏导方式

（一）建立容量电费纳入输配电价回收的机制。政府核定的抽水蓄能容量电价对应的容量电费由电网企业支付，纳入省级电网输配电价回收。与输配电价核价周期保持衔接，在核定省级电网输配电价时统筹考虑未来三年新投产抽水蓄能电站容量电费。在第二监管周期（2020—2022 年）内陆续投产的抽水蓄能电站容量电费，在核定第三监管周期（2023—2025 年）省级电网输配电价时统筹考虑。

（二）建立相关收益分享机制。鼓励抽水蓄能电站参与辅助服务市场或辅助服务补偿机制，上一监管周期内形成的相应收益，以及执行抽水电价、上网电价形成的收益，20%由抽水蓄能电站分享，80%在下一监管周期核定电站容量电价时相应扣减，形成的亏损由抽水蓄能电站承担。

（三）完善容量电费在多个省级电网的分摊方式。根据功能和服务情况，抽水蓄能电站容量电费需要在多个省级电网分摊的，由我委组织相关省区协商确定分摊比例，或参照《区域电网输电价格定价办法》（发改价格〔2020〕100 号）明确的区域电网容量电

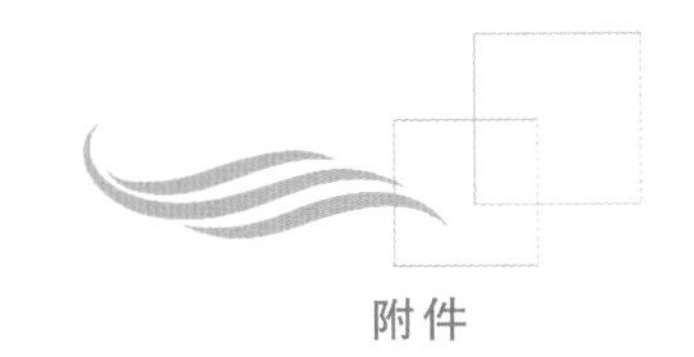

费分摊比例合理确定。已经明确容量电费分摊比例的在运电站继续按现行分摊比例执行，并根据情况适时调整。

（四）完善容量电费在特定电源和电力系统间的分摊方式。根据项目核准文件，抽水蓄能电站明确同时服务于特定电源和电力系统的，应明确机组容量分摊比例，容量电费按容量分摊比例在特定电源和电力系统之间进行分摊。特定电源应分摊的容量电费由相关受益主体承担，并在核定抽水蓄能电站容量电价时相应扣减。

四、强化抽水蓄能电站建设运行管理

（一）加强抽水蓄能电站建设管理。抽水蓄能电站建设应充分考虑电力系统需要、站址资源条件、项目经济性、当地电价承受能力等，统一规划、合理布局、有序建设，未纳入相关建设规划的项目不得建设。

（二）强化抽水蓄能电站运行管理。电网企业、抽水蓄能电站要着眼保障电力供应、确保电网安全、促进新能源消纳等，合理安排抽水蓄能电站运行，签订年度调度运行协议并对外公示，充分发挥抽水蓄能电站综合效益。国家能源局及其派出机构要进一步加强对抽水蓄能电站利用情况的监管和考核，对抽水蓄能电站作用发挥不充分的，及时责令改正，并依法进行处理。各地也要加强对抽水蓄能电站的运行管理。

（三）保障非电网投资抽水蓄能电站平稳运行。电网企业要与非电网投资主体投资建设的抽水蓄能电站签订规范的中长期购售电合同，坚持公平公开公正原则对抽水蓄能电站实施调度，严格执行我委核定的容量电价和根据本意见形成的电量电价，按月及时结算电费，保障非电网投资主体利益，调动社会资本参与抽水蓄能电站建设的积极性。

（四）推动抽水蓄能电站作为独立市场主体参与市场。各地价格主管部门、能源主管部门要按照职能分工，加快确立抽水蓄能电站独立市场主体地位，推动电站平等参与电力中长期交易、现货市场交易、辅助服务市场或辅助服务补偿机制。

（五）健全对抽水蓄能电站电价执行情况的监管。电网企业要对抽水蓄能电站电价结算单独归集、单独反映，于每年 4 月底前将上年度抽水蓄能电站电价执行情况报相关省级价格主管部门和我委（价格司）。

五、实施安排

（一）本意见印发之日前已投产的电站，执行单一容量制电价的，继续按现行标准执行至 2022 年年底，2023 年起按本意见规定电价机制执行；执行两部制电价的，电量电价按本意见规定电价机制执行，容量电价按现行标准执行至 2022 年年底，2023 年起按本意见规定电价机制执行；执行单一电量制电价的，继续按现行电价水平执行至 2022 年年底，2023 年起按本意见规定电价机制执行。

（二）本意见印发之日起新投产的抽水蓄能电站，按本意见规定电价机制执行。

现行规定与本意见不符的，以本意见为准。

附件：抽水蓄能容量电价核定办法

国家发展和改革委员会

2021 年 4 月 30 日

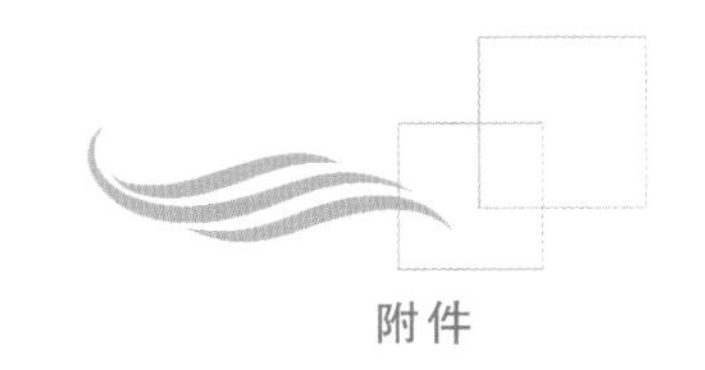

附件

抽水蓄能容量电价核定办法

为进一步完善抽水蓄能价格形成机制，提升抽水蓄能容量电价核定的规范性、科学性，制定本办法。

第一条 抽水蓄能容量电价实行事前核定、定期调整的价格机制。电站投运后首次核定临时容量电价，在经成本调查后核定正式容量电价，并随省级电网输配电价监管周期同步调整。

第二条 抽水蓄能容量电价按经营期定价法核定，即基于弥补成本、合理收益原则，按照资本金内部收益率对电站经营期内年度净现金流进行折现，以实现整个经营期现金流收支平衡为目标，核定电站容量电价。容量电价按本办法第三条至第六条规定计算。

第三条 年净现金流。计算公式为：

年净现金流 = 年现金流入一年现金流出

年现金流入和年现金流出均为不含税金额。

第四条 年现金流入为实现累计净现金流折现值为零时的年平均收入水平，包括固定资产残值收入（仅经营期最后一年计入）。

其中：　　固定资产残值收入 = 固定资产原值 × 残值率

第五条 年现金流出。计算公式为：

年现金流出 = 资本金投入 + 偿还的贷款本金 + 利息支出 + 运行维护费 + 税金及附加

第六条 容量电价。计算公式为：

不含税容量电价 = 年平均收入 ÷ 覆盖电站机组容量

含税容量电价 = 不含税容量电价 ×（1 + 增值税率）

年平均收入不含固定资产残值收入。

第七条 运行维护费。包括材料费、修理费、人工费和其他运营费用。

（一）材料费。指抽水蓄能电站提供服务所耗用的消耗性材料、事故备品等，包括因电站自行组织设备大修、抢修、日常检修发生的材料消耗和委托外部社会单位检修需要企业自行购买的材料费用。

（二）修理费。指维护和保持抽水蓄能电站相关设施正常工作状态所进行的外包修理活动发生的检修费用，不包括电站自行组织检修发生的材料消耗和人工费用。

（三）人工费。指从事抽水蓄能电站运行维护的职工发生的薪酬支出，包括工资总额（含津补贴）、职工福利费、职工教育经费、工会经费、社会保险费用、住房公积金，含劳务派遣及临时用工支出等。

（四）其他运营费用。指抽水蓄能电站正常运营发生的除材料费、修理费和人工

费以外的费用。

第八条 对标行业先进水平确定核价参数标准：

（一）电站经营期按 40 年核定，经营期内资本金内部收益率按 6.5% 核定，本意见印发之日前已核定容量电价的抽水蓄能电站维持原资本金内部收益率。

（二）电站投资和资本金分别按照经审计的竣工决算金额和实际投入资本金核定。

（三）贷款额据实核定，还贷期限按 25 年计算。在运电站加权平均贷款利率高于同期市场报价利率时，贷款利率按同期市场报价利率核定；反之按同期市场报价利率加二者差额的 50% 核定。

（四）运行维护费率（运行维护费除以固定资产原值的比例）按在运电站费率从低到高排名前 50% 的平均水平核定；《国家发展改革委关于完善抽水蓄能电站价格形成机制有关问题的通知》（发改价格〔2014〕1763 号）印发前投产的在运电站费率按在运电站平均水平核定。

（五）税金及附加依据现行国家相关税收法律法规核定。

第九条 临时容量电价的核价参数标准参照第八条和以下规定确定：

（一）电站投资按照政府主管部门批复的项目核准文件或施工图预算投资确定。资本金按照工程投资的 20% 计算。

（二）贷款利率和运行维护费率分别按上一监管周期核价确定值计算。

第十条 运行维护费主要项目调查审核标准：

（一）材料费、修理费按剔除不合理因素后的调查期间平均值核定。特殊情况下，因不可抗力、政策性因素造成一次性费用过高的可分期分摊。

（二）工资水平（含津补贴）参照当地省级电网工资水平核定。职工福利费、职工教育经费、工会经费据实核定，但不得超过核定的工资总额和国家规定提取比例的乘积。

职工养老保险（包括补充养老保险）、医疗保险（包括补充医疗保险）、失业保险、工伤保险、生育保险、住房公积金等，审核计算基数按照企业实缴基数确定，但不得超过核定的工资总额和当地政府规定的基数，计算比例按照不超过国家或当地政府统一规定的比例确定。

劳务派遣、临时用工性质的用工支出如未包含在工资总额内，在不超过国家有关规定范围内按照企业实际发生数核定。

（三）价内税金。按照现行国家税法规定水平核定。

（四）无形资产摊销。无形资产的摊销年限，有法律法规规定或合同约定的，从其规定或约定；没有规定或约定的，原则上按不少于 10 年摊销。

（五）其他费用。按剔除不合理因素后的调查期间平均值核定。

本办法由国家发展改革委负责解释，现行规定与本办法不符的以本办法为准。

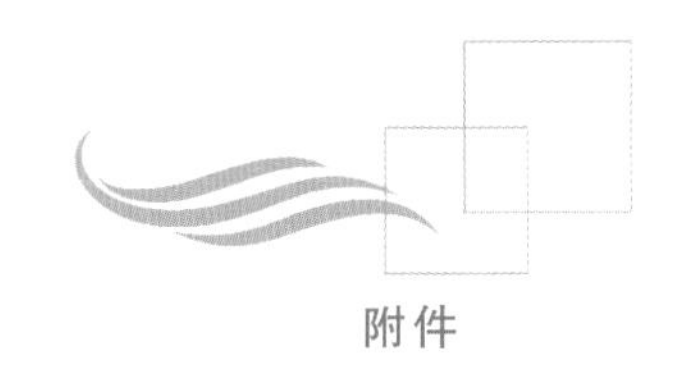

关于进一步完善分时电价机制的通知

发改价格〔2021〕1093号

各省、自治区、直辖市发展改革委，国家电网有限公司、中国南方电网有限责任公司、内蒙古电力（集团）有限责任公司：

为贯彻落实党中央、国务院关于深化电价改革、完善电价形成机制的决策部署，充分发挥分时电价信号作用，服务以新能源为主体的新型电力系统建设，促进能源绿色低碳发展，现就进一步完善分时电价机制有关事项通知如下。

一、总体要求

适应新能源大规模发展、电力市场加快建设、电力系统峰谷特性变化等新形势新要求，持续深化电价市场化改革、充分发挥市场决定价格作用，形成有效的市场化分时电价信号。在保持销售电价总水平基本稳定的基础上，进一步完善目录分时电价机制，更好引导用户削峰填谷、改善电力供需状况、促进新能源消纳，为构建以新能源为主体的新型电力系统、保障电力系统安全稳定经济运行提供支撑。

二、优化分时电价机制

（一）完善峰谷电价机制。

1. 科学划分峰谷时段。各地要统筹考虑当地电力供需状况、系统用电负荷特性、新能源装机占比、系统调节能力等因素，将系统供需紧张、边际供电成本高的时段确定为高峰时段，引导用户节约用电、错峰避峰；将系统供需宽松、边际供电成本低的时段确定为低谷时段，促进新能源消纳、引导用户调整负荷。可再生能源发电装机比重高的地方，要充分考虑新能源发电出力波动，以及净负荷曲线变化特性。

2. 合理确定峰谷电价价差。各地要统筹考虑当地电力系统峰谷差率、新能源装机占比、系统调节能力等因素，合理确定峰谷电价价差，上年或当年预计最大系统峰谷差率超过40%的地方，峰谷电价价差原则上不低于4：1；其他地方原则上不低于3：1。

（二）建立尖峰电价机制。各地要结合实际情况在峰谷电价的基础上推行尖峰电价机制。尖峰时段根据前两年当地电力系统最高负荷95%及以上用电负荷出现的时段合理确定，并考虑当年电力供需情况、天气变化等因素灵活调整；尖峰电价在峰段电价基础上上浮比例原则上不低于20%。热电联产机组和可再生能源装机占比大、电力系统阶段性供大于求矛盾突出的地方，可参照尖峰电价机制建立深谷电价机制。强化尖峰电

价、深谷电价机制与电力需求侧管理政策的衔接协同，充分挖掘需求侧调节能力。

（三）健全季节性电价机制。日内用电负荷或电力供需关系具有明显季节性差异的地方，要进一步建立健全季节性电价机制，分季节划分峰谷时段，合理设置季节性峰谷电价价差；水电等可再生能源比重大的地方，要统筹考虑风光水多能互补因素，进一步建立健全丰枯电价机制，丰、枯时段应结合多年来水、风光出力特性等情况合理划分，电价浮动比例根据系统供需情况合理设置。鼓励北方地区研究制定季节性电采暖电价政策，通过适当拉长低谷时段、降低谷段电价等方式，推动进一步降低清洁取暖用电成本，有效保障居民冬季清洁取暖需求。

三、强化分时电价机制执行

（一）明确分时电价机制执行范围。各地要加快将分时电价机制执行范围扩大到除国家有专门规定的电气化铁路牵引用电外的执行工商业电价的电力用户；对部分不适宜错峰用电的一般工商业电力用户，可研究制定平均电价（执行分时电价用户的平均用电价格），由用户自行选择执行；不得自行暂停分时电价机制执行或缩小执行范围，严禁以完善分时电价机制为名变相实施优惠电价。鼓励工商业用户通过配置储能、开展综合能源利用等方式降低高峰时段用电负荷、增加低谷用电量，通过改变用电时段来降低用电成本。有条件的地方，要按程序推广居民分时电价政策，逐步拉大峰谷电价价差。

（二）建立分时电价动态调整机制。各地要根据当地电力系统用电负荷或净负荷特性变化，参考电力现货市场分时电价信号，适时调整目录分时电价时段划分、浮动比例。电力现货市场运行的地方要完善市场交易规则，合理设定限价标准，促进市场形成有效的分时电价信号，为目录分时电价机制动态调整提供参考。

（三）完善市场化电力用户执行方式。电力现货市场尚未运行的地方，要完善中长期市场交易规则，指导市场主体签订中长期交易合同时申报用电曲线、反映各时段价格，原则上峰谷电价价差不低于目录分时电价的峰谷电价价差。市场交易合同未申报用电曲线或未形成分时价格的，结算时购电价格应按目录分时电价机制规定的峰谷时段及浮动比例执行。

四、加强分时电价机制实施保障

（一）精心组织实施。各地要充分认识进一步完善分时电价机制的重要性、紧迫性和复杂性，在充分听取各方面意见建议基础上，结合当地实际，研究制定进一步完善分时电价机制的具体措施，有关落实情况请于 2021 年 12 月底前报我委。

（二）做好执行评估。各地要密切跟踪当地电力系统峰谷特性变化，动态掌握分时电价机制执行情况，深入评估分时电价机制执行效果，发现问题及时按程序研究解决。电网企业要对分时电价收入情况单独归集、单独反映，产生的盈亏在下一监管周期省级电网输配电价核定时统筹考虑。

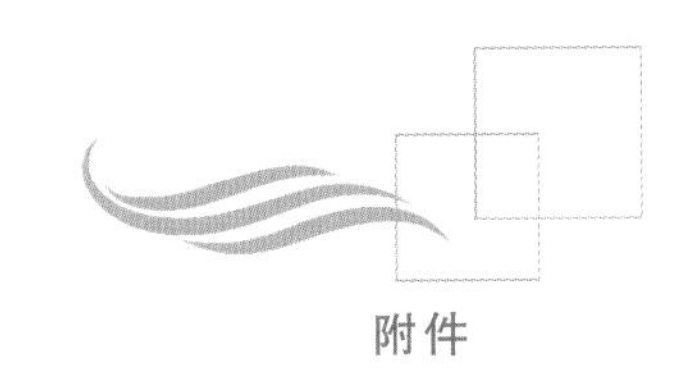

（三）强化宣传引导。 各地要采取多种形式全面准确解读分时电价机制，宣传分时电价机制在保障电力安全供应、促进新能源消纳、提升系统运行效率等方面的重要作用，争取各方理解支持，加强舆情监测预警，及时回应社会关切，确保分时电价机制平稳实施。

现行政策与本通知不符的，以本通知规定为准。

国家发展和改革委员会

2021 年 7 月 26 日

关于鼓励可再生能源发电企业自建或购买调峰能力增加并网规模的通知

发改运行〔2021〕1138 号

各省、自治区、直辖市发展改革委、经信委（工信委、工信厅）、能源局，北京市城市管理委员会，国家电网有限公司、中国南方电网有限责任公司，中国华能集团有限公司、中国大唐集团有限公司、中国华电集团有限公司、国家电力投资集团有限公司、国家能源投资集团有限责任公司、国家开发投资集团有限公司、华润集团有限公司：

为努力实现应对气候变化自主贡献目标，促进风电、太阳能发电等可再生能源大力发展和充分消纳，依据可再生能源相关法律法规和政策的规定，按照能源产供储销体系建设和可再生能源消纳的相关要求，在电网企业承担可再生能源保障性并网责任的基础上，鼓励发电企业通过自建或购买调峰储能能力的方式，增加可再生能源发电装机并网规模，现通知如下：

一、充分认识提高可再生能源并网规模的重要性和紧迫性

近年来，我国可再生能源迅猛发展，但电力系统灵活性不足、调节能力不够等短板和问题突出，制约更高比例和更大规模可再生能源发展。未来我国实现 2030 年前碳达峰和努力争取 2060 年前碳中和的目标任务艰巨，需要付出艰苦卓绝的努力。实现碳达峰关键在促进可再生能源发展，促进可再生能源发展关键在于消纳，保障可再生能源消纳关键在于电网接入、调峰和储能。各地、各有关电力企业要充分认识可再生能源发展和消纳的同等重要意义，高度重视可再生能源并网工作，将可再生能源发展、并网、消纳同步研究、同步推进，确保 2030 年前碳达峰、2060 年前碳中和目标如期实现。

二、引导市场主体多渠道增加可再生能源并网规模

（一）多渠道增加可再生能源并网消纳能力。电网企业要切实承担电网建设发展和可再生能源并网消纳的主体责任，统筹调峰能力建设和资源利用，每年新增的并网消纳规模中，电网企业应承担主要责任，电源企业适当承担可再生能源并网消纳责任。随着新能源发电技术进步、效率提高，以及系统调峰成本的下降，将电网企业承担的消纳规模和比例有序调减。

（二）鼓励发电企业自建储能或调峰能力增加并网规模。在电网企业承担风电和太阳能发电等可再生能源保障性并网责任以外，仍有投资建设意愿的可再生能源发电企

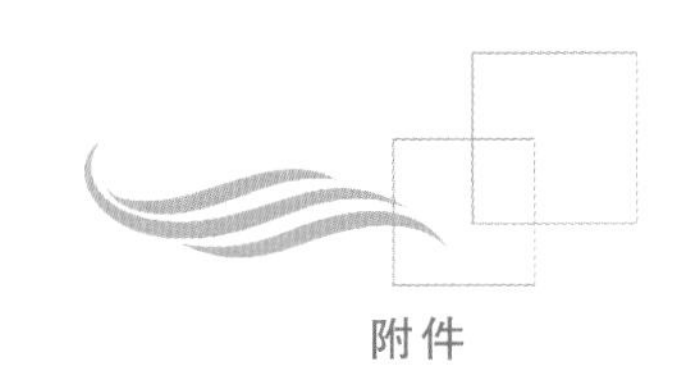

业，鼓励在自愿的前提下自建储能或调峰资源增加并网规模。对按规定比例要求配建储能或调峰能力的可再生能源发电企业，经电网企业按程序认定后，可安排相应装机并网。

（三）允许发电企业购买储能或调峰能力增加并网规模。在电网企业承担风电和太阳能发电等可再生能源保障性并网责任以外，仍有投资建设意愿的可再生能源发电企业，可通过与调峰资源市场主体进行市场化交易的方式承担调峰责任，以增加可再生能源发电装机并网规模。鼓励可再生能源发电企业与新增抽水蓄能和储能电站等签订新增消纳能力的协议或合同，明确市场化调峰资源的建设、运营等责任义务。签订储能或调峰能力合同的可再生能源发电企业，经电网企业按程序认定后，可安排相应装机并网。

（四）鼓励多渠道增加调峰资源。承担可再生能源消纳对应的调峰资源，包括抽水蓄能电站、化学储能等新型储能、气电、光热电站、灵活性制造改造的煤电。以上调峰资源不包括已列为应急备用和调峰电源的资源。

三、自建合建调峰和储能能力的确认与管理

（一）自建调峰资源方式挂钩比例要求。自建调峰资源指发电企业按全资比例建设抽水蓄能、化学储能电站、气电、光热电站或开展煤电灵活性改造。为鼓励发电企业市场化参与调峰资源建设，超过电网企业保障性并网以外的规模初期按照功率 15% 的挂钩比例（时长 4 小时以上，下同）配建调峰能力，按照 20% 以上挂钩比例进行配建的优先并网。配建比例 2022 年后根据情况适时调整，每年公布一次。各省级主管部门组织电网企业或第三方技术机构对项目调峰能力措施和效果进行评估确认后，可结合实际情况对挂钩比例进行适当调整。

（二）合建调峰资源方式挂钩比例要求。合建调峰资源指发电企业按一定出资比例与其他市场主体联合建设抽水蓄能、化学储能电站、气电、光热电站或开展煤电灵活性改造。合建调峰资源完成后，可按照自建调峰资源方式挂钩比例乘以出资比例配建可再生能源发电。为鼓励发电企业积极参与自建调峰资源，初期可以适当高于出资比例进行配建。

（三）自建合建调峰和储能能力确定。自建合建调峰和储能能力按照“企业承诺、政府备案、过程核查、假一罚二”的原则进行确定。主动自建合建调峰和储能能力的发电企业，自行提供调峰和储能项目建设证明材料，对项目基本情况、调峰能力、投产时间等作出明确承诺，提交省级政府主管部门备案；实施过程中省级主管部门委托电网企业或第三方机构对企业自建合建项目进行全面核查或抽查，对于发现未按承诺履行建设责任的企业，在计算调峰能力时按照未完成容量的 2 倍予以扣除；相关企业要限期整改，未按期整改的企业不得参与下年度可再生能源市场化并网。

（四）加强自建合建调峰和储能项目运行管理。自建合建调峰和储能项目建成投运

后，企业可选择自主运营项目或交由本地电网企业调度管理。对于发电企业自主运营的调峰和储能项目，可作为独立市场主体参与电力市场，按照国家相关政策获取收益；对于交由电网企业调度管理的调峰和储能项目，电网调度机构根据电网调峰需要对相关项目开展调度管理，项目按相关价格政策获取收益。为保证项目调峰和储能能力可用性，电网调度机构不定期对相关项目开展调度测试。

四、购买调峰与储能能力的确认与管理

（一）购买调峰资源主要方式。购买调峰资源指发电企业通过市场交易的方式向抽水蓄能、化学储能电站、气电、光热电站或开展灵活性改造的火电等市场主体购买调峰能力，包括购买调峰储能项目和购买调峰储能服务两种方式。为保证发电企业购买的调峰资源不占用电网企业统筹负责的系统消纳能力，被购买的主体仅限于本年度新建的调峰资源。

（二）购买调峰资源挂钩比例要求。超过电网企业保障性并网以外的规模初期按照15%的挂钩比例购买调峰能力，鼓励按照20%以上挂钩比例购买。购买比例2022年后根据情况适时调整，每年度公布一次。各省级主管部门组织电网企业或第三方技术机构对项目调峰能力措施和效果进行评估确认后，可结合实际情况对挂钩比例进行适当调整。

（三）购买调峰和储能能力确定。购买调峰和储能项目由买方企业向省级政府主管部门作出承诺并提供购买合同，根据购买合同中签订的调峰能力进行确定。实施过程中买方企业负责督促卖方企业保证项目落实到位，省级政府主管部门委托电网企业或第三方机构对购买合同中的项目进行全面核查或抽查，对于发现未按承诺履行建设责任的企业，在计算调峰能力时按照未完成容量的2倍予以扣除；相关企业要限期整改，未按期整改的企业不得参与下年度可再生能源市场化并网。

（四）加强购买调峰和储能项目运行管理。购买调峰和储能项目建成投运后，对于购买调峰储能项目的，视同企业自建项目进行运行管理；对于购买调峰储能服务的，发电企业与调峰储能项目企业签订调峰服务绑定协议或合同，约定双方权责和收益分配方式，鼓励签订10年以上的长期协议或合同。为保证项目调峰和储能能力可用性，电网调度机构不定期对相关项目开展调度测试。

五、自建或购买调峰与储能能力的数量标准与动态调整

（一）抽水蓄能、电化学储能和光热电站调峰能力认定。抽水蓄能电站、电化学储能和光热电站，按照装机规模认定调峰能力。

（二）气电调峰能力认定。气电按照机组设计出力认定调峰能力，对于因气源、天气等原因导致发电出力受限的情况，按照实际最大出力认定调峰能力。

（三）煤电灵活性制造改造调峰能力认定。灵活性制造改造的煤电机组，按照制造

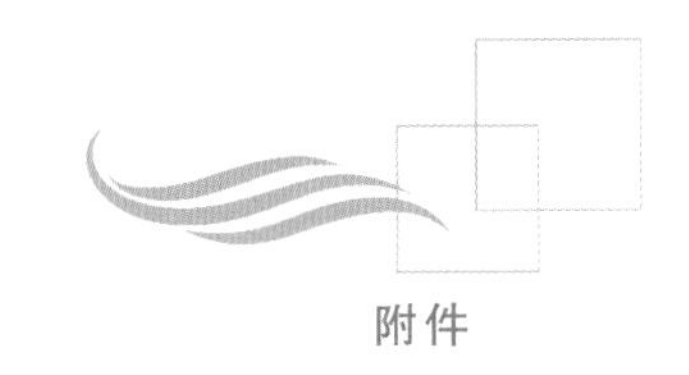

改造可调出力范围与改造前可调出力或者平均可调出力范围的差值认定调峰能力。

（四）统筹安排发电和调峰项目建设投产时序。考虑新建调峰资源项目的建设周期，各地在安排发电项目时要做到与新增调峰项目同步建成、同步并网。调峰储能配建比例按可再生能源发电项目核准（备案）当年标准执行。

（五）建立调峰与储能能力标准和配建比例动态调整机制。随着可再生能源并网规模和比例的不断扩大，以及调峰储能技术进步和成本下降，各地要统筹处理好企业积极性和系统调峰需求的关系，可结合本地实际情况对调峰与储能能力标准和配建比例进行动态调整。

六、调峰和储能交易机制的运行与监管

（一）未用完的调峰资源可交易至其他市场主体。通过自建或合建方式落实调峰资源的发电企业，如果当年配建的可再生能源发电规模低于规定比例，不允许结转至下年继续使用，可通过市场化方式交易给其他发电企业。

（二）指标交易需在省内统筹。为保证新增调峰能力切实发挥促进可再生能源消纳作用，发电企业在自建、共建、购买调峰资源以及开展调峰资源指标交易过程中，均在本省（自治区、直辖市）范围内进行统筹。

（三）加强运行监管。各地政府主管部门会同电网企业，对发电企业承诺自建、共建或购买调峰项目加强监管，项目投产后调度机构不定期按照企业承诺的调峰能力开展调度运行，确保调峰能力真实可信可操作，对于虚假承诺调峰能力的企业，取消下年度自行承担可再生能源消纳责任资格。

七、保障措施

（一）加强组织领导。国家发展改革委、国家能源局统筹推进全国可再生能源发电企业自建或购买调峰能力增加并网规模相关工作，全面跟踪各地、各企业落实进展，协调解决推进中的重大问题。各省（自治区、直辖市）发展改革委、能源局会同省级相关部门结合本地电力发展实际，推动本地发电企业自行承担可再生能源消纳责任相关工作，与电网企业保障性并网、应急备用和调峰机组建设工作做好有效衔接，避免项目重复计入。

（二）电网企业切实发挥监督和并网责任。国家电网公司、南方电网公司要组织好各地电网企业，配合地方政府主管部门加强对发电企业自建共建和购买调峰储能项目的有效监督，保证各项目顺利推进和真实可用。对于按要求完成调峰储能能力建设的企业，要认真做好相应匹配规模新能源并网接入工作。

（三）健全完善奖惩和评估机制。国家发展改革委、国家能源局将健全完善奖惩和评估机制，对可再生能源发电企业自建或购买调峰能力增加并网规模工作进展成效显著的地区进行表扬，对工作进展滞后的地区进行约谈；在工作推进过程中，将适时采取第

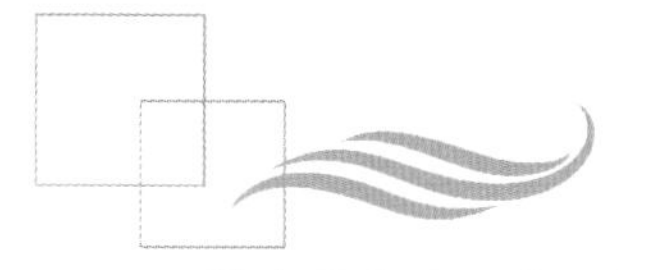

三方评估等方式，对各地可再生能源发电企业自建或购买调峰能力增加并网规模工作开展全面评估。

国家发展和改革委员会

国家能源局

2021 年 7 月 29 日

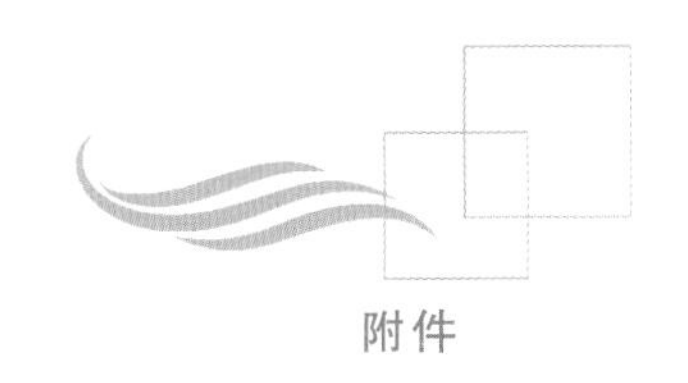

关于做好《抽水蓄能中长期发展规划（2021—2035年）》实施工作的通知

国能综通新能〔2021〕101号

各省（自治区、直辖市）能源局，有关省（自治区、直辖市）及新疆生产建设兵团发展改革委，各派出机构，国家电网有限公司、中国南方电网有限责任公司、内蒙古电力（集团）有限责任公司，水电水利规划设计总院、电力规划设计总院，有关中央能源企业：

为贯彻落实《中共中央国务院关于完整准确全面贯彻新发展理念做好碳达峰碳中和工作的意见》和《国务院关于印发2030年前碳达峰行动方案的通知》，进一步推进《抽水蓄能中长期发展规划（2021—2035年）》（以下简称《规划》）实施，推动抽水蓄能高质量发展，现将有关要求通知如下：

一、制定《规划》实施方案。各省（自治区、直辖市）能源主管部门制定《规划》实施方案，提出本地区抽水蓄能发展中长期总体目标、重点任务和项目布局，以及分阶段发展目标、项目布局和相应保障措施等。实施方案参考大纲见附件1。

二、制定“十四五”抽水蓄能项目核准工作计划。各省（自治区、直辖市）能源主管部门提出本地区抽水蓄能项目核准工作计划，将五年发展目标分解落实到年度，提出每一年度抽水蓄能的发展目标、重点任务、项目核准时序、保障措施等，加快核准进度。核准工作计划样表见附件2。

三、及时滚动调整《规划》。各省（自治区、直辖市）能源主管部门加强研究论证，结合本地区新能源发展和电力系统需求等，提出《规划》调整建议，包括重点实施项目建设时序调整建议、储备项目调整为重点实施项目的建议、新增纳入《规划》项目的建议等。其中储备项目调整为重点实施项目，须提供相关省级主管部门出具的该项目不涉及生态保护红线等环境限制因素的文件；新增纳入《规划》项目需在现场查勘基础上，提出项目初步分析报告（参考大纲见附件3），其中建议纳入重点实施项目需同时提供省级主管部门出具的该项目不涉及生态保护红线等环境限制因素的文件。国家能源局根据调整建议情况及时滚动调整《规划》。

四、加强抽水蓄能项目管理。各省（自治区、直辖市）能源主管部门根据国家有关法律法规、主管部门规定及规程规范要求，加强和规范项目管理，高度重视前期工作深度和质量，严格执行基本建设程序，强化质量监督和安全监管，促进抽水蓄能高质量

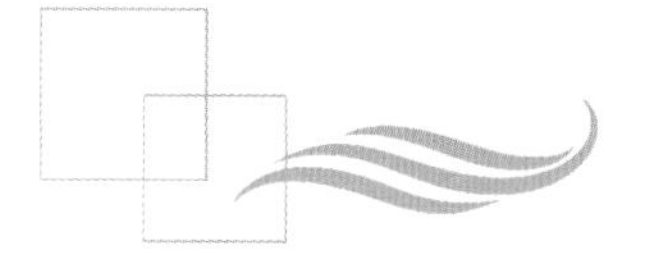

发展。

五、做好抽水蓄能项目并网工程规划建设。国家电网、南方电网等电网企业要根据《规划》，在电网规划中充分考虑抽水蓄能项目并网需求。在抽水蓄能项目接入系统设计的基础上，各省（自治区、直辖市）能源主管部门指导所属各省（自治区、直辖市）电网公司推动相关并网工程纳入各级电力发展规划，做好并网工程建设工作，确保抽水蓄能项目发挥作用。

六、建立抽水蓄能信息上报制度。各省（自治区、直辖市）能源主管部门按季度编制本地区抽水蓄能发展简报，梳理分析抽水蓄能规划建设及运行管理情况，主要包括：一是已建项目运行情况，包括项目概况和生产运行情况等；二是在建项目建设进展情况，包括建设和设计单位、工程建设进展、投资完成情况、后续计划安排等；三是重点实施项目前期工作开展情况，包括相关工作进展、核准计划等；四是规划储备项目及新增项目相关工作开展情况。统计样表见附件 4。每季度第一周内将上季度简报报送我局（新能源司）。

七、建立行业监测体系。国家可再生能源信息管理中心抓紧制定抽水蓄能电站综合监测技术导则，建立健全抽水蓄能综合监测指标体系和相关标准。结合已建的流域水电综合监测平台，建立具备实时监测、巡视检查、项目对标、信息共享、监督管理等功能的全国抽水蓄能综合监测系统，建立监测信息公开机制，定期发布电站运行情况，按年度发布抽水蓄能发展报告。各省（自治区、直辖市）能源主管部门结合信息上报提供有关材料。有关能源企业配合开展相关工作，定期在综合监测系统填报信息等。

八、积极探索抽水蓄能发展新模式。在做好环境评价的基础上，开展水电梯级融合改造潜力评估工作，鼓励依托常规水电站增建混合式抽水蓄能。各地区因地制宜，结合实际，积极推进中小型抽水蓄能建设、小微型抽水蓄能示范和水电梯级融合改造，纳入本地区实施方案和核准工作计划。探索为特定电源服务的运行机制和成本疏导方式，以及与新能源融合发展、一体化运行新模式。探索与分布式发电等结合的小微型抽水蓄能示范建设，简化管理，提高效率。

九、规范抽水蓄能电站命名。各省（自治区、直辖市）能源主管部门在后续《规划》滚动调整工作中应根据《抽水蓄能电站选点规划技术依据》（国能新能〔2017〕60号）有关规定，规范抽水蓄能电站命名。电站宜用所在地的县级行政区名称命名，必要时可用站址所在地名命名。已纳入《规划》的项目名称需要调整的，与《规划》滚动调整一并进行。

十、加强监管。各派出机构加强对《规划》实施情况的监督检查，特别是加强抽水蓄能项目安全监管和质量监督，确保抽水蓄能安全发展。

请各单位按照上述要求，抓紧组织开展工作。请各省（自治区、直辖市）能源主管

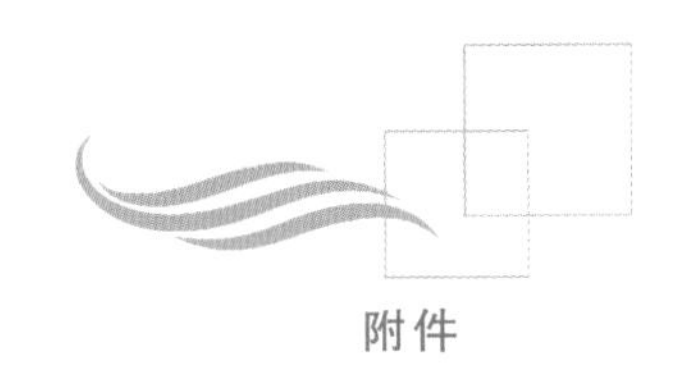

部门 12 月 20 日前将《规划》实施方案及“十四五”抽水蓄能项目核准工作计划报送我局（新能源司）。

附件：1. 抽水蓄能中长期发展规划实施方案参考大纲

2. ××省（自治区、直辖市）“十四五”抽水蓄能项目核准工作计划表（样表）

3. 新增纳入抽水蓄能中长期规划项目初步分析报告参考大纲

4. ××省（自治区、直辖市）抽水蓄能发展情况统计表（样表）

国家能源局综合司

2021 年 11 月 17 日

附件 1

抽水蓄能中长期发展规划实施方案参考大纲

一、本地区抽水蓄能发展现状

包括本地区抽水蓄能资源普查成果、当前发展现状等。

二、发展形势

（一）本地区新能源特点、发展趋势、总体目标及各主要阶段发展目标。

（二）本地区电力系统现状，电力系统调峰情况及中长期电力系统对调峰的需求，并提出合理的抽水蓄能需求规模。

三、总体思路、基本原则和发展目标

提出本地区抽水蓄能中长期发展总体思路、基本原则和发展目标，细化“十四五”“十五五”“十六五”分阶段发展目标，包括开工规模、投产规模及项目布局等。

四、重点任务

结合本地区抽水蓄能中长期发展思路和目标，提出抽水蓄能发展重点任务。

五、保障措施

从加强组织协调、保护站点资源、制定项目管理办法、确保工程质量和安全等方面提出保障措施。

附件 2

××省(自治区、直辖市)“十四五”抽水蓄能项目核准工作计划表(样表)

工作年度	拟核准项目		项目所在地	投资主体	设计单位	工作进展
	项目名称	装机容量/万 kW				
2021	项目 1					
	项目 2					
	……					
2022	项目 1					
	项目 2					
	……					
2023	项目 1					
	项目 2					
	……					

续表

工作年度	拟核准项目		项目所在地	投资主体	设计单位	工作进展
	项目名称	装机容量/万 kW				
2024	项目 1					
	项目 2					
	……					
2025	项目 1					
	项目 2					
	……					
合　计						

注　1. 项目所在地落实到县级行政区域；
2. 未明确投资主体或设计单位的，可填“空缺”。

附件 3

新增纳入抽水蓄能中长期规划项目初步分析报告参考大纲

一、项目功能定位。综合考虑抽水蓄能电站建设条件，分析本省（自治区、直辖市）及所在同步电网电力系统负荷与电源分布及其供需特性、网架结构与潮流分布以及与区外电力交换等因素，明确电站主要是服务于以调峰为主的电力系统，或是以储能需求为主的大型新能源基地，还是接入远距离区外来电的电力系统等。

二、工程地质条件可行性分析。说明项目所在区域的区域地质和地震背景情况，特别是断裂带情况。分析评价项目所在地区域构造稳定性和地震安全性。分析水库区的水文地质条件，说明其对工程的影响程度和成库的可能性。

三、工程建设技术可行性分析。项目必须经过现场查勘，考察其地理位置、地形、地质、水源、水库淹没、环境影响和工程布置及施工条件等。初步分析项目初期蓄水的水源条件。初步分析站址的工程技术条件，工程枢纽区应避开滑坡、泥石流等不良地质条件，输水发电系统和厂房布置具有技术可行性。初步查明建设征地敏感对象的分布情况和指标特性，初步确定建设征地和移民安置方案，相应投资应控制在合理范围内。

四、初步拟定工程特征参数。分析项目天然情况下水库蓄能量。结合项目所在区域的地形条件，初拟项目的装机容量和满发利用小时数、上下水库特征水位、水库库容、枢纽布置和施工总布置方案等，匡算工程投资。

五、工程环境可行性分析。结合项目坐标，说明其与周边生态环境保护区等的区域位置，推荐纳入国家规划重点实施项目应确保其不涉及生态保护红线和其他环境敏感对象。

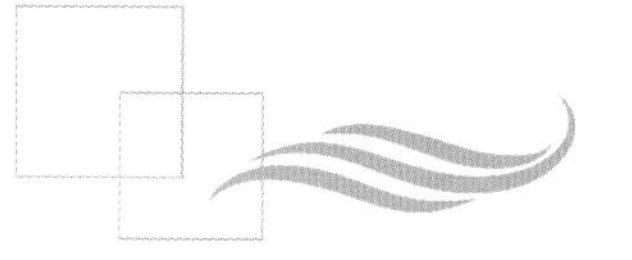

附件 4

××省(自治区、直辖市)已建抽水蓄能项目运行情况统计表(样表)

项目名称	项目所在地	装机容量/万 kW	项目业主	投产年份	发电量/抽水电量/(万 kW·h)		机组发电运行小时数/抽水运行小时数/h		机组备用小时数及容量		电站综合效率	
					本季度	年度累计	本季度	年度累计	本季度	年度累计	本季度	年度累计
项目 1												
项目 2												
……												

××省(自治区、直辖市)在建抽水蓄能项目建设进展情况统计表(样表)

项目名称	项目所在地	装机容量/万 kW	项目业主	主体设计单位	主体工程施工单位	机组厂商	工程建设进展	总投资/亿元	完成投资/亿元		后续建设计划
									本季度	累计	
项目 1											
项目 2											
……											

注　“后续建设计划”可填写预计投产或完建时间。

××省(自治区、直辖市)重点实施抽水蓄能项目前期工作开展情况统计表(样表)

项目名称	项目所在地	装机容量/万 kW	项目业主	设计单位	前期工作进展情况	拟核准年月
项目 1			(可空缺)			
项目 2						
……						

注　项目所在地落实到县级行政区域。

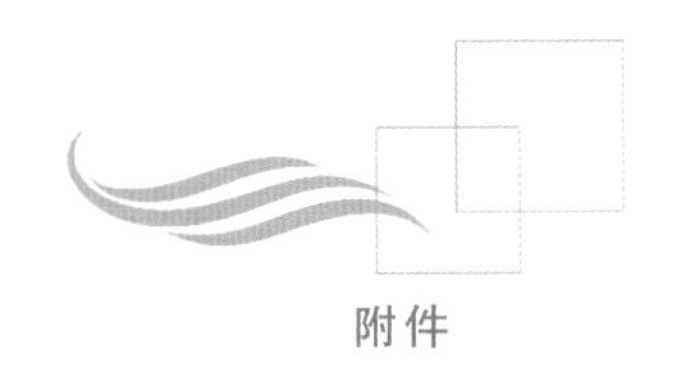

关于开展抽水蓄能定价成本监审工作的通知

发改办价格〔2022〕130号

北京市、河北省、山西省、内蒙古自治区、辽宁省、吉林省、江苏省、浙江省、安徽省、福建省、江西省、山东省、河南省、湖北省、湖南省、广东省、海南省发展改革委，国网新源控股有限公司、南方电网调峰调频发电有限公司、内蒙古呼和浩特抽水蓄能发电有限责任公司、宁波溪口抽水蓄能电站有限公司、江苏沙河抽水蓄能发电有限公司、江苏国信溧阳抽水蓄能发电有限公司、湖北正源电力集团有限公司：

为科学核定容量电价，促进抽水蓄能电站加快发展，根据《政府制定价格成本监审办法》（国家发展改革委令第8号）和《关于进一步完善抽水蓄能价格形成机制的意见》（发改价格〔2021〕633号）等有关规定，决定对在运抽水蓄能电站开展定价成本监审。现将有关事项通知如下：

一、成本监审对象

全国31家在运抽水蓄能电站。

二、成本监审范围和期间

（一）范围：抽水蓄能电站成本费用支出及相关参数指标。

（二）期间：2015至2020年度。2015年以后投运电站监审期间为成立以来至2020年度。

三、工作组织和安排

本次成本监审工作由国家发展改革委统一组织实施，国家能源局配合，必要时请地方发展改革委支持。国家发展改革委组织相关地方同志组成专班和第三方会计师事务所在北京集中审核，相关省份发展改革委根据需要负责现场抽查当地电站提供的资产卡片、会计凭证等材料。具体人员组成在实地审核工作时另行通知。监审组将视疫情形势变化，采用"线上＋线下"等方式灵活履行资料初审、实地审核、意见告知、出具报告等程序。

四、工作要求

（一）对抽水蓄能电站要求。各抽水蓄能电站要加强统筹协调，按照要求准备相关基础资料，填报调查表。审核过程中积极做好配合工作，及时提供所需佐证材料。请于2022年3月4日前将相关资料通过邮箱报送我委（价格司）。拒绝提供成本监审所需

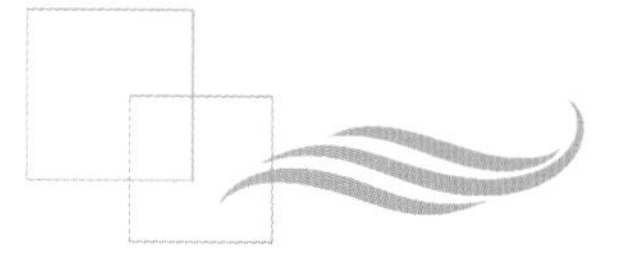

资料，或提供资料不真实、不完整的，将按照《政府制定价格成本监审办法》有关规定严肃处理。

（二）对监审人员要求。监审人员要严守工作纪律，完整记录工作进展，保存审核过程表和工作底稿，遇到重要问题要及时上报，通过集体讨论决定。要做好与企业的沟通，广泛听取意见建议，确保监审结果客观、公正、合理。

国家发展和改革委员会办公厅

2022 年 2 月 22 日

附件 3　抽水蓄能中长期发展规划（2021—2035 年）

前　言

抽水蓄能是当前技术最成熟、经济性最优、最具大规模开发条件的电力系统绿色低碳清洁灵活调节电源，与风电、太阳能发电、核电、火电等配合效果较好。加快发展抽水蓄能，是构建以新能源为主体的新型电力系统的迫切要求，是保障电力系统安全稳定运行的重要支撑，是可再生能源大规模发展的重要保障。

在全球应对气候变化，我国努力实现“2030 年前碳达峰、2060 年前碳中和”目标，加快能源绿色低碳转型的新形势下，抽水蓄能加快发展势在必行。按照《可再生能源法》要求，根据《中华人民共和国国民经济和社会发展第十四个五年规划和 2035 年远景目标纲要》《“十四五”现代能源体系规划》，制定本规划，指导中长期抽水蓄能发展。

1. 规划基础

（1）国际现状

抽水蓄能是世界各国保障电力系统安全稳定运行的重要方式，欧美国家建设了大量以抽水蓄能和燃气电站为主体的灵活、高效、清洁的调节电源，其中美国、德国、法国、日本、意大利等国家发展较快，抽水蓄能和燃气电站在电力系统中的比例均超过 10%。我国油气资源禀赋相对匮乏，燃气调峰电站发展不足，抽水蓄能和燃气电站占比仅 6% 左右，其中抽水蓄能占比 1.4%，与发达国家相比仍有较大差距。

据国际水电协会（IHA）发布的 2021 全球水电报告，截至 2020 年年底，全球抽水蓄能装机规模为 1.59 亿 kW，占储能总规模的 94%。另有超过 100 个抽水蓄能项目在建，2 亿 kW 以上的抽水蓄能项目在开展前期工作。

（2）资源情况

我国地域辽阔，建设抽水蓄能电站的站点资源比较丰富。在 2020 年 12 月启动的新一轮抽水蓄能中长期规划资源站点普查中，综合考虑地理位置、地形地质、水源条件、水库淹没、环境影响、工程技术及初步经济性等因素，在全国范围内普查筛选资源站点，分布在除北京、上海以外的 29 个省（自治区、直辖市）。

（3）发展现状

我国抽水蓄能发展始于 20 世纪 60 年代后期的河北岗南电站，通过广州抽水蓄能电站、北京十三陵抽水蓄能电站和浙江天荒坪抽水蓄能电站的建设运行，夯实了抽水蓄能发展基础。随着我国经济社会快速发展，抽水蓄能发展加快，项目数量大幅增加，分布区域不断扩展，相继建设了泰安、惠州、白莲河、西龙池、仙居、丰宁、阳江、长龙山、敦化等一批具有世界先进水平的抽水蓄能电站，电站设计、施工、机组设备制造与电站运行水平不断提升。目前我国已形成较为完备的规划、设计、建设、运行管理体系。

——装机规模显著增长。目前我国已投产抽水蓄能电站总规模 3249 万 kW，主要分布在华东、华北、华中和广东；在建抽水蓄能电站总规模 5513 万 kW，约 60%。分布在华东和华北。已建和在建规模均居世界首位。

——技术水平显著提高。随着一大批标志性工程相继建设投产，我国抽水蓄能电站工程技术水平显著提升。河北丰宁电站装机容量 360 万 kW，是世界在建装机容量最大的抽水蓄能电站。单机 40 万 kW 的广东阳江电站是目前国内在建的单机容量最大、净水头最高、埋深最大的抽水蓄能电站。浙江长龙山电站实现了自主研发单机容量 35 万 kW、750m 水头段抽水蓄能转轮技术。抽水蓄能电站机组制造自主化水平明显提高，国内厂家在 600m 水头段及以下大容量、高转速抽水蓄能机组自主研制上已达到了国际先进

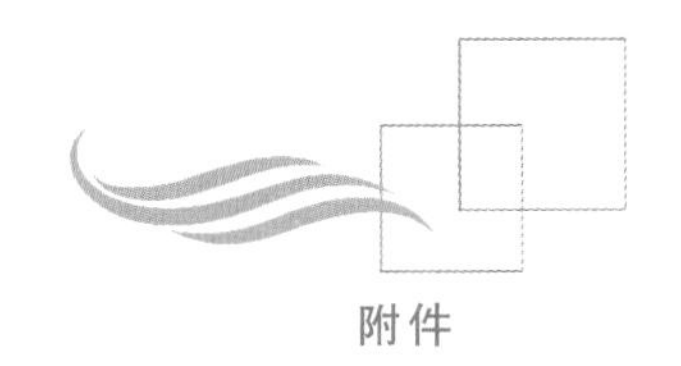

水平。

——全产业链体系基本完备。通过一批大型抽水蓄能电站建设实践，基本形成涵盖标准制定、规划设计、工程建设、装备制造、运营维护的全产业链发展体系和专业化发展模式。

（4）存在问题

我国抽水蓄能快速发展的同时也面临一些问题，主要是：

一是发展规模滞后于电力系统需求。目前抽水蓄能电站建成投产规模较少、在电源结构中占比低，不能有效满足电力系统安全稳定经济运行和新能源大规模快速发展需要。

二是资源储备与发展需求不匹配。我国抽水蓄能电站资源储备与大规模发展需求衔接不足。西北、华东、华北等区域抽水蓄能电站需求规模大，但建设条件好、制约因素少的资源储备相对不足。

三是开发与保护协调有待加强。资源站点规划与生态保护红线划定、国土空间规划等方面协调不够，影响抽水蓄能电站建设进程和综合效益的充分发挥。

四是市场化程度不高。市场化获取资源不足，非电网企业和社会资本开发抽水蓄能电站积极性不高，抽水蓄能电站电价疏导相关配套实施细则还需进一步完善。

2. 发展形势

（1）发展机遇

实现碳达峰碳中和目标，构建以新能源为主体的新型电力系统，是党中央、国务院作出的重大决策部署。当前，正处于能源绿色低碳转型发展的关键时期，风、光等新能源大规模高比例发展，新型电力系统对调节电源的需求更加迫切。结合我国能源资源禀赋条件等，抽水蓄能电站是当前及未来一段时期满足电力系统调节需求的关键方式，对保障电力系统安全、促进新能源大规模发展和消纳利用具有重要作用，抽水蓄能发展空间较大。

（2）发展需求

抽水蓄能电站具有调峰、填谷、调频、调相、储能、事故备用和黑启动等多种功能，是建设现代智能电网新型电力系统的重要支撑，是构建清洁低碳、安全可靠、智慧灵活、经济高效新型电力系统的重要组成部分。

随着我国经济社会快速发展，产业结构不断优化，人民生活水平逐步提高，电力负荷持续增长，电力系统峰谷差逐步加大，电力系统灵活调节电源需求大。到 2030 年风电、太阳能发电总装机容量 12 亿 kW 以上，大规模的新能源并网迫切需要大量调

节电源提供优质的辅助服务，构建以新能源为主体的新型电力系统对抽水蓄能发展提出更高要求。

3. 指导思想和基本原则

（1）指导思想

以习近平新时代中国特色社会主义思想为指导，全面贯彻党的十九大和十九届二中、三中、四中、五中全会精神，深入实施“四个革命、一个合作”能源安全新战略，保障电力系统安全稳定经济运行，促进风光新能源大规模高比例开发利用，创新思路，完善机制，应规尽规，能开快开，加快建设一批生态友好、条件成熟、指标优越的抽水蓄能电站，发展抽水蓄能现代化产业，为构建以新能源为主体的新型电力系统提供坚实保障。

（2）基本原则

生态优先，和谐共存。严守底线思维，强化红线意识，执行最严格的生态保护措施，项目建设不涉及自然保护地等环境制约因素，不涉及生态保护红线，做到抽水蓄能与生态环境保护协调发展。

区域协调，合理布局。统筹电力系统需求与资源条件，考虑更大范围内资源优化配置，合理布局抽水蓄能电站，在满足本省（自治区、直辖市）需求的基础上，实现区域抽水蓄能协调发展。

成熟先行，超前储备。加快建成一批建设条件好、前期工作深、综合效益优的抽水蓄能电站，重点实施系统调峰需求迫切、促进风光规模化开发与消纳作用大的抽水蓄能项目。 全面开展抽水蓄能站址资源深化分析论证工作，做好项目储备。

因地制宜，创新发展。探索创新抽水蓄能发展方式，鼓励在环境可行、工程安全的前提下，利用梯级水库电站建设混合式抽水蓄能电站，探索结合矿坑治理建设抽水蓄能电站等形式，因地制宜建设中小型抽水蓄能电站，探索小微型抽水蓄能建设新模式。

4. 发展目标

到 2025 年，抽水蓄能投产总规模 6200 万 kW 以上；到 2030 年，投产总规模 1.2 亿 kW 左右；到 2035 年，形成满足新能源高比例大规模发展需求的，技术先进、管理优质、国际竞争力强的抽水蓄能现代化产业，培育形成一批抽水蓄能大型骨干企业。

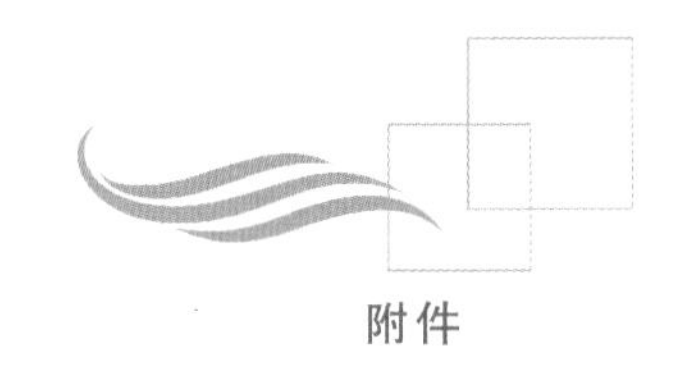

5. 重点任务

（1）做好资源站点保护

加强与自然资源、生态环境、林草、水利等部门沟通协调，做好与生态保护红线划定及相关规划工作的衔接，在符合生态环境保护要求的前提下，为抽水蓄能预留发展空间。加强对储备项目站址资源的保护工作。

（2）积极推进在建项目建设

——加强工程建设管理。严格执行基本建设程序，在确保工程质量和施工安全的条件下，积极推进河北丰宁、山东文登、辽宁清原等在建抽水蓄能电站建设，如期实现投产运行。加快推进已核准抽水蓄能电站的开工建设。

——推动智能化建造。充分利用物联网、云计算和大数据等手段，推动抽水蓄能电站工程设计、建造和管理数字化、网络化、智能化。充分发挥科技创新、管理创新、先进建造技术示范推广等引领和支撑作用，建设高质量工程。

——妥善做好环境保护和移民安置工作。全面贯彻绿色施工理念，减少施工过程可能给环境带来的不利影响。妥善做好建设征地移民安置工作，推动移民收益与电站开发利益共享，提高移民后续发展能力，促进经济社会高质量发展。

（3）加快新建项目开工建设

——加强项目优化布局。统筹新能源为主体的新型电力系统安全稳定运行、高比例可再生能源发展、多能互补综合能源基地建设和大规模远距离输电需求，结合站点资源条件，在满足本省（自治区、直辖市）电力系统需求的同时，统筹考虑省际间、区域内的资源优化配置，合理布局抽水蓄能电站。重点布局一批对系统安全保障作用强、对新能源规模化发展促进作用大、经济指标相对优越的抽水蓄能电站。

兼顾京津冀一体化以及蒙东区域新能源发展和电力系统需要，华北地区重点布局在河北、山东等省；服务新能源大规模发展需要，东北地区重点布局在辽宁、黑龙江、吉林等省；服务核电和新能源大规模发展，以及接受区外电力需要，华东地区重点布局在浙江、安徽等省，南方地区重点布局在广东和广西；服务中部城市群经济建设发展需要，华中地区重点布局在河南、湖南、湖北等省；服务新能源大规模发展和电力外送需要，重点围绕新能源基地及负荷中心合理布局，重点布局在“三北”地区。中长期规划布局重点实施项目 340 个，总装机容量约 4.21 亿 kW。

——加强研究工作。鼓励高等院校、科研院所、设计单位、建设和运行单位围绕抽水蓄能电站促进新能源开发、支撑多能互补清洁能源基地建设、新型电力系统、电力市场竞争机制等方面开展深入研究工作，加大涉及工程建设和工程装备制造的重大技术问题研究，为加快抽水蓄能建设提供技术支持。

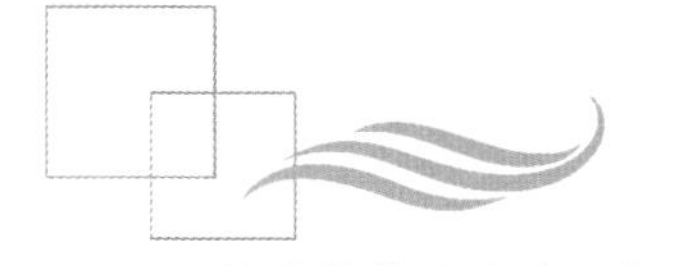

——加快项目开工进程。严格基本建设程序管理，按照规程规范要求做好项目勘测设计工作，落实各项建设条件，加大资金支持和资源保障力度，加快项目核准建设。

（4）加强规划站点储备和管理

根据各省（自治区、直辖市）开展的规划需求成果，综合考虑系统需求和项目建设条件等因素，本次中长期规划提出抽水蓄能储备项目 247 个，总装机规模约 3.05 亿 kW。

在已有工作基础上，各省（自治区、直辖市）不断滚动开展抽水蓄能站点资源普查和项目储备工作，综合考虑地形地质等建设条件和环境保护要求，开展规划储备项目调整工作。加强协调，合理合规地推动规划项目布局与生态保护红线协调衔接，为纳入规划重点实施项目、加快项目实施创造条件。

（5）因地制宜开展中小型抽水蓄能建设

发挥中小型抽水蓄能站点资源丰富、布局灵活、距离负荷中心近、与分布式新能源紧密结合等优势，在湖北、浙江、江西、广东等资源较好的省（自治区、直辖市），结合当地电力发展和新能源发展需求，因地制宜规划建设中小型抽水蓄能电站。探索与分布式发电等结合的小微型抽水蓄能技术研发和示范建设，简化管理，提高效率。

（6）探索推进水电梯级融合改造

开展水电梯级融合改造潜力评估工作，鼓励依托常规水电站增建混合式抽水蓄能，加强环境影响评价。发展重点为中东部地区梯级水电，综合考虑梯级综合利用要求、工程建设条件和社会环境因素等，推进示范项目建设并适时推广。

（7）加强科技和装备创新

——创新工程建设技术。发挥创新引领作用，坚持技术创新与工程应用相结合，鼓励和推广新技术、新工艺、新设备和新材料的应用，提高工艺水平，降低工程造价，确保工程安全和质量。重点围绕大型地下洞室群智能化机械化施工、复杂地形地质条件下筑坝成库与渗流控制等开展重大技术攻关。利用物联网、云计算和大数据等技术，推动抽水蓄能设计、建造和管理的数字化、智能化。

——增强装备制造能力。坚持自主创新为主，增强机电设备设计制造能力。重点攻关超高水头大容量蓄能机组、大容量变速机组设计制造自主化，并进一步提升励磁、调速器、变频装置等辅机设备国产化水平。

（8）建立行业监测体系

制定抽水蓄能电站综合监测技术导则，研究建立监测指标体系，建立具备实时监测、巡视检查、项目对标、信息共享、监督管理等功能的全国抽水蓄能电站智能综合监测平台。建立监测信息公开机制，定期发布电站运行情况，按年度发布抽水蓄能发展报告。

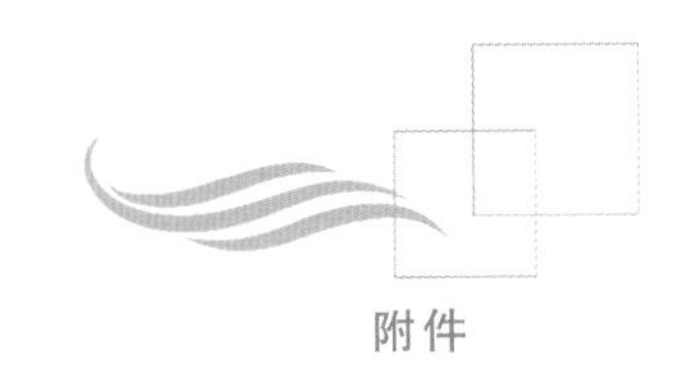

6. 环境影响和综合效益分析

（1）环境影响初步分析

抽水蓄能电站是生态环境友好型工程，中长期规划实施支持新能源大规模发展和消纳利用，减少化石能源消耗，降低二氧化碳、二氧化硫和氮氧化物的排放，有利于应对气候变化和生态环境保护。

规划编制过程中坚持生态优先、绿色发展理念，结合区域资源环境承载能力，识别项目环境敏感因素，纳入规划的重点实施项目不涉及生态保护红线等环境制约因素。

规划项目实施过程可能存在的对大气环境、水环境、声环境等不良环境影响，可通过相关工程措施、管理措施和技术手段等进行预防和减缓。

（2）综合效益分析

抽水蓄能电站建设和运行，将增加地方税收、改善基础设施、拉动就业、巩固脱贫攻坚成果，促进地方经济社会可持续发展。

抽水蓄能电站启停迅速、跟踪负荷能力强，对系统负荷的急剧变化做出快速反应，保障新型电力系统安全稳定运行。抽水蓄能电站配合新能源运行，平抑新能源出力的波动性、随机性，减少对电网的不利影响，促进新能源大规模开发消纳。

7. 保障措施

（1）加强规划指导作用

发挥中长期规划对抽水蓄能发展的指导作用，加强与能源规划、可再生能源规划、电力规划等的衔接。建立规划实施评估机制，加强对抽水蓄能电站规划建设的评估评价。各省（自治区、直辖市）能源主管部门落实中长期规划要求，组织实施本省（自治区、直辖市）抽水蓄能项目建设，落实区域“三线一单”生态环境分区管控要求，保障规划落实。

（2）制定规划实施方案

各省（自治区、直辖市）能源主管部门根据中长期规划，结合本地区实际情况，统筹电力系统需求、新能源发展等，制定本地区抽水蓄能中长期规划实施方案，细化分解五年发展目标，提出每一年度的开工规模、项目核准开工时序等。

（3）加强规划滚动调整

建立规划滚动调整机制，及时调整重点实施项目，根据项目前期工作进展，各省（自治区、直辖市）可对规划期内重点实施项目进行微调。各省（自治区、直辖市）能源主管部门加强抽水蓄能站点资源普查、站点储备和项目研究论证工作，对于储备项目

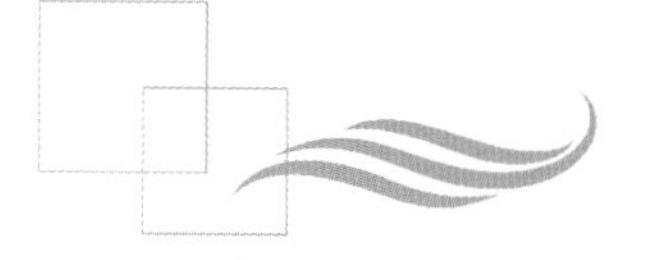

在协调与生态保护红线的衔接避让之后，提出调整纳入规划重点实施项目的建议。具备条件的项目以复函形式及时纳入规划重点实施项目。

（4）加强行业管理

加强工程技术的科研攻关能力，优化工程设计，发挥中介机构的咨询指导和行业技术管理单位作用，提高项目前期勘测设计工作质量。加强项目建设管理，严格执行基本建设程序，强化质量监督和安全监管。研究简化储能新技术示范项目审批程序。依托抽水蓄能监测平台，及时发布行业信息。建立行业标杆体系，提升行业发展水平和竞争力。项目主管部门采取在线监测、现场核查等方式加强项目监管。

（5）促进市场化发展

进一步完善相关政策，稳妥推进以招标、市场竞价等方式确定抽水蓄能电站项目投资主体，支持核蓄一体化、风光蓄多能互补基地等新业态发展，鼓励社会资本投资建设抽水蓄能。加快确立抽水蓄能电站独立市场主体地位，推动电站平等参与电力中长期交易、现货市场交易、辅助服务市场或辅助服务补偿机制，促进抽水蓄能可持续健康发展。

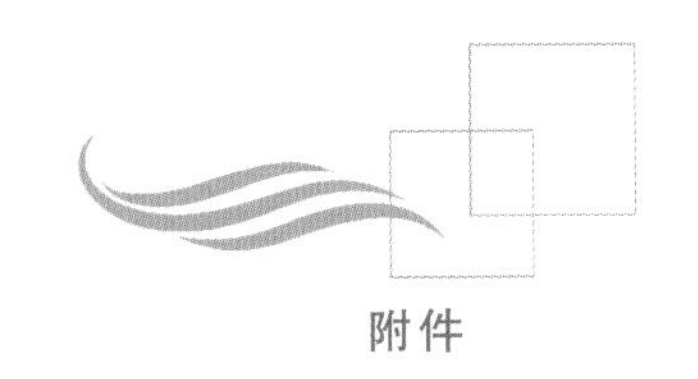

附件 4　抽水蓄能相关规范目录

序号	标准编号	标　准　名　称
1	GB 10892—2005	固定的空气压缩机安全规则和操作规程
2	GB 12021.3—2010	房间空气调节器能效限定值及能效等级
3	GB 12158—2006	防止静电事故通用导则
4	GB 12265.3—1997	机械安全避免人体各部位挤压的最小间距
5	GB 12348—2008	工业企业厂界环境噪声排放标准
6	GB 12523—2011	建筑施工场界环境噪声排放标准
7	GB 15618—2018	土壤环境质量　农用地土壤污染风险管控标准(试行)
8	GB 16297—1996	大气污染物综合排放标准
9	GB 18218—2018	危险化学品重大危险源辨识
10	GB 18582—2020	室内装饰装修材料内墙涂料中有害物质限量
11	GB 18588—2001	混凝土外加剂中释放氨的限量
12	GB 18597—2001	危险废物贮存污染控制标准
13	GB 18599—2001	一般工业固体废物贮存、处置场污染控制标准
14	GB 18871—2002	电离辐射防护与辐射源安全基本标准
15	GB 19153—2009	容积式空气压缩机能效限定值及能效等级
16	GB 19576—2004	单元式空气调节机能效限定值及能源效率等级
17	GB 19577—2004	冷水机组能效限定值及能源效率等级
18	GB 19761—2009	通风机能效限定值及能效等级
19	GB 19762—2007	清水离心泵能效限定值及节能评价值
20	GB 20052—2013	三相配电变压器能效限定值及能效等级
21	GB 2589—2008	综合能耗计算通则
22	GB 26164.1—2010	电业安全工作规程　第 1 部分:热力和机械
23	GB 26860—2011	电力安全工作规程　发电厂和变电站电气部分
24	GB 26861—2011	电力安全工作规程　高压试验室部分
25	GB 2811—2019	头部防护　安全帽
26	GB 2893—2008	安全色
27	GB 2894—2008	安全标志及其使用导则
28	GB 3095—2012	环境空气质量标准
29	GB 3096—2008	声环境质量标准

续表

序号	标准编号	标 准 名 称
30	GB 36600—2018	土壤环境质量　建设用地土壤污染风险管控标准(试行)
31	GB 3838—2002	地表水环境质量标准
32	GB 4053. 1—2009	固定式钢梯及平台安全要求　第 1 部分:钢直梯
33	GB 4053. 2—2009	固定式钢梯及平台安全要求　第 2 部分:钢斜梯
34	GB 4053. 3—2009	固定式钢梯及平台安全要求　第 3 部分:工业防护栏及钢平台
35	GB 4387—2008	工业企业厂内铁路、道路运输安全规程
36	GB 50010—2010	混凝土结构设计规范(2015 年版)
37	GB 50011—2010	建筑抗震设计规范
38	GB 50013—2018	室外给水设计标准
39	GB 50014—2006	室外排水设计规范
40	GB 50015—2019	建筑给水排水设计标准
41	GB 50016—2014	建筑设计防火规范
42	GB 50019—2015	工业建筑供暖通风与空气调节设计规范
43	GB 50029—2014	压缩空气站设计规范
44	GB 50034—2013	建筑照明设计标准
45	GB 50052—2009	供配电系统设计规范
46	GB 50054—2011	低压配电设计规范
47	GB 50057—2010	建筑物防雷设计规范
48	GB 50058—2014	爆炸危险环境电力装置设计规范
49	GB 50065—2011	交流电气装置的接地设计规范
50	GB 50084—2017	自动喷水灭火系统设计规范
51	GB 50086—2015	岩土锚杆与喷射混凝土支护工程技术规范
52	GB 50116—2013	火灾自动报警系统设计规范
53	GB 50140—2005	建筑灭火器配置设计规范
54	GB 50148—2010	电气装置安装工程电力变压器、油浸电抗器、互感器施工及验收规范
55	GB 50151—2010	泡沫灭火系统设计规范
56	GB 50174—2008	电子信息系统机房设计规范
57	GB 50174—2017	数据中心设计规范
58	GB 50187—2012	工业企业总平面设计规范
59	GB 50188—2007	镇规划标准
60	GB 50189—2015	公共建筑节能设计标准
61	GB 50199—2013	水利水电工程结构可靠性设计统一标准
62	GB 50201—2014	防洪标准

续表

序号	标准编号	标 准 名 称
63	GB 50217—2018	电力工程电缆设计标准
64	GB 50219—2014	水喷雾灭火系统设计规范
65	GB 50222—2017	建筑内部装修设计防火规范
66	GB 50260—2013	电力设施抗震设计规范
67	GB 50287—2016	水力发电工程地质勘察规范
68	GB 50290—2014	土工合成材料应用技术规范
69	GB 50325—2010	民用建筑工程室内环境污染控制规范
70	GB 50343—2012	建筑物电子信息系统防雷技术规范
71	GB 50348—2018	安全防范工程技术规范
72	GB 50365—2019	空调通风系统运行管理规范
73	GB 50370—2005	气体灭火系统设计规范
74	GB 50433—2018	生产建设项目水土保持技术标准
75	GB 50434—2008	开发建设项目水土流失防治标准
76	GB 50515—2010	导(防)静电地面设计规范
77	GB 50555—2010	民用建筑节水设计标准
78	GB 50706—2011	水利水电工程劳动安全与工业卫生设计规范
79	GB 5083—1999	生产设备安全卫生设计总则
80	GB 5084—2005	农田灌溉水质标准
81	GB 50872—2014	水电工程设计防火规范
82	GB 50898—2013	细水雾灭火系统技术规范
83	GB 50974—2014	消防给水及消火栓系统技术规范
84	GB 51158—2015	通信线路工程设计规范
85	GB 51309—2018	消防应急照明和疏散指示系统技术标准
86	GB 5749—2006	生活饮用水卫生标准
87	GB 5768. 1—2009	道路交通标志和标线　第 1 部分:总则
88	GB 5768. 2—2009	道路交通标志和标线　第 2 部分:道路交通标志
89	GB 5768. 3—2009	道路交通标志和标线　第 3 部分:道路交通标线
90	GB 6067. 1—2010	起重机械安全规程　第 1 部分:总则
91	GB 6441—1986	企业职工伤亡事故分类
92	GB 6566—2010	建筑材料放射性核素限量
93	GB 6722—2014	爆破安全规程
94	GB 7144—2016	气瓶颜色标志
95	GB 8702—2014	电磁环境控制限值

续表

序号	标准编号	标 准 名 称
96	GB 8978—1996	污水综合排放标准
97	GB/ 50288—2018	灌溉与排水工程设计规范
98	GB/T 12801—2008	生产过程安全卫生要求总则
99	GB/T 13234—2009	企业节能量计算方法
100	GB/T 13861—2009	生产过程危险和有害因素分类与代码
101	GB/T 13869—2008	用电安全导则
102	GB/T 14285—2006	继电保护和安全自动装置技术规程
103	GB/T 15316—2009	节能监测技术通则
104	GB/T 15468—2006	水轮机基本技术条件
105	GB/T 15772—2008	水土保持综合治理规划通则
106	GB/T 16146—2015	氡及其子体控制标准
107	GB/T 16453. 1～6—2008	水土保持综合治理技术规范
108	GB/T 17468—2019	电力变压器选用导则
109	GB/T 17986. 1—2000	房产测量规范
110	GB/T 18482—2010	可逆式抽水蓄能机组启动试运行规程
111	GB/T 18613—2012	中小型三相异步电动机能效限定值及能效等级
112	GB/T 18920—2020	城市污水再生利用　城市杂用水水质
113	GB/T 19666—2019	阻燃和耐火电线电缆或光缆通则
114	GB/T 20834—2014	发电/电动机基本技术条件
115	GB/T 21010—2017	土地利用现状分类
116	GB/T 22385—2008	大坝安全监测系统验收规范
117	GB/T 25295—2010	电气设备安全设计导则
118	GB/T 26424—2010	森林资源规划设计调查技术规程
119	GB/T 28001—2011	职业健康安全管理体系要求
120	GB/T 28002—2011	职业健康安全管理体系实施指南
121	GB/T 2893. 1—2013	图形符号安全色和安全标志　第 1 部分:安全标志和安全标记的设计原则
122	GB/T 29639—2013	生产经营单位安全生产事故应急预案编制导则
123	GB/T 32506—2016	抽水蓄能机组励磁系统运行检修规程
124	GB/T 32510—2016	抽水蓄能电厂标识系统(KKS)编码导则
125	GB/T 32574—2016	抽水蓄能电站检修导则
126	GB/T 32576—2016	抽水蓄能电站厂用电继电保护整定计算导则
127	GB/T 32594—2016	抽水蓄能电站保安电源技术导则
128	GB/T 32894—2016	抽水蓄能机组工况转换技术导则

续表

序号	标准编号	标准名称
129	GB/T 32898—2016	抽水蓄能发电电动机变压器组继电保护配置导则
130	GB/T 32899—2016	抽水蓄能机组静止变频启动装置试验规程
131	GB/T 33000—2016	企业安全生产标准化基本规范
132	GB/T 3608—2008	高处作业分级
133	GB/T 36550—2018	抽水蓄能电站基本名词术语
134	GB/T 4200—2008	高温作业分级
135	GB/T 51224—2017	乡村道路工程技术规范
136	GB/T 7894—2009	水轮发电机基本技术条件
137	GB/T 8196—2018	机械安全防护装置固定式和活动式防护装置的设计与制造一般要求
138	GB/T 8564—2003	水轮发电机组安装技术规范
139	GB/T 8905—2012	六氟化硫电气设备中气体管理和检测导则
140	GB/T 9652.2—2019	水轮机调速系统试验
141	GB/T 50033—2013	建筑采光设计标准
142	DL 5027—2015	电力设备典型消防规程
143	DL 5077—1997	水工建筑物荷载设计规范
144	DL 5162—2013	水电水利工程施工安全防护设施技术规范
145	DL 5180—2003	水电枢纽工程等级划分及设计安全标准
146	DL 5334—2016	电力工程勘测安全技术规程
147	DL/T 1004—2018	电力企业管理体系整合导则
148	DL/T 1006—2006	架空输电线路巡检系统
149	DL/T 1009—2016	水电厂计算机监控系统运行及维护规程
150	DL/T 1013—2018	大中型水轮发电机微机励磁调节器试验导则
151	DL/T 1049—2007	发电机励磁系统技术监督规程
152	DL/T 1054—2007	高压电气设备绝缘技术监督规程
153	DL/T 1055—2007	发电厂汽轮机、水轮机技术监督导则
154	DL/T 1166—2012	大型发电机励磁系统现场试验导则
155	DL/T 1168—2012	高压直流输电系统保护运行评价规程
156	DL/T 1174—2012	抽水蓄能电站无人值班技术规范
157	DL/T 1197—2012	水轮发电机组状态在线监测系统技术条件
158	DL/T 1225—2013	抽水蓄能电站生产准备导则
159	DL/T 1302—2013	抽水蓄能机组静止变频装置运行规程
160	DL/T 1303—2013	抽水蓄能发电电动机出口断路器运行规程
161	DL/T 1770—2017	抽水蓄能电站输水系统充排水技术规程

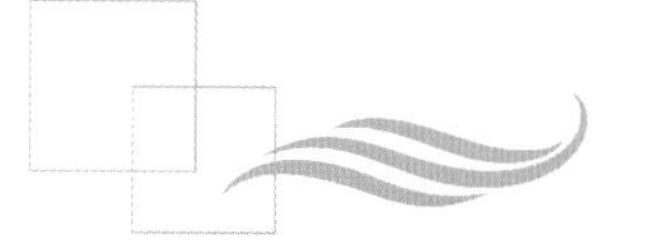

续表

序号	标准编号	标 准 名 称
162	DL/T 1819—2018	抽水蓄能电站静止变频装置技术条件
163	DL/T 1904—2018	可逆式抽水蓄能机组振动保护技术导则
164	DL/T 2018—2019	抽水蓄能发电电动机变压器组继电保护装置技术条件
165	DL/T 2019—2019	抽水蓄能电站厂用电系统运行检修规程
166	DL/T 2021—2019	抽水蓄能机组设备监造导则
167	DL/T 2289—2021	抽水蓄能电站计算机监控系统试验验收规程
168	DL/T 2290—2021	抽水蓄能电站自动发电控制/自动电压控制技术规范
169	DL/T 2380—2021	抽水蓄能电站发电电动机变压器组继电保护整定计算技术规范
170	DL/T 2396—2021	抽水蓄能机组非电气量保护系统技术导则
171	DL/T 2425—2021	抽水蓄能电站水库运行管理规范
172	DL/T 2431—2021	抽水蓄能电站过渡过程试验技术导则
173	DL/T 293—2011	抽水蓄能可逆式水泵水轮机运行规程
174	DL/T 295—2011	抽水蓄能机组自动控制系统技术条件
175	DL/T 305—2012	抽水蓄能可逆式发电电动机运行规程
176	DL/T 454—2005	水利电力建设用起重机检验规程
177	DL/T 5016—2011	混凝土面板堆石坝设计规范
178	DL/T 5017—2007	水电水利工程压力钢管制造安装及验收规范
179	DL/T 5020—2007	水电工程可行性研究报告编制规程
180	DL/T 5044—2014	电力工程直流系统设计技术规程
181	DL/T 5057—2009	水工混凝土结构设计规范
182	DL/T 5064—2007	水电工程建设征地移民安置规划设计规范
183	DL/T 507—2014	水轮发电机组启动试验规程
184	DL/T 5079—2007	水电站引水渠道及前池设计规范
185	DL/T 5099—2011	水工建筑物地下工程开挖施工技术规范
186	DL/T 5111—2012	水电水利工程施工监理规范
187	DL/T 5115—2016	混凝土面板堆石坝接缝止水技术规范
188	DL/T 5118—2010	农村电力网规划设计导则
189	DL/T 5135—2013	水电水利工程爆破施工技术规范
190	DL/T 5137—2001	电测量及电能计量装置设计技术规程
191	DL/T 5143—2018	变电站和换流站给水排水设计规程
192	DL/T 5144—2015	水工混凝土施工规范
193	DL/T 5148—2021	水工建筑物水泥灌浆施工技术规范
194	DL/T 5151—2017	水工混凝土砂石骨料试验规程

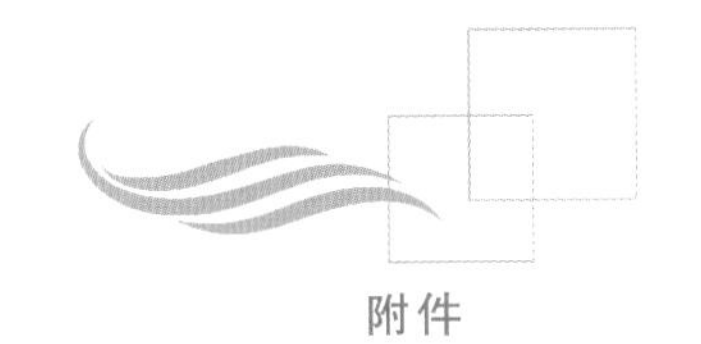

续表

序号	标准编号	标 准 名 称
195	DL/T 5176—2003	水电工程预应力锚固设计规范
196	DL/T 5181—2017	水电水利工程锚喷支护施工规范
197	DL/T 5186—2004	水力发电厂机电设计规范
198	DL/T 5207—2005	水工建筑物抗冲磨防空蚀混凝土技术规范
199	DL/T 5208—2018	抽水蓄能电站设计导则
200	DL/T 5211—2019	大坝安全监测自动化技术规范
201	DL/T 5213—2017	水电水利工程钻孔抽水试验规程
202	DL/T 5215—2005	水工建筑物止水带技术规范
203	DL/T 5218—2012	220kV～750kV 变电所设计技术规程
204	DL/T 5219—2014	架空送电线路基础设计技术规定
205	DL/T 5220—2005	10kV 及以下架空配电线路设计技术规程
206	DL/T 5222—2005	导体和电器选择设计技术规定
207	DL/T 5228—2005	水力发电厂 110kV～500kV 电力电缆工程施工设计规范
208	DL/T 5243—2010	水电水利工程场内施工道路技术规范
209	DL/T 5255—2010	水电水利工程边坡施工技术规范
210	DL/T 5331—2005	水电水利工程钻孔压水试验规程
211	DL/T 5333—2005	水电水利工程爆破安全监测规程
212	DL/T 5337—2006	水电水利工程边坡工程地质勘察技术规程
213	DL/T 5352—2018	高压配电装置设计规范
214	DL/T 5358—2006	水电水利工程金属结构设备防腐蚀技术规程
215	DL/T 5360—2006	水电水利工程溃坝洪水模拟技术规程
216	DL/T 5368—2007	水电水利工程岩石试验规程
217	DL/T 5370—2017	水电水利工程施工通用安全技术规程
218	DL/T 5372—2017	水电水利工程金属结构与机电设备安装安全技术规程
219	DL/T 5378—2007	水电工程农村移民安置规划设计规范
220	DL/T 5379—2007	水电工程移民专业项目规划设计规范
221	DL/T 5381—2007	水电工程水库库底清理设计规范
222	DL/T 5382—2007	水电工程建设征地移民安置补偿费用概(估)算编制规范
223	DL/T 5385—2007	大坝安全监测系统施工监理规范
224	DL/T 5388—2007	水电水利工程天然建筑材料勘察规程
225	DL/T 5389—2007	水工建筑物岩石基础开挖工程施工技术规范
226	DL/T 5395—2007	碾压式土石坝设计规范
227	DL/T 5398—2007	水电站进水口设计规范

续表

序号	标准编号	标 准 名 称
228	DL/T 5401—2007	水力发电厂电气试验设备配置导则
229	DL/T 5411—2009	土石坝沥青混凝土面板和心墙设计规范
230	DL/T 5412—2009	水力发电厂火灾自动报警系统设计规范
231	DL/T 5419—2009	水电建设项目水土保持方案技术规范
232	DL/T 5457—2012	变电站建筑结构设计技术规程
233	DL/T 563—2016	水轮机电液调节系统及装置技术规程
234	DL/T 595—2016	六氟化硫电气设备气体监督导则
235	DL/T 692—2018	电力行业紧急救护技术规范
236	DL/T 723—2000	电力系统安全稳定控制技术导则
237	DL/T 724—2000	电力系统用蓄电池直流电源装置运行与维护技术规程
238	DL/T 751—2014	水轮发电机运行规程
239	DL/T 792—2013	水轮机调节系统及装置运行与检修规程
240	DL/T 793. 4—2019	发电设备可靠性评价规程　第 4 部分:抽水蓄能机组
241	DL/T 822—2012	水电厂计算机监控系统试验验收规程
242	DL/T 835—2003	水工钢闸门和启闭机安全检测技术规程
243	DL/T 946—2005	水利电力建设用起重机
244	DL/T 949—2005	水工建筑物塑性嵌缝密封材料技术标准
245	NB 10341. 1～3—2019	水电工程启闭机设计规范(第 1 部分～第 3 部分)
246	NB 35047—2015	水电工程水工建筑物抗震设计规范
247	NB 35055—2015	水电工程钢闸门设计规范
248	NB 35057—2015	水电工程防震抗震设计规范
249	NB 35074—2015	水电工程劳动安全与工业卫生设计规范
250	NB/T 10072—2018	抽水蓄能电站设计规范
251	NB/T 10073—2018	抽水蓄能电站工程地质勘察规程
252	NB/T 10102—2018	水电工程建设征地实物指标调查规范
253	NB/T 10131—2019	水电工程水库区工程地质勘察规程
254	NB/T 10135—2019	大中型水轮机基本技术规范
255	NB/T 10139—2019	水电工程泥石流勘察与防治设计规程
256	NB/T 10333—2019	水电工程场内交通道路设计规范
257	NB/T 10337—2019	水电工程预可行性研究报告编制规程
258	NB/T 10338—2019	水电工程建设征地处理范围界定规范
259	NB/T 10342—2019	水电站调节保证设计导则
260	NB/T 10391—2020	水工隧洞设计规范

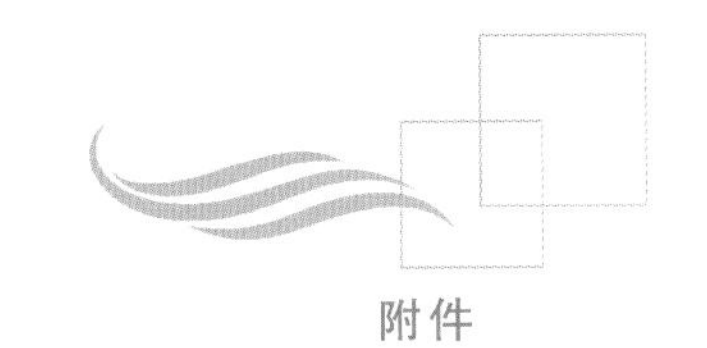

续表

序号	标准编号	标 准 名 称
261	NB/T 10491—2021	水电工程施工组织设计规范
262	NB/T 10512—2021	水电水利工程边坡设计规范
263	NB/T 10867—2021	溢洪道设计规范
264	NB/T 35004—2013	水力发电厂自动化设计技术规范
265	NB/T 35008—2013	水力发电厂照明设计规范
266	NB/T 35009—2013	抽水蓄能电站选点规划编制规范
267	NB/T 35010—2013	水力发电厂继电保护设计规范
268	NB/T 35011—2016	水电站厂房设计规范
269	NB/T 35015—2013	水电工程安全预评价报告编制规程
270	NB/T 35021—2014	水电站调压室设计规范
271	NB/T 35022—2014	水电工程节能降耗分析设计导则
272	NB/T 35026—2014	混凝土重力坝设计规范
273	NB/T 35031—2014	水电工程安全监测系统专项投资编制细则
274	NB/T 35033—2014	水电工程环境保护专项投资编制细则
275	NB/T 35035—2014	水力发电厂水力机械辅助设备系统设计技术规定
276	NB/T 35040—2014	水力发电厂供暖通风与空气调节设计规范
277	NB/T 35041—2014	水电工程施工导流设计规范
278	NB/T 35044—2014	水力发电厂厂用电设计规程
279	NB/T 35045—2014	水电工程钢闸门制造安装及验收规程
280	NB/T 35049—2015	水电工程泥沙设计规范
281	NB/T 35050—2015	水力发电厂接地设计技术导则
282	NB/T 35051—2015	水电工程启闭机制造安装及验收规范
283	NB/T 35056—2015	水电站压力钢管设计规范
284	NB/T 35061—2015	水电工程动能设计规范
285	NB/T 35067—2015	水力发电厂过电压保护和绝缘配合设计技术导则
286	NB/T 35069—2015	水电工程建设征地移民安置规划大纲编制规程
287	NB/T 35070—2015	水电工程建设征地移民安置规划报告编制规程
288	NB/T 35071—2015	抽水蓄能电站水能规划设计规范
289	NB/T 35072—2015	水电工程水土保持专项投资编制细则
290	NB/T 35075—2015	水电工程项目编号及产品文件管理规定
291	NB/T 35076—2016	水力发电厂二次接线设计规范
292	NB/T 35085—2016	水电工程移民安置区地质勘察规程
293	NB/T 35091—2016	水电工程生态流量计算规范

续表

序号	标准编号	标 准 名 称
294	NB/T 35098—2017	水电工程区域构造稳定性勘察规程
295	NB/T 35108—2018	气体绝缘金属封闭开关设备配电装置设计规范
296	NB/T 35113—2018	水电工程钻孔压水试验规程
297	NB/T 35120—2018	水电工程施工总布置设计规范
298	NB/T 10073—2018	抽水蓄能电站工程地质勘察规程
299	SL 190—2007	土壤侵蚀分类分级标准
300	SL 197—2013	水利水电工程测量规范
301	SL 253—2018	溢洪道设计规范
302	SL 279—2016	水工隧洞设计规范
303	SL 310—2019	村镇供水工程技术规范
304	SL 314—2018	碾压混凝土坝设计规范
305	SL 321—2005	大中型水轮发电机基本技术条件
306	SL 379—2007	水工挡土墙设计规范
307	SL 744—2016	水工建筑物荷载设计规范
308	HJ 169—2018	建设项目环境风险评价技术导则
309	HJ 19—2011	环境影响评价技术导则　生态影响
310	HJ 2. 1—2016	建设项目环境影响评价技术导则　总纲
311	HJ 2. 2—2018	环境影响评价技术导则　大气环境
312	HJ 2. 3—2018	环境影响评价技术导则　地表水环境
313	HJ 2. 4—2009	环境影响评价技术导则　声环境
314	HJ 24—2014	环境影响评价技术导则　输变电工程
315	HJ 610—2016	环境影响评价技术导则　地下水环境
316	HJ 640—2012	环境噪声监测技术规范　城市声环境常规监测
317	HJ 861—2013	交流输变电工程电磁环境监测方法
318	HJ 964—2018	环境影响评价技术导则　土壤环境(试行)
319	HJ/T 164—2004	地下水环境监测技术规范
320	HJ/T 166—2004	土壤环境监测技术规范
321	HJ/T 194—2005	环境空气质量手工监测技术规范
322	HJ/T 88—2003	环境影响评价技术导则　水利电工程
323	HJ/T 91—2002	地表水和污水监测技术规范
324	GBZ 1—2010	工业企业设计卫生标准
325	JGJ 63—2006	混凝土用水标准
326	GBZ 2. 1—2019	工作场所有害因素职业接触限值　第 1 部分:化学有害因素

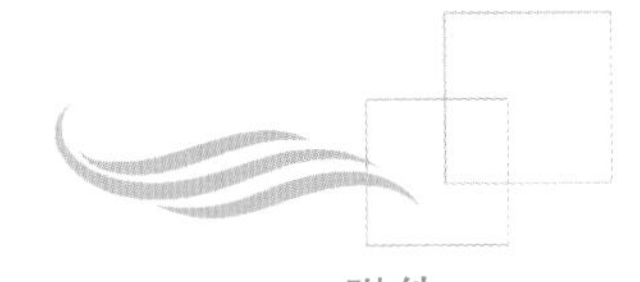

续表

序号	标准编号	标 准 名 称
327	JTG 2111—2019	小交通量农村公路工程技术标准
328	GBZ 2.2—2007	工作场所有害因素职业接触限值　第2部分:物理因素
329	JTG B01—2014	公路工程技术标准
330	JTG D20—2017	公路路线设计规范
331	JTG D30—2015	公路路基设计规范
332	JTG D40—2011	公路水泥混凝土路面设计规范
333	LD 80—1995	噪声作业分级
334	T/CEC 5010—2019	抽水蓄能电站力过渡过程计算分析导则
335	TD 1036—2013	土地复垦质量控制标准
336	TD/T 1008—2007	土地勘测定界规程
337	TD/T 1012—2016	土地整治项目规划设计规范
338	TSG 08—2017	特种设备使用管理规则
339	TSG 21—2016	固定式压力容器安全技术监察规程
340	TSG D00001—2009	压力管道安全技术监察规程——工业管道
341	TSG Q7015—2016	起重机械定期检验规则
342	TSG R7001—2013	压力容器定期检验规则
343	TSG R7002—2009	气瓶型式试验规则
344	TSG RF001—2009	气瓶附件安全技术监察规程
345	TSG Z6001—2013	特种设备作业人员考核规则
346	TSG ZF001—2006	安全阀安全技术监察规程(第1号修改单)
347	YD 5148—2007	架空光(电)缆通信杆路工程设计规范
348	DZ/T 0220—2006	泥石流灾害防治工程勘查规范
349	GA 1089—2013	电力设施治安风险等级和安全防范要求
350	GA 1800.3	电力系统治安反恐防范要求　第3部分:水力发电企业
351	AQ 3009—2007	危险场所电气防爆安全规范
352	AQ 8001—2007	安全评价通则
353	AQ 8002—2007	安全预评价导则
354	AQ/T 9007—2011	生产安全事故应急演练指南
355	AQ/T 9009—2015	生产安全事故应急演练评估规范
356	AQ/T 9011—2019	生产经营单位生产安全事故应急预案评估指南
357	CECS 354:2013	乡村公共服务设施规划标准
358	CJ/T 3020—1993	生活饮用水水源水质标准

附　表

附表 1　　2021 年抽水蓄能项目核准情况

序号	省份	电站名称	装机容量/万 kW	核准机关	核准日期
1	江西	奉新	120	江西省发展和改革委员会	2021-3-4
2	河南	鲁山	120	河南省发展和改革委员会	2021-7-9
3	广西	南宁	120	广西壮族自治区发展和改革委员会	2021-11-12
4	浙江	泰顺	120	浙江省发展和改革委员会	2021-11-25
5	重庆	栗子湾	140	重庆市发展和改革委员会	2021-12-13
6	湖北	平坦原	140	湖北省发展和改革委员会	2021-12-16
7	辽宁	庄河	100	大连市发展和改革委员会	2021-12-20
8	浙江	天台	170	浙江省发展和改革委员会	2021-12-22
9	广东	梅州二期	120	梅州市发展和改革局	2021-12-28
10	黑龙江	尚志	120	黑龙江省发展和改革委员会	2021-12-30
11	宁夏	牛首山	100	宁夏回族自治区发展和改革委员会	2021-12-31
合计			1370		

附表 2　　2021 年抽水蓄能项目投产清单

序号	省份	电站名称	总装机容量/万 kW	投产规模/万 kW	在建规模/万 kW
1	浙江	长龙山	210	105	105
2	吉林	敦化	140	105	35
3	黑龙江	荒沟	120	30	90
4	山东	沂蒙	120	60	60
5	河北	丰宁	360	60	300
6	福建	周宁	120	30	90
7	安徽	绩溪	180	30	0
8	广东	阳江一期	120	40	80
9	广东	梅州一期	120	30	90
合计				490	850

附表 3　　抽水蓄能重要文件

序号	类别	发文单位	文件名	文号
1	行业发展	国务院	关于创新重点领域投融资机制鼓励社会投资的指导意见	国发〔2014〕60 号
2		国家能源局	关于加强水电建设管理的通知	国能新能〔2011〕156 号

续表

序号	类别	发文单位	文件名	文号
3	行业发展	国家能源局	关于促进水电健康有序发展有关要求的通知	国能新能〔2013〕155号
4	行业发展	国家发展改革委	关于促进抽水蓄能电站健康有序发展有关问题的意见	发改能源〔2014〕2482号
5	行业发展	国家能源局	关于鼓励社会资本投资水电站的指导意见	国能新能〔2015〕8号
6	行业发展	国家能源局	关于印发抽水蓄能电站选点规划技术依据的通知	国能新能〔2017〕60号
7	行业发展	国家能源局	关于发布海水抽水蓄能电站资源普查成果的通知	国能新能〔2017〕68号
8	行业发展	国家能源局	关于印发《抽水蓄能中长期发展规划(2021—2035)》的通知	
9	行业发展	国家能源局综合司	关于落实抽水蓄能电站选点规划进一步做好抽水蓄能电站规划建设工作的通知	国能综新能〔2014〕699号
10	前期工作	国家能源局	关于做好水电建设前期工作有关要求的通知	国能新能〔2012〕77号
11	前期工作	国家能源局	关于印发水电工程勘察设计管理办法和水电工程设计变更管理办法的通知	国能新能〔2011〕361号
12	项目建设	国家能源局	关于进一步做好抽水蓄能电站建设的通知	国能新能(2011)242号
13	项目建设	国家能源局	关于印发水电工程质量监督管理规定和水电工程安全鉴定管理办法的通知	国能新能〔2013〕104号
14	项目建设	国家能源局	关于印发《水电工程验收管理办法》(2015年修订版)的通知	国能新能〔2015〕426号
15	运行管理	国家能源局	关于印发抽水蓄能电站调度运行导则的通知	国能新能〔2013〕318号
16	运行管理	国家能源局	关于加强抽水蓄能电站运行管理工作的通知	国能新能〔2013〕243号
17	价格政策	国家发展改革委	关于完善抽水蓄能电站价格形成机制有关问题的通知	发改价格〔2014〕1763号
18	价格政策	国家发展改革委	关于完善水电上网电价形成机制的通知	发改价格〔2014〕61号
19	价格政策	国家发展改革委	关于进一步完善抽水蓄能价格形成机制的意见	发改价格〔2021〕633号
20	生态环境	生态环境部	关于进一步加强水电建设环境保护工作的通知	环办〔2012〕4号
21	生态环境	生态环境部	关于深化落实水电开发生态环境保护措施的通知	环发〔2014〕65号
22	生态环境	国家能源局综合司	关于在抽水蓄能电站规划建设中落实生态环保有关要求的通知	国能综发新能〔2017〕3号

附　图

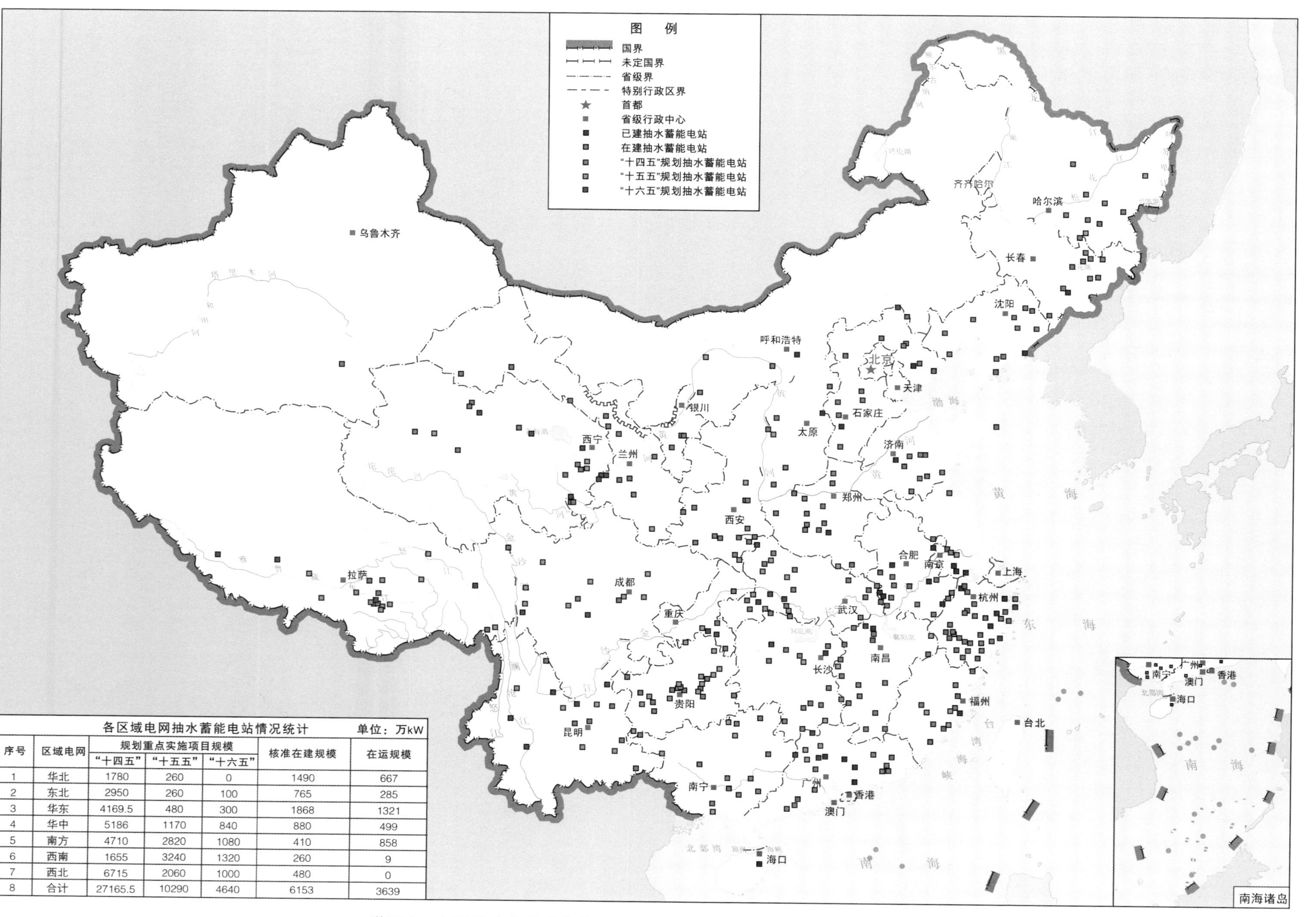

各区域电网抽水蓄能电站情况统计　　单位：万kW

序号	区域电网	规划重点实施项目规模			核准在建规模	在运规模
		“十四五”	“十五五”	“十六五”		
1	华北	1780	260	0	1490	667
2	东北	2950	260	100	765	285
3	华东	4169.5	480	300	1868	1321
4	华中	5186	1170	840	880	499
5	南方	4710	2820	1080	410	858
6	西南	1655	3240	1320	260	9
7	西北	6715	2060	1000	480	0
8	合计	27165.5	10290	4640	6153	3639

附图 1　全国抽水蓄能中长期发展规划重点实施项目分布图（2021 版）

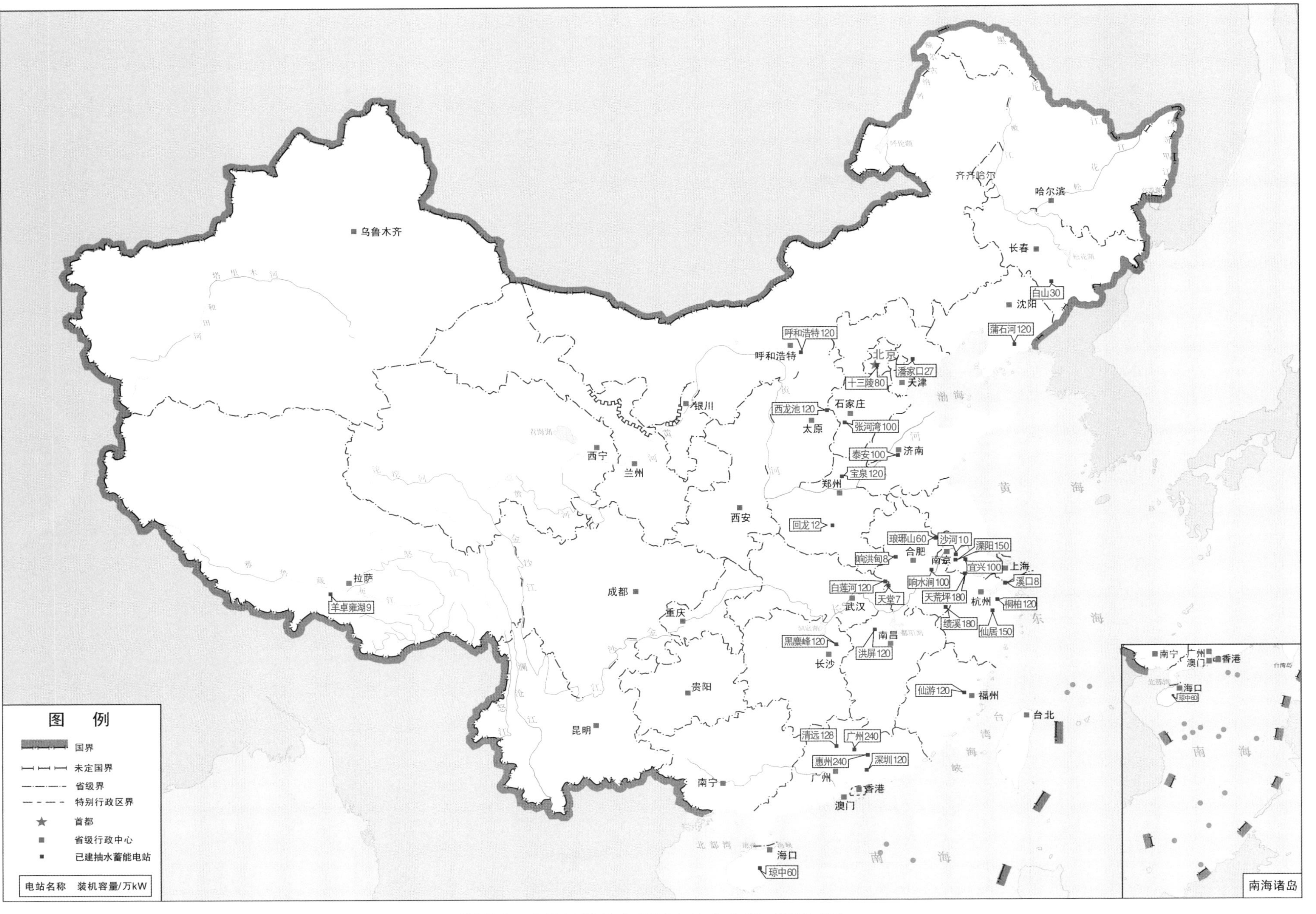

附图 2　全国已建抽水蓄能电站分布图（2021 版）

抽水蓄能行业
重点企业

抽水蓄能业绩

PUMPED STORAGE PROJECT

- 北京院是国内最早从事抽水蓄能研究的技术单位之一，20 世纪 60 年代初，成功设计并建成我国第一座抽水蓄能电站——**河北岗南混合式抽水蓄能电站**，填补了国内抽水蓄能电站建设的空白。

河北岗南混合式抽水蓄能电站

- 70 年代后，北京市拉闸限电频繁，迫切需要调峰电源，北京院勇担历史使命，自主设计了全国首个大型抽水蓄能电站——**北京十三陵抽水蓄能电站**，装机容量 80 万 kW，于 1997 年投产发电，被誉为“点亮北京的最后一根火柴”，开启了国内大型抽水蓄能开发建设的帷幕。

- 60 年间，北京院承担了华北、东北地区，山东、安徽和江苏等省规划选点和 50 余座抽水蓄能电站勘测设计工作，创造了多项世界第一。

吉林敦化抽水蓄能电站

- **吉林敦化抽水蓄能电站** 2021 年首台机组投产发电，装机容量 140 万 kW，首次实现了 700m 级大容量自主化设计制造。

- **河北丰宁抽水蓄能电站** 2021 年首批机组投产发电，总装机容量 360 万 kW，是目前全球装机规模最大的抽水蓄能电站，取得了装机容量、储能能力、地下洞室群规模、地下厂房规模等多项世界第一，实现了抽水蓄能电站首次接入柔性直流电网、国内首次采用大型变速机组、首次系统性攻克复杂地质条件下超大型地下洞室群建造关键技术，树立了国内抽水蓄能建设新丰碑。

河北丰宁抽水蓄能电站

- 北京院承接了国内首个产业链条最全的百万千瓦级抽水蓄能 EPC 总承包项目——**辽宁清原抽水蓄能电站**，装机容量 180 万 kW，创新采用“一级核算、二级管理”模式，发挥设计施工装备产业链一体化优势，在成本管控强、进度管理优、质量管理细、安全管理严、信息化管理全等方面积累了成功经验，成为国内抽水蓄能 EPC 建设模式的行业典范。

- **抚顺西露天矿坑抽水蓄能电站**集矿坑治理和整合利用于一体，打造“抽水蓄能 +”综合利用的典范工程，获得国内多位院士好评。

辽宁清原抽水蓄能电站

展望未来

随着我国步入以“双碳”目标为导向、以构建新型电力系统为路径、以可再生能源高质量发展为核心的新时代，北京院将紧跟国家战略部署，不断加强自身技术创新，推动技术革新，全面培育“抽水蓄能 +”、混合式抽水蓄能、中小型抽水蓄能等新业务，持续高质量引领抽水蓄能行业发展，矢志不渝服务国家能源建设。

中南勘测设计研究院有限公司

ZHONGNAN ENGINEERING CORPORATION LIMITED

ENR中国工程设计企业 **60**强

ENR中国承包商企业 **80**强

中国电建集团中南勘测设计研究院有限公司（以下简称“中南院”）现为国内乃至世界技术实力最强、经验最丰富的抽水蓄能勘测设计企业之一。20 世纪 80 年代中期，中南院即开始从事抽水蓄能规划设计研究工作，现有抽水蓄能从业人员近 3000 人。中南院累计规划抽水蓄能电站装机规模达到 25000 万 kW，负责勘察设计的抽水蓄能电站装机规模超过 5000 万 kW，其中：已投产电站 5 座，总装机容量 457 万 kW；在建 10 座，总装机容量 1270 万 kW。

数字赋能

抽水蓄能智能选点规划设计系统

广 自动大范围广谱搜索

准 智能选址准确率超过95%

快 工作效率提升近10倍

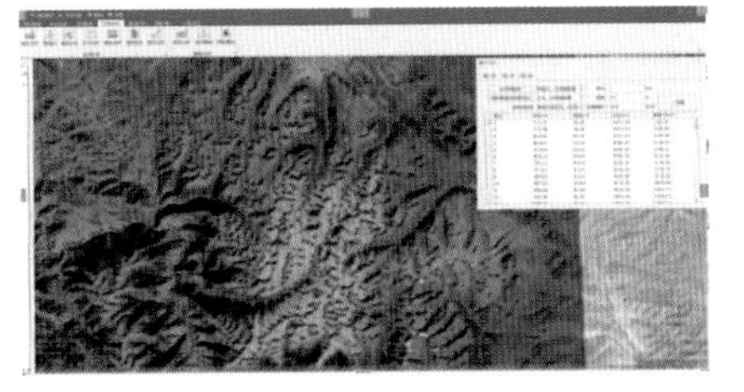

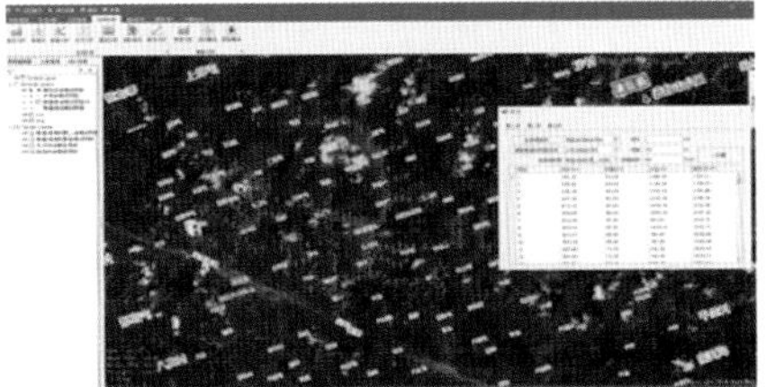

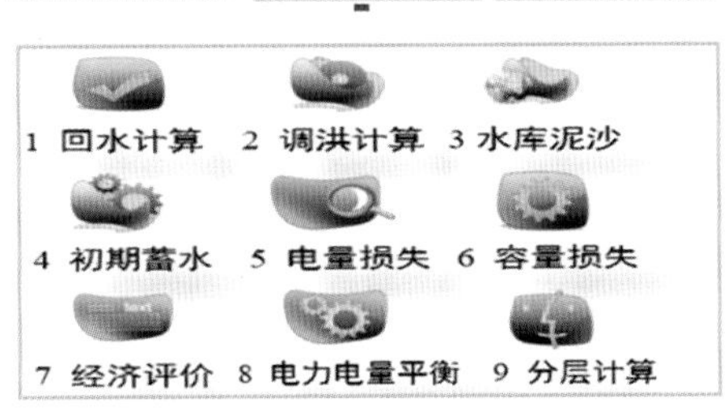

抽水蓄能全流程设计系统

成果亮点：参数化设计、数字化计算、智能化出图，打通抽蓄数字设计各环节，解放生产力，设计效率及设计质量大幅提升。

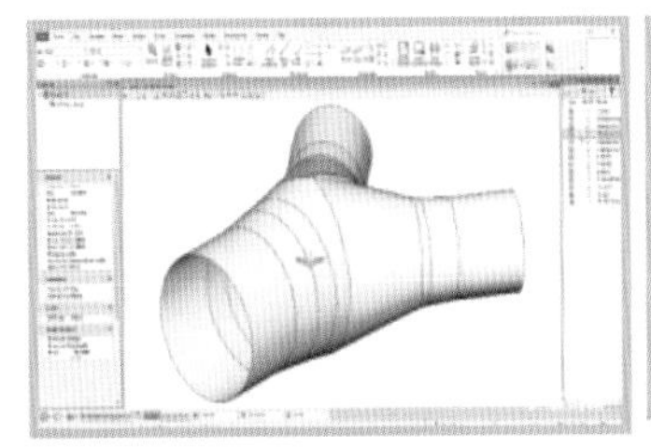

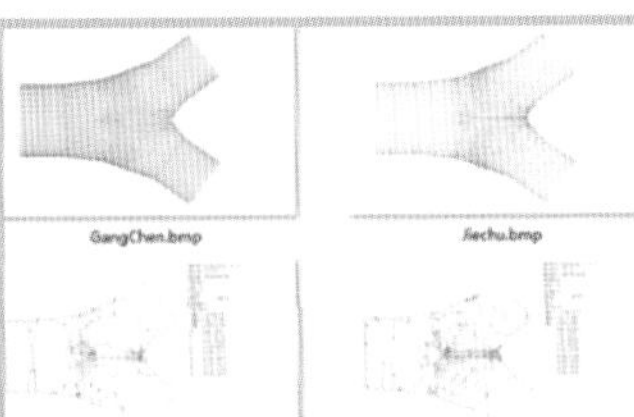

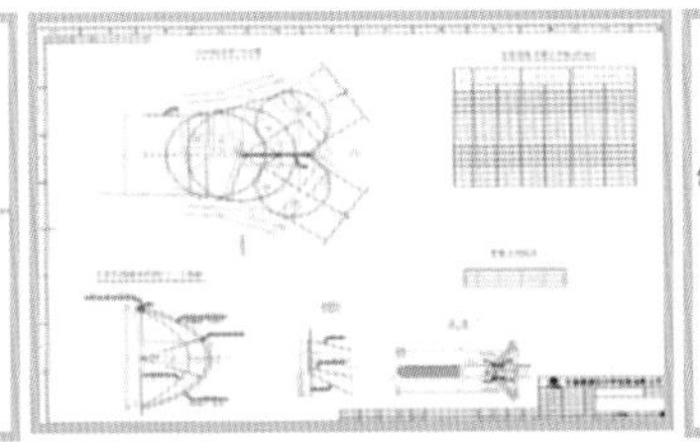

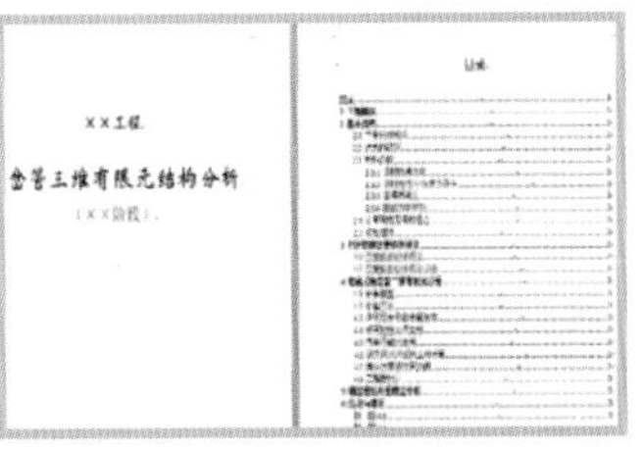

典型业绩

溧阳抽水蓄能电站 国家优质工程金奖

- 位于江苏省溧阳市境内
- 装机容量 1500MW
- 中国第四大抽水蓄能电站

工程地质条件复杂程度国内之最，上水库进出水口规模国内之最，上水库全开挖独立形成水库，采用全库盆防渗方式，国内抽水蓄能电站工程中首次创新性提出膜下“三维复合排水网薄层细砂”的结构型式。

黑麋峰抽水蓄能电站 中国建设工程鲁班奖

- 位于湖南省长沙市望城区内
- 装机容量 1200MW
- 湖南省首个抽水蓄能电站

单条引水斜井长度为同期国内之最；首次将钢筋混凝土岔管成功应用于 IV 类围岩。

白莲河抽水蓄能电站 国家优质工程奖

- 位于湖北省黄冈市罗田县境内
- 装机容量 1200MW
- 湖北省首个大型抽水蓄能电站

通过优化设计，大幅降低工程造价；上水库无天然径流补给，首创利用机组水泵工况抽水方式实现上水库蓄水；球阀规模同期世界之最。

琼中抽水蓄能电站

“智水杯”全国水工程BIM应用大赛金奖

- 位于海南省琼中县境内
- 装机容量 600MW
- 海南省首个抽水蓄能电站

项目采用全三维设计，开展三维可视化电缆敷设，设计效率和施工精度大幅提升；首创南方电网抽水蓄能电站绿色指标体系评价标准；首次在抽水蓄能电站中成功采用沥青心墙堆石坝。

西北勘测设计研究院有限公司
NORTHWEST ENGINEERING CORPORATION LIMITED

中国电建集团西北勘测设计研究院有限公司（以下简称“西北院”）成立于1950年，是世界500强企业——中国电力建设集团有限公司的重要成员企业，是我国首批成立的大型勘察设计企业，持有工程勘察、工程设计、工程监理、工程咨询资信评价综合资信甲级及工程造价等数十项甲级资质。

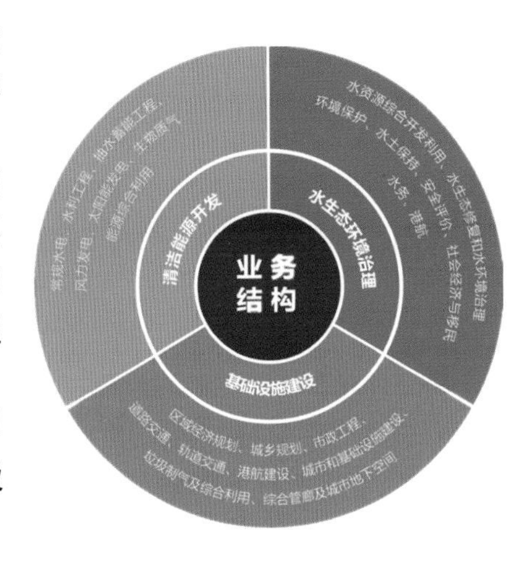

经过近年来深层次和根本性的转型升级，西北院已经发展成为集项目规划、勘测设计、工程总承包、投资运营于一体的科技型工程公司，在水、风、光、地热等能源综合利用、水生态工程、太阳能热发电、垃圾集成利用、城市地下综合管廊、区域社会经济规划等方面具有鲜明的技术特色，具有为政府、业主提供一体化工程解决方案和项目全生命周期管理的工程建设综合能力和一流水平。

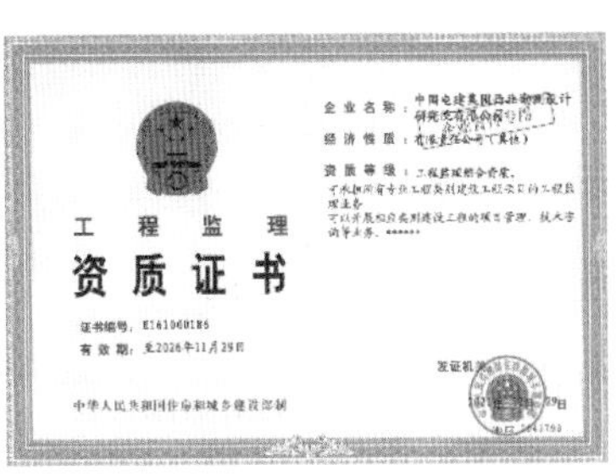

西北院成功打造了“西北水电”“NWH”“NWE”等知名品牌。2021年位列ENR/建筑时报中国工程设计企业60强第47位，在陕西省百强企业中排名第57位。荣膺“全国五一劳动奖状”，获评高新技术企业、国家知识产权优势企业、陕西省技术创新示范企业、陕西省知识产权示范企业。

由国家及行业40余名“高、精、尖”人才领衔的1100余人高级专业技术人员团队，成为西北院5000多名高素质人才队伍中以科技赋能推动公司高质量发展的核心力量。国家认定企业技术中心、国家博士后科研工作站等5个国家级研发中心；陕西省博士后创新基地、西安市院士专家工作站、陕西省水生态环境工程技术研究中心、储能技术研究中心等12个高端创新平台成为企业创新发展的源动力。西北院在水电与抽水蓄能、新能源与电力、水利与生态环境、城乡建设与基础设施等领域形成了鲜明的技术特色、工程管理能力和投融资能力，可提供规划咨询、勘测设计、工程承包、投资运营等一体化综合服务。

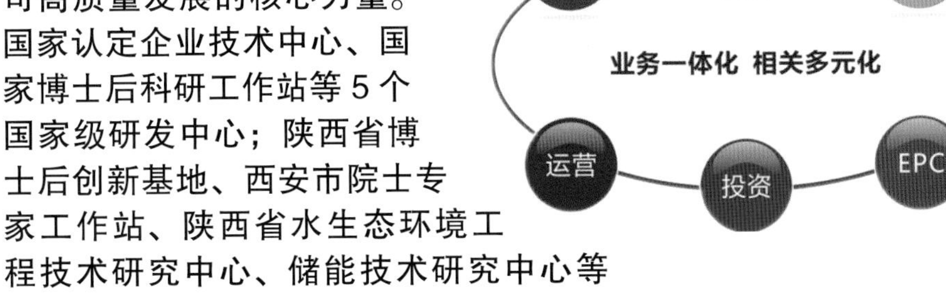

抽水蓄能业绩

PUMPED STORAGE PROJECT

- 已完成陕西、甘肃、青海、宁夏、新疆五省(自治区)抽水蓄能电站规划选点工作。
- 承担陕西、新疆抽水蓄能规划调整工作，完成陕西、甘肃、青海、宁夏、新疆及新疆生产建设兵团抽水蓄能中长期规划。
- 完成陕西镇安、新疆阜康、新疆哈密、宁夏牛首山抽水蓄能电站预可研、可研前期设计工作，现处于全面开工建设阶段。
- 完成陕西富平、甘肃皇城、甘肃张掖、青海同德、甘肃昌马、新疆阿克陶抽水蓄能电站的预可研设计工作并通过水电水利规划设计总院审查。
- 正在开展西北地区 30 余项抽水蓄能电站的预可研、可研设计工作。

龙羊峡水光互补

哈密抽水蓄能电站

张掖抽水蓄能电站

阜康抽水蓄能电站

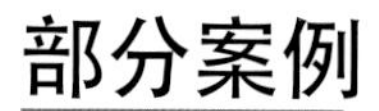

部分案例

新疆阜康抽水蓄能电站

新疆阜康抽水蓄能电站是全国首个以 EPC 工程总承包模式建设的大型抽水蓄能电站，是新疆地区开建的第一座抽水蓄能电站，也是国内水电行业第一个实行以设计牵头的 EPC 总承包建设模式的电站，电站总装机容量为 120 万 kW。

陕西镇安抽水蓄能电站

陕西镇安抽水蓄能电站是西北地区首座开工建设的抽水蓄能电站，装机容量 140 万 kW，建成后每年可促进消纳富余风电、太阳能发电量 12 亿 kW·h，年均节约标准煤约 11.7 万 t，减排二氧化碳约 30.5 万 t。

中水北方勘测设计研究有限责任公司（以下简称“公司”）是水利部直属综合性科技型企业，前身是水利部天津水利水电勘测设计研究院，成立于1954年，1979年落户天津，2003年由事业单位整体改制为企业，是全国文明单位、全国百强设计单位、全国水利优秀企业、国家高新技术企业，拥有国家工程设计、勘察综合甲级资质，注册资本2亿元人民币。

公司始终以国家重大行业、产业政策和水利改革发展重大部署为引领，深耕水利水电、新能源、生态环保、建筑市政、智慧水利（城市）等重点业务领域，持续提升工程全生命周期综合化一体化服务能力。公司紧跟国家重大区域战略，着力提升服务保障能力，先后成立国内区域公司、分公司31个，参控股公司14个。国际市场针对重点目标市场设立区域公司、分公司（代表处）13个。公司业务覆盖全国31个省（自治区、直辖市）与世界50多个国家和地区，先后承担了阿根廷、巴基斯坦、刚果（布）、喀麦隆等国家最大的水电站勘测设计任务。

公司拥有专业技术人员约2500人，先后产生了中国工程院院士1人、全国工程勘察设计大师5人、天津市工程勘察设计大师3人，高级工程师及以上人员700余人，执业资格从业人员670人次，以及一大批不同专业领域的技术专家，专业化水平和能力满足差异化服务要求。先后荣获国家级金奖11项、省部级以上科技奖励300余项。

公司先后承担了全国以及多个省份、流域的涉水综合规划和专项规划，多项世界罕见、具有挑战性的大型跨流域引水工程，创造了多项世界之最、行业之最。在流域区域综合规划，长距离跨流域调水，大型水利枢纽和大坝设计，深埋长隧洞设计，清洁能源综合开发利用、河湖生态治理、城乡水务一体化、大型灌区建设、工程建设管理、工程安全检测监测、岩土工程、智慧运维、水库物业化管理等方面形成了传统的技术优势。在国家“走出去”和“一带一路”倡议的指引下，服务“中巴经济走廊”建设和“澜湄合作”，积极将中国标准推向世界。

公司作为中央水利企业，始终秉承“以人为本、创造价值、合作共赢”的核心价值观，以对事业极度负责、对事极度求真、对人极度真诚、过程极度透明的精神，聚焦五化融合、科学管理两大实施路径，致力打造能源和基础设施领域工程全生命周期一体化服务的科技型工程公司。

潘家口水利枢纽/抽水蓄能电站

抽水蓄能业绩

PUMPED STORAGE PROJECT

技术起步早

公司承担了全国第一届抽水蓄能专家委员会组织工作。

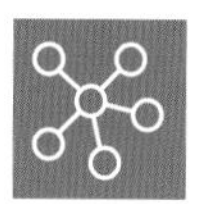

建成案例

公司负责设计的潘家口水利枢纽 / 抽水蓄能电站是当时规模最大的混合式抽水蓄能电站。该工程荣获 1984 年国家优秀设计金奖、1987 年国家优质勘察金奖，所采用的宽尾墩消能技术属国内首创。

技术实力卓越

公司抽水蓄能技术实力卓越，具有丰富的大型水库、深埋长隧洞、复杂地下洞室群、大跨度地下厂房和水电站勘察设计经验。

项目布局全国

公司抽水蓄能项目布局全国，在华北、西北、华东、西南等地区均有项目分布。公司技术能力涉及抽水蓄能工程全生命周期，是能源和基础设施领域综合解决方案服务商。

中国水利水电第六工程局有限公司（以下简称“水电六局”）成立于 1958 年 11 月，是中国电力建设集团有限公司控股，能源电力、水资源与环境、市政及基础设施业务协调发展，具有设计、制造、施工、投资、运营为一体的综合型大型中央企业，注册地为辽宁省沈阳市，注册资本金 18.24 亿元。

水电六局业务遍及 12 个国家，在国内 37 个地区设有 42 个分公司，是国有大型施工总承包特级企业，核心竞争优势突出，其中地下洞室群施工能力居全国前列；抽水蓄能电站施工技术、大型岩塞爆破施工关键技术、TBM 前沿施工技术、复杂地层多管同槽 PCCP 管制作安装关键技术等 13 项施工技术达到国际领先水平。水电六局多次荣获“全国电力建设优秀施 工企业”“中国水利工程协会 AAA 信誉等级”“全国五一劳动奖状”；承建的诸多工程荣获“鲁班奖”“詹天佑奖”“国家优质工程金奖”等国家和行业重要奖项。

水电六局项目纵横于大江大河，通过一系列世界级巨型水利水电工程和国家重点大中型水电工程的锤炼打磨，已成为水电建设和江河治理领域的骨干力量。

获得部分奖项

WON SOME AWARDS

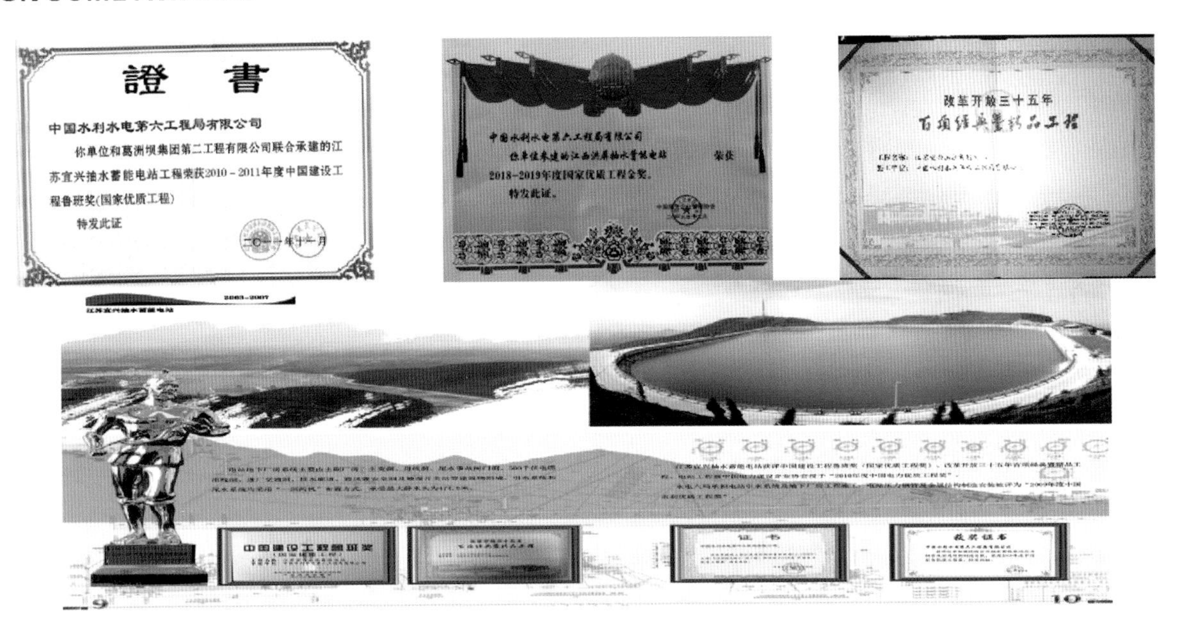

精湛技艺打造抽水蓄能标杆

EXQUISITE SKILLS TO CREATE A BENCHMARK FOR PUMPED STORAGE

自 20 世纪 90 年代，水电六局参建北京十三陵抽水蓄能电站以来，因安全、优质、按期完成不良地质条件下大型地下厂房的开挖与衬砌施工而闻名业内。如今，水电六局已先后参与了 17 座抽水蓄能电站的工程建设，是国内抽水蓄能电站建设的主力军，为国家的经济发展作出了不可磨灭的贡献。引入建信投资后，水电六局在原有的行业先发、经验领先、人才充沛和技术成熟等竞争优势的基础上，进一步提升了资金实力和品牌影响。

工程项目屡创新优

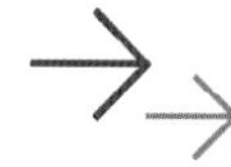

INNOVATIVE AND EXCELLENT ENGINEERING PROJECTS

30 年来，水电六局先后承建了 17 个国家大型抽水蓄能电站工程，累计签约合同额已逾百亿元，是抽水蓄能电站建设领域的行业领军者。无论是地质条件极差的江苏溧阳抽水蓄能电站项目建设，还是江西洪屏抽水蓄能电站面临的高竖井开挖难题，水电六局均能提前完成施工任务。在荒沟抽水蓄能电站又创造了较大断面施工支洞，全断面月进尺 282.5m 的新纪录。清原抽水蓄能电站开创了国内采用 EPC 总承包模式承建大型抽水蓄能电站的先例。

2017 年，水电六局 7 个抽水蓄能电站项目同期施工，向业界充分展示了水电六局抽水蓄能业务强大的专业实力和良好的履约能力。工程建设期间，水电六局先后荣获国家工程建设领域各类优质奖项，其中江苏溧阳抽水蓄能电站、江西洪屏抽水蓄能电站获评国家优质工程金奖；江苏宜兴抽水蓄能电站获中国建设工程鲁班奖和改革开放 30 周年精品工程奖。

施工技术行业领先

INDUSTRY-LEADING CONSTRUCTION TECHNOLOGY

水电六局致力于以技本创新、装备创新、管理创新，打造企业抽水蓄能品牌优势。30 年间，水电六局依托抽水蓄能项目施工，通过化“施工难点”为“技术亮点”的管理理念，积累了众多行业、国际领先的施工技术。其中，特大地下洞室群施工安全环保关键技术研究与应用、大型水轮发电机组高精度安装关键技术研究与应用、400m 级超深压力斜井施工技术、大型水电站复杂钢筋混凝土结构水下施工技术等多项核心技术达到国际领先水平，真正实现了以科技创新引领高质量发展的管理理念。

筑梦江河争创未来

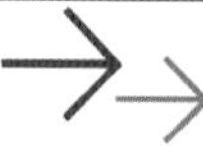

BUILDING DREAMS AND CREATING THE FUTURE

与水结缘，与水共生，60 多年的企业历程成就了水电六局这支以改造江河、造福人民为使命的水电铁军。回顾过往，抽水蓄能工程建设经验为水电六局锻炼出了一大批熟练掌握抽水蓄能技术管理、经营管理、质量安全管理的专业团队，目前正在施工的 10 个抽水蓄能项目，也将继续为水电六局夯实高质量发展根基。

部分案例

SOME CASES

清原抽水蓄能电站大坝

十三陵抽水蓄能电站
（国内首批大型抽水蓄能电站之一）

水电六局作为具有 60 多年水电工程施工的中央企业，储备了近 20 座抽水蓄能电站施工经验，拥有了 4000 余名技术人员和管理人员，具备了雄厚的资金、科技攻关实力和国内外先进技术的吸收和消化能力。国家储能所需，水电六局使命所在。水电六局将继续和所有业主单位、建设单位、合作伙伴携手共进，依托中国电力建设集团有限公司投建营一体化核心优势和水电六局的施工经验与品牌影响，共同为国家奉献清洁能源，助力“双碳”目标，为国家的储能事业作出更大的贡献；为逐步成为技术先进、管理优质、在抽水蓄能领域具有国际核心竞争力的现代化强企不懈奋斗，不断开创企业更美好的明天。

抽水蓄能业绩

PUMPED STORAGE PROJECT

东方电气集团东方电机有限公司
DONGFANG ELECTRIC MACHINERY CO., LTD.

序号	项目	最高扬程	单机容量	东电供货
1	安徽响洪甸	64 m	41 MW	2台整机
2	广东惠州	564 m	300 MW	1台整机
3	湖北白莲河	222 m	300 MW	1台电机
4	湖南黑麋峰	338 m	300 MW	4台整机
5	福建仙游	479 m	300 MW	4台整机
6	浙江仙居	503 m	375 MW	4台电机
7	内蒙古呼和浩特	590 m	300 MW	4台整机
8	广东深圳	473 m	300 MW	4台水机
9	安徽绩溪	651 m	300 MW	6台整机
10	吉林敦化	712 m	350 MW	2台整机
11	浙江长龙山	764 m	350 MW	4台整机
12	山东沂蒙	416 m	300 MW	4台整机
13	河北丰宁二期	470 m	300 MW	4台整机
14	福建永泰	460.53 m	300 MW	4台整机
15	重庆蟠龙	473.61 m	300 MW	4台整机
16	新疆阜康	528 m	300 MW	4台整机
17	广东梅州	438.25 m	300 MW	4台整机
18	河南洛宁	638.66 m	350 MW	4台整机
19	湖南平江	675 m	300 MW	4台整机
20	河南五岳	269.62 m	250 MW	4台整机
21	内蒙古芝瑞	497.37 m	300 MW	4台整机

蓝色表示投运业绩
灰色表示正在执行项目

2020年12月18日，世界首台“6+6”长短叶片转轮成功应用于国内首个抽水蓄能改造项目——黑麋峰抽水蓄能机组

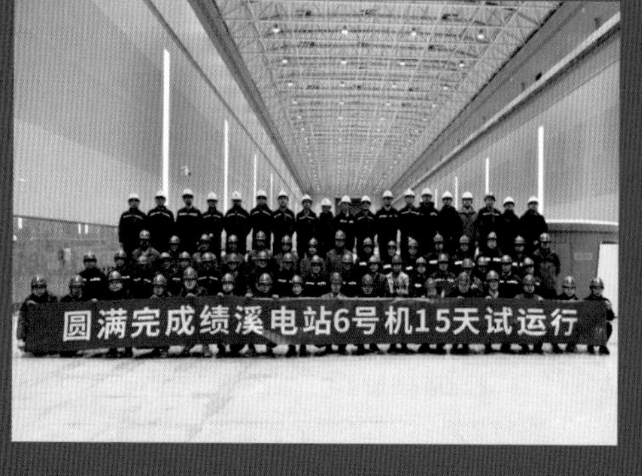

2021年1月31日，安徽绩溪抽水蓄能电站6号机组顺利完成15天考核试运行

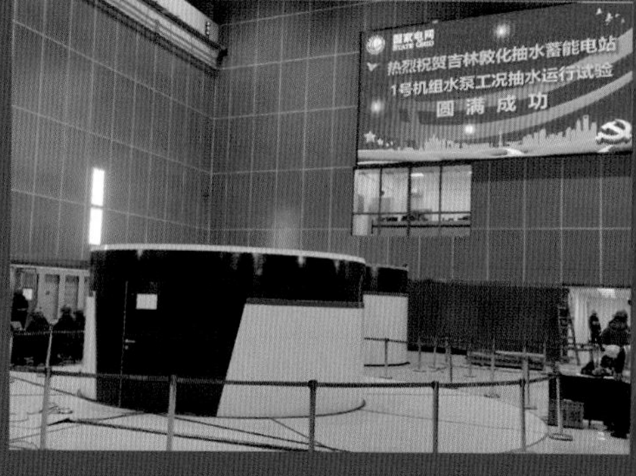

2021年3月29日，我国700m级超高水头段抽水蓄能机组——敦化抽水蓄能机组首次并网抽水

2021年6月18日，世界总装机容量最大的抽水蓄能电站——丰宁抽水蓄能电站首台机组转子顺利吊装

2020年10月17日，由东方电气集团东方电机有限公司研制的浙江长龙山抽水蓄能电站首台机组发电电动机转子顺利吊装就位

2021年12月17日，广东梅州抽水蓄能电站首台机组正式移交生产

Hitachi Energy

为可变速抽水蓄能机组提供先进成熟的解决方案

助力抽水蓄能机组实现更高的运行灵活性、性能参数和循环效率

日立能源可变速抽蓄技术

日立能源（中国）有限公司（原ABB电网，以下简称"日立能源"）致力于构建清洁能源系统，共享低碳美好未来。公司为电力、工业及基础设施领域的客户提供覆盖全价值链的创新解决方案与服务。日立能源与客户和合作伙伴携手开拓创新技术，通过数字化加速能源转型，助力实现碳中和的未来。日立能源在全球 140 多个国家拥有出色的业绩表现及世界领先的装机容量。公司总部位于瑞士，在全球 90 多个国家拥有 3.8 万名员工，业务规模约 100 亿美元。

随着新能源并网比例的增加，风电、光伏出力的随机性、间歇性对系统的安全稳定运行提出了新的挑战，大规模的新能源并网迫切需要大量调节电源提供优质的辅助服务。抽水蓄能是当前技术最成熟、经济性最优、最具大规模开发条件的绿色低碳清洁灵活调节电源，对保障电力系统安全、促进新能源大规模发展和消纳利用具有重要作用。可变速抽水蓄能技术已经较为成熟，包括交流励磁、全功率变频两种技术路线，机组的频率和转速受变频器控制，在发电和电动工况下，转轮能够在可变转速范围内运行，因此抽水功率可通过改变转速来调节。除此之外，可变速机组实现了以下优点：

● 抽水–发电循环效率提升

通过转速调节，水泵水轮机可运行在最优或较优工作点，从而显著减少水力损失，提高低水头和部分负荷工况下的转轮水力效率，还可适应更宽水头变化范围的场址，对大水头变幅的抽水蓄能电站效率提升尤为明显；此外，在设计抽水蓄能发电机组时，水泵和水轮机工况下的转速可以单独选择，这也能够提高机组的水力效率。

● 参与电力辅助服务市场

可变速抽水蓄能机组在发电、抽水工况下都可以实现快速有功功率、无功功率调节，并可参与一次调频、AGC 调频、调相、调峰、惯量、无功补偿等电力辅助服务，增加了抽水蓄能电站的收入类型、模式与时间段，快速回收新增投资成本，并提高整体收益回报率。

● 增加机组运行小时数

可变速机组较传统定速机组在发电和抽水工况下可在更宽的功率调节范围内运行，转轮静止情况下也可通过变频器提供无功补偿服务，运行灵活度更高，可用功能更丰富，因此可变速机组的运行小时数同比较定速机组大大增加。

日立能源提供交流励磁、全功率变频两种可变速抽水蓄能方案中的核心变频器产品与解决方案，包括 PCS8000 交流励磁变频器、Hydro SFC Light 全功率变频器，以及针对可变速抽水蓄能应用开发的控制保护系统。基于日立能源在抽水蓄能和其他中压变频应用领域的长期经验与技术，紧凑高效的变频器产品能够帮助可变速抽水蓄能机组在发电和抽水工况下，实现快速、连续、准确和稳定的有功无功功率控制，保障机组和变频器系统安全稳定运行，进而支撑电网频率电压稳定，助力高比例新能源消纳。

Hydro SFC Light 全功率变频器

市场上第一款基于交–交直接变频、模块化多电平转换器 MMC 拓扑的全功率变频器。该全功率变频器串联在发电电动机与发电机出口断路器 GCB 之间，为同步电机的定子变频供电，新增设备少且系统结构简单；可在静止与额定转速范围内以全扭矩连续运行来提供最高的运行灵活性，能够最大化利用水泵水轮机的可变速运行范围，包含以下特点：

功率易扩展：通过串并联器件数量扩展功率，可实现 40~300MW 额定容量。
转换效率高：采用最新的交–交直接变频技术，转换效率达到约 98.7% 或更高。
占地空间小：采用高压大电流 IGCT 功率器件，功率密度高。
可靠长寿命：40 年设计寿命，内置功率器件冗余，故障情况下在线旁路不停机。
运维成本低：IGCT 器件极不易故障，且运维时可快速、方便更换单个故障器件。
启停速度快：提供大扭矩可带水启动，无需压水，启停及工况转换速度快。
控制功能强：提供虚拟惯量、孤岛运行、黑启动等功能。

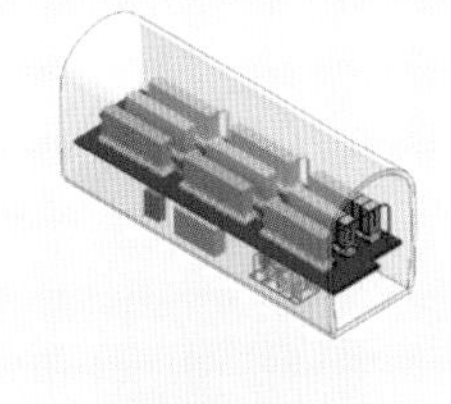

Hydro SFC Light：变频器功率单元及地下厂房布置示意图

PCS8000 交流励磁变频器

采用三电平有源中性点钳位 ANPC 拓扑，取代了传统直流励磁设备，为异步电机的三相转子绕组供电，使其能够在可变速范围内运行。该系统解决方案专注于减少器件和设备数量，提高系统可靠性并优化运维成本，并通过高功率密度的变频器实现紧凑占地，先进的控制和保护算法保障机组高效稳定运行，包含以下技术特点：

控制精度高：为转子提供超大直流电流、低频交流电流输出，没有 0Hz 死区限制。
占地空间小：采用公共直流母线与 ANPC 拓扑，最小元器件数量设计，结构紧凑，占地非常小。
可靠免维护：采用高可靠性 IGCT 器件和最小器件数量，系统整体可靠性高，运维周期较长。
使用寿命长：使用长寿命元器件，如 IGCT、直流电容器等，且器件故障概率低。
故障穿越强：采用主动撬棒装置，实现低电压故障穿越和快速无功支撑。
保护功能全：全面的系统分级保护功能，包含 3 级转子过电压保护、励磁回路保护、辅助和控制系统保护。

PCS8000：开放式框架结构及高度集成的集装箱结构

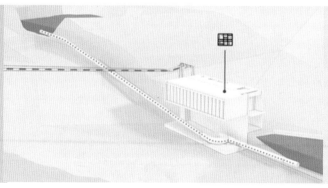

中国中铁工程装备集团有限公司
CHINA RAILWAY ENGINEERING EQUIPMENT GROUP CO.,LTD.

抽水蓄能电站

全断面开挖装备领军企业

绿色能源　定制开发　安全高效

中国中铁工程装备集团有限公司（以下简称“中铁装备”）率先在抽水蓄能电站地下隧洞开挖机械化 (TBM) 施工领域进行科学技术研究，联合各业主单位、设计单位、建设单位在 TBM 工法研究、标准化装备制造领域取得了显著的科研成果和工法专利，不仅开创性地将 TBM 工法助推成为抽水蓄能电站隧洞施工领域的技术标准，而且是国内唯一一家在抽水蓄能电站领域集 TBM 研发设计、生产制造、运营维护于一身的综合性企业集团。

国内抽水蓄能电站地下洞室具有洞室种类多、单洞长度短、转弯半径小、洞径差异大等特点，多采用手风钻、凿岩台车、爬罐法、伞井及反井钻机等传统开挖方式，存在施工进度慢、作业环境差、人员投入多、安全风险大等工程风险。2019 年以来，中铁装备先后承接了国网新源控股有限公司、南方电网调峰调频发电有限公司、中国三峡建工（集团）有限公司等业主单位的一系列抽水畜能电站地下隧洞开挖机械化施工关键技术课题，系统性研究了抽水畜能电站排水廊道、交通洞、竖井、斜井等部位的 TBM 施工关键技术，同期参编国家能源水电工程技术研发中心等单位编写的《抽水蓄能电站 TBM 技术发展报告 (2020—2021)》，为抽水蓄能隧洞施工全面推广 TBM 工法提供了理论支撑。

在科研课题研究和技术创新的基础上，中铁装备率先在文登抽水蓄能电站排水廊道进行 TBM 试点应用并获得成功，随后相继在宁海、洛宁、缙云、桐城、南宁、中洞等项目中以工法和装备标准进行推广。除此之外，相继开发了抽水蓄能电站进厂交通洞、通风兼安全洞、引水斜井、通风竖井等部位的 TBM 试点应用，为抽水蓄能电站地下洞室全方位拓展机械化施工奠定了坚实基础，革命性地提升了施工工艺、质量安全、施工进度，并有效改善了作业环境。

排水廊道/自流排水洞 TBM施工设备

中铁776号“文登号”

全球首台紧凑型超小转弯半径双护盾 TBM“文登号”是国内首次将硬岩全断面隧道掘进机 (TBM) 工法引入抽水蓄能电站工程建设领域，对于推动国内掘进机产业高质量发展和抽水蓄能电站智能化施工具有里程碑意义。

针对抽水蓄能电站排水廊道布置特点，“文登号”TBM 首创 30m 水平转弯半径施工，并满足螺旋线施工工况需要。掘进中具有安全性好、掘进效率高、适应性强及转场灵活等特点。实现了最高日进尺 21m、最高月进尺 540m、平均月进尺超过 300m 的排水廊道施工纪录。

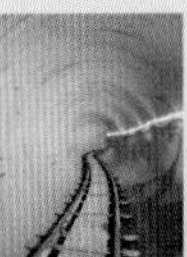

项目名称：山东文登抽水蓄能电站
施工单位：中国中铁工程装备集团有限公司
设备制造单位：中国中铁工程装备集团有限公司

中铁979号“洛宁号”

中铁1059号“桐心号”

中铁1080号“吉光号”

交通洞通风洞安全洞TBM施工设备

中铁 972 号“抚宁号”

“抚宁号”为世界首台大直径超小转弯TBM，它采用针对性创新设计，搭载成熟的支护系统，实现高效破岩、稳定掘进、快速支护。该机开挖直径 9.53m，设计最小转弯半径 90m，最大设计纵坡 9.02%，是中铁装备为河北抚宁抽水蓄能电站工程建设量身打造的定制型装备。

项目名称：河北抚宁抽水蓄能电站
施工单位：中国水利水电第十一工程局有限公司
设备制造单位：中国中铁工程装备集团有限公司

引水斜井TBM施工设备

中铁 1158 号“大坡度斜井 TBM”

作为国内首个全断面、大坡度斜井 TBM 施工试点项目，中铁装备首创将引水上斜井、中平洞和下斜井优化成一条斜井方案，斜井纵坡 38°，长度 940m。斜井 TBM 的应用，将有效改善斜井作业环境，提升施工安全水平，并大幅度提高施工效率。

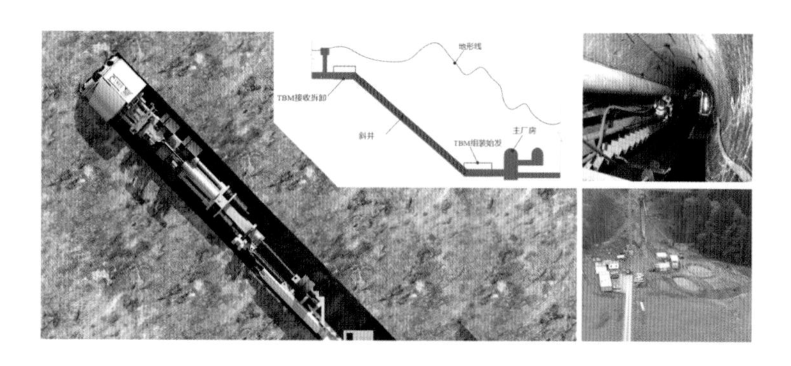

项目名称：河南洛宁抽水蓄能电站
施工单位：中国水利水电第六工程局有限公司
设备制造单位：中国中铁工程装备集团有限公司

排风调压竖井SBM施工设备

中铁 599 号“竖井 SBM”

中铁装备自主研制的世界首台全断面正井法硬岩竖井掘进机，成功应用于浙江宁海抽水蓄能电站排风竖井。拥有自主知识产权的特制推进技术、全断面开挖机械式同步出渣系统，解决了开挖、出渣同步施工这一国际性难题；首创竖井远程控制系统，首次实现井下全断面硬岩掘进无人施工。

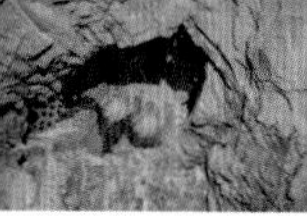

项目名称：浙江宁海抽水蓄能电站
施工单位：中国水利水电第十二工程局有限公司
设备制造单位：中国中铁工程装备集团有限公司